高职高专教改系列教材

土木工程施工组织

主　编　闫超君　蒋　红　张学征
副主编　龙丽丽　王文利　张晓战　唐　鹏
主　审　张思梅

U0349913

中国水利水电出版社
www.waterpub.com.cn

内 容 提 要

　　本教材适应现代土木工程发展的需要，对土木工程施工过程中的施工组织编制的方法、依据、原则等问题加以介绍。全书共5个学习任务，主要包括土木工程施工组织基本知识、施工准备、施工进度计划的编制与控制、单位工程施工组织设计、单位工程施工组织设计训练等内容。考虑到双证融通，书中增加了考证训练题，对学生考施工员、监理员、建造师等提供帮助。

　　本教材适用面广，可供市政工程技术专业、道路与桥梁技术专业、工程监理专业、工程造价专业、建筑工程技术专业等专业使用，也可作为各类成人高校的培训教材，还可作为参加建造师、监理工程师、造价工程师等执业考试的参考书。同时对施工单位、建设监理单位、建设单位、施工单位等工作者也有参考价值。

图书在版编目（ＣＩＰ）数据

土木工程施工组织 / 闫超君，蒋红，张学征主编
-- 北京：中国水利水电出版社，2013.7
高职高专教改系列教材
ISBN 978-7-5170-1062-3

Ⅰ．①土… Ⅱ．①闫… ②蒋… ③张… Ⅲ．①土木工程－施工组织－高等职业教育－教材 Ⅳ．①TU721

中国版本图书馆CIP数据核字(2013)第158840号

书　　名	高职高专教改系列教材 **土木工程施工组织**	
作　　者	主　编　闫超君　蒋红　张学征	
出版发行	中国水利水电出版社 （北京市海淀区玉渊潭南路1号D座　100038） 网址：www.waterpub.com.cn E-mail：sales@waterpub.com.cn 电话：(010) 68367658（发行部）	
经　　售	北京科水图书销售中心（零售） 电话：(010) 88383994、63202643、68545874 全国各地新华书店和相关出版物销售网点	
排　　版	中国水利水电出版社微机排版中心	
印　　刷	北京瑞斯通印务发展有限公司	
规　　格	184mm×260mm　16开本　18.25印张　433千字	
版　　次	2013年7月第1版　2013年7月第1次印刷	
印　　数	0001—3000册	
定　　价	**39.00**元	

凡购买我社图书，如有缺页、倒页、脱页的，本社发行部负责调换

版权所有·侵权必究

前　言

我国土木工程建设发展迅速，近年来市政工程专业群毕业的学生就业后从事的不一定是自己所学专业的工作，但大多是土木大类的工作，为此，借助安徽省财政支持编写本书，以为广大市政类专业群学生提供一本综合教材，旨在拓宽学生的知识面，实现学生零距离就业。

本教材按照"以就业为导向，以服务为宗旨"的指导思想，从教材内容的先进性、适用性、合理性、灵活性、可读性和准确性出发，把好质量关，以满足市政类专业群学生的学习需要。本教材理论与实践紧密结合，既巩固了理论知识，又锻炼了实践能力；坚持以培养土木工程施工组织编制能力为主线，以培养关键能力为核心，将职业岗位标准融入课程之中，实现专业理论知识与专业实践、职业岗位标准有机结合，满足工学结合教学要求。

本教材体系完整，内容全面，语言通俗易懂。注重理论联系实际，以导学形式突出本书主要内容，并以启发形式，注重提高学生的自主学习能力。书中既有案例又有题目，便于学生学以致用。本教材的特色：第一，让学生更好地掌握知识要点，使学生搞得清楚、弄得明白；第二，为更好地提高学生的职业技能和动手本领，使学生学得会、用得上，到了工作岗位能够很快上手；第三，为了方便学生应对在校时和毕业后的各种考试或考证，使学生取得好成绩。

本教材适应现代土木工程发展的需要，对土木工程施工过程中的施工组织编制的方法、依据、原则等问题加以介绍。全书共5个学习任务，主要包括土木工程施工组织基本知识、施工准备、施工进度计划的编制与控制、单位工程施工组织设计、单位工程施工组织设计训练等内容。

本教材由闫超君、蒋红、张学征任主编，龙丽丽、王文利、张晓战、唐鹏任副主编，张思梅任主审，具体编写分工为：学习任务1由安徽水利水电职业技术学院闫超君编写；学习任务2由安徽水利水电职业技术学院费成效、龙丽丽、倪桂玲老师编写；学习任务3由安徽水利水电职业技术学院闫超君、张延、唐鹏、赵慧敏老师编写；学习任务4由安徽水利水电职业技术学院蒋红、费加仓老师编写；学习任务 5 由焦作市公路管理局王文利工程师，和县通达监理有限公司沈久保，上海勘测设计研究院张学征，安徽水利水电职业技术学院张晓战、倪宝艳编写。全书由闫超君老师统稿。

　　本教材在编写过程中，参考和引用了一些相关专业书籍的论述，编者在此向有关人员致以衷心的感谢！

　　由于时间仓促，加上编者水平有限，不足之处在所难免，恳请广大读者批评指正。

编者

2013 年 3 月

目　录

学习任务1　土木工程施工组织基本知识

学习单元1.1　土木工程施工组织引例

1.1.1　工程概况

1.工程项目的特征

某桥位于东市以西20km处的郊区境内，是一条县级公路上的新建桥梁。长104m，桥面净宽（7+2×1.0）m，全桥混凝土工程数量1055m³，钢材72.47t，水泥429t，投资总额为58万元。

该桥设计为5×20m的钢筋混凝土简支T梁桥，基础采用桩基础，桩径1.5m，桩长24m，桥墩为双柱式桥墩，柱径为1.2m，墩高10m。设计于2010年6月底完成，同年10月初工程队开始施工前准备工作。次年2月底全面开工，6月底主体工程完工，7月底全部竣工通车。

2.建设地区特征

工程所处地区为平原区，地势平坦。河流蜿蜒曲折，河流水位按年周期性变化，枯水期几乎断流，洪水期流量可达1200m³/s。桥位处河岸顺直，西岸植被较好，东岸砂层外露，河槽稳定。

河床地质在42m深度范围内由粗砂、亚黏土、细砂和砂砾层组成。河床冲刷较为严重，最大冲刷深度达5.62m。气候温和，雨量适中，冬季最低气温−7℃左右，夏季最高气温可达40℃左右。冬季多西北风，一般风力为11级。

3.施工条件

当地劳动力充足，水源充足，水质良好。电力供应方便，交通状况较发达。由于地势平坦，场地平整及临时便道工程量小。当地砂、石料资源丰富，特别是砂子可就地采集，距石料产地10km左右。水泥、钢材供应充足，采购、运输方便。加之施工单位为国营一级企业，技术力量雄厚，管理水平较高。总之，施工条件非常优越。

1.1.2　施工方案的确定及施工部署

1.1.2.1　施工流向的确定

该桥的施工流向由西岸1号桥台桩基础开始，顺序施工到东岸6号桥台桩基础完成。均按桥墩升高、盖梁混凝土浇筑、T梁安装这一顺序进行。因此，施工力量全部布置在西岸。进行6号桩基、盖梁、耳墙施工时，可临时转移施工机械于东岸，完成后转移回到西岸即可。

1.1.2.2　施工顺序的确定

1.基础施工顺序

由于该桥基础工程数量较少，工程量不大，仅需用一台钻机、一组施工专业人员进行施工。按图1.1所示施工顺序进行桩基础施工。

图 1.1 基础施工顺序

1～12—施工序号

2. 桥墩的施工顺序

桥墩的墩柱、盖梁采用定型钢模 3 套，建立 3 个专业队：扎筋、支模、浇筑混凝土，组织流水施工，其顺序如图 1.2 所示。

图 1.2 墩柱、盖梁施工顺序

①、②、③—三个作业队

3. T 梁预制

T 梁预制场设置 4 个底座。4 套定型钢模，根据梁体预制的工艺过程，分解为 4 道工序：支模、扎筋、浇筑混凝土及养生拆模整修。建立 4 个相应的专业队，组织流水施工。同时，梁体预制与桩基础安排平行施工，其目的是为缩短工程的总工期。最理想的安排方式是：预制的最后一片梁体混凝土强度刚达到吊装强度要求时，就开始起吊并安放在最后一孔的桥台上，此时桥台混凝土强度也刚达到设计要求的强度。这种安排方式，平行作业多，工期最短，但并不经济。劳力、机具、材料需要量过分集中，占地面积大、临时设施过多，不仅增加工程成本，更重要的是施工现场容易出现混乱，工程质量和施工安全难于保证，管理难度大大增加。

预制场与堆放场设置与底座相适应的移梁轨道和安装时的纵向运梁轨道，以便于横向堆放和纵向运梁安装。T 梁预制时，应考虑安装顺序，将边梁与中梁间隔放置。

4. T 梁安装顺序

该桥选用单导梁法安装 T 梁。配合龙门架、蝴蝶架以及滑车、链滑车、千斤顶、绞车等辅助设备架设安装预制梁。其优点是可完全不设桥下支架、不受洪水威胁，架设过程中不影响桥下通车或通航。预制梁的纵移、起吊、横移、就位都比较便利。

（1）纵向顺序。该桥安装顺序：由西岸第一孔开始，安装完第一孔五片梁后，再安装紧接的第二孔，直至最后一孔（第五孔）安装完成为止。

（2）横向梁体安装顺序。预制梁横向安装次序有三种方案可供选择：先边梁后中梁、每跨从左侧第一片边梁开始，依次安装至右侧边梁、每跨从右侧第一片边梁开始，依次安装至左侧侧边梁。

总之，在确定施工顺序时，要坚持以下原则：先地下，后地上；先主体、后附属，地下由深到浅，地下地上尽量平行作业，以减少施工时间，尽量组织流水作业，在保证工人连续工作的前提下，充分合理利用工作面。在具体安排施工顺序时，要在上述原则指导下，结合施工条件、施工的自然地理环境及各种影响施工顺序的因素统筹规划、全盘考虑。

1. 1. 2. 3 施工方法与施工机械的选择

施工方法与施工机械的选择是施工方案的核心内容。施工方法的选择脱离不开施工机械，而施工机械的选择也涉及施工方法的确定，两者之间存在着密切的关系。

施工方法与施工机械的选择要具体到各分部、分项工程上去。既然是选择，就得进行比较，比较就应该规定条件，这个条件是技术经济条件。下面就对各分部、分项工程的施工方法与施工机械选择作简要说明。

1. 基础工程施工方法与施工机械的确定

该桥基础为桩基础，桩径为 1.5m，桩长为 24m、33m 两种，每个基础设计为两根桩。目前柱基施工的方法和施工机械很多，各种成孔方法、施工机械对不同的地质构造具有不同效应，主要反映在成孔的速度、质量以及桩基础的工程成本方面。该桥桥位处的地质构造为：西岸亚黏土、粉砂层，厚约 13m，下层为粗砂和砂砾层，厚约 60m 东岸则为粗砂层夹砂砾，厚约 70m。针对这种地质构造，再比较各种钻孔（钻机）方法的适用范围见表 1.1。根据成孔速度、成本及安全可靠性，最后，确定钻孔方法采用正循环回旋钻机。

2. 桥墩升高施工方法与施工机械的选择

该桥为双柱式桥墩，双柱混凝土数量仅 18m，盖梁 11.6m，分两次浇注。模板均采用定型模板，柱用钢模板，盖梁用现成木模板。混凝土的水平及垂直运输可供选择的方法很多，例如采用简易木扒杆、汽车吊作垂直运输，两者配以四轮斗车。可作为水平运输工具，也可使用统索吊机兼顾水平和垂直运输；还可采用混凝土泵和皮带运输机。但由于混凝土的数量少，桥墩又不高，最后选用木扒杆作垂直运输，配以小四轮斗车作水平运输，施工简便，成本也低。

3. T 梁安装施工方法与施工机械的选择

装配式钢筋混凝土 T 梁桥的安装，可根据不同的施工现场条件和吊装设备，采用不同的方法进行。但均须事先经过有关人员共同研究，对各种可采用的施工方法进行技术经济比较，作出抉择（制定经济合理的吊装方案），经过主管部门审查批准，并且应符合以下要求：

（1）在全部安装阶段中，应采取临时固定措施，使桥梁已安好的各部分有足够的稳定性、坚固性和最小的变形。

（2）当安装条件与设计所规定的条件不同时，应对构件在安装时所产生的内力加以复核。

（3）应充分发挥起重设备的能力，并保证安装施工安全。下面就对几种可采用的施工方案作以比较，见表 1.1～表 1.3。

根据上述方案比较，最后确定的安装方案是单导梁法，该法不仅成本较低，而且施工单位对单导梁法安装 T 梁已具有丰富的施工经验，操作熟练、安全可靠。

表 1.1　　　　　　　　　　　施　工　方　案

钻孔方法	适用范围			需否泥浆悬浮钻渣
	土　层	孔深（m）/孔径（cm）	成孔速度（m/班）	
正循环回旋钻机	黏性粉砂，细、中、粗砂，含少量砾石、卵石（含量小于 20%）的土，软岩	（80～100）/（80～160）	约 5	需要
反循环回旋钻机	黏性土、砂类土、含少量砾石、卵石（含量小于 20%，粒径小于钻杆内径 2/3）的土，软岩	真空泵≤35，空气吸泥机 65/（80～150）	砂约 32	不需要
潜水钻机（正循环）	淤泥、腐殖土、粉砂、砂类土	50/（80～150）	约 45	需要
冲抓锥	淤泥、腐殖土、密实黏性土、砂类土、砂砾石、卵石（大于 20m 时，进度慢）	50/（100～200）	4～0.2	不需要
冲击实心锥	黏性土、砂类土、砾石、卵石、漂石、较软岩石	50/（80～200）	9～0.4	需要
冲击空心锥	黏性土、砂类土、砾石、松散卵石	50/（80～150）	9～0.4	需要

表 1.2　　　　　　　　　砂砾层中各种钻孔方法比较

钻孔方法	成孔速度（m/班）	成本（元/10m）	优、缺点说明
正循环回旋钻机	5	2009	钻进与排渣连续进行，需设置泥浆槽、沉淀池、储浆池，占地面积大，需大量的水和泥浆原料，机具设备复杂，机具故障多，钻孔深度深
反循环回旋钻机	32	2009	钻进与排渣连续进行，需设泥浆槽、沉淀池、储浆池，占地面积大，需大量的水和优质泥浆原料。机具设备复杂，机具故障多，配备真空泵时，钻孔深度不大于 35m，配备水力或空气吸泥机时可达 65m。在砂砾层中，孔壁坍塌的现象比正循环回旋钻机严重得多
潜水钻机（正循环）	45	3017	由于潜水钻机的动力和钻锥紧紧相连，潜入水下工作，因此钻孔效率较一般正循环回旋钻高些，钻具简单、轻便、易于搬运，噪声小，操作条件也有所改善；最大缺点是钻潜入水下工作，易发生故障
冲抓锥	0.4～4	2152	适用土质较为广泛，当钻孔深度超过 20m 后，钻孔进度大为降低。在密实砂砾层中进度很慢
冲击锥（冲击钻机）	1～2	2569	无坚不摧，钻渣挤入孔壁，使孔壁更加密实，钻进速度慢，卷扬机带冲击锥成本低，1776 元/10m

表 1.3 T 梁 吊 装 方 案 比 较

T梁安装方案	成本(元)	使用机具设备	说 明
单导梁法	29437	导梁、龙门架、蝴蝶架、若干滑车、链滑车、千斤顶绞车等	成本计算中,考虑了安装费、吊装设备费、轨道运输费
跨墩门架法	31148	门架及若干滑车、链滑车、千斤顶、绞车等	成本中考虑了安装费 8724 元、吊装设备费 15804 元及整修便道或搭设支架5000 元、轨道运输费 1620 元
缆索吊装设备	171556	吊装梁式桥的缆索吊装系统由主索、天线滑车、起重索、牵引索、起重及牵引绞车,主索地锚、塔架、风缆等主要部件组成	成本中考虑了塔架、地锚、索道缆索运输等费用

1.1.2.4 尽量采用科学的流水作业方法

该桥由于考虑了其他原因,在桩基施工过程中未组织流水作业,而在梁体预制、墩柱升高及盖梁浇注中均采用了流水作业方式进行施工。但由于桩基水下混凝土浇筑过程对拌和机的需求数量较多,不时干扰其他项目流水作业的正常进行,效果不十分显著,故决定交叉施工。

1.1.3 施工进度计划的编制

施工进度计划编制的主要依据是施工方案和上级指令性期限。前述施工方案已确定了该桥的施工顺序、流向、各分部分项工程的施工方法及施工机具设备,安排了流水作业的项目。因此,施工方案对估算施工速度、编制施工进度计划具有指导和决定作用。而上级的指令性期限则意味着对已定施工方案前提下的劳力、机具设备数且提出了最低限的要求,即最低施工速度。

编制施工进度计划,特别是网络计划要按下述几个步骤进行。

1. 划分施工项目

将单位工程分解为多个分部工程,又将各分部工程分解为多个分项工程,根据计划要求的类型不同,甚至要将分项工程分解为许多道工序(班组一级实施性计划或旬、月作业计划)。

2. 确定各施工项目或工序的持续时间

确定各施工项目或工序的持续时间一般有两种方法:

其一,是定额法,计算公式如下:

$$r = qs \tag{1.1}$$

式中 q——工序的工程量;

r——人力或机械数量;

s——产量定额。

其二,是经验估计法,即根据过去的施工经验或资料估计。有时为提高估计的准确程度,而采用"三时估计法",即先估计出最长、最短、最可能的三种持续时间,然后据以求出期望的持续时间作为设工序的持续时间。

3. 确定各施工项目或工序之间的逻辑关系

各施工项目或工序之间的逻辑关系包括工艺关系和组织关系，工艺关系取决于施工方法和施工机械，当施工方法和施工机械确定之后，工艺关系就固定下来，不能改变。而组织关系则是人为关系，也受许多因素的制约。但可以改变，存在着优化问题。施工进度计划编制的好坏，在很大程度上取决于组织关系处理得是否合理。因此，在编制施工进度计划时，重点应放在组织关系的处理上。当然，由于种种因素的影响和施工条件的限制，它并不起决定性作用。

4. 编制初始网络计划

根据施工方案、项目或工序的划分、各项目或工序之间逻辑关系的分析以及工序的持续时间，就可以编制出初始网络计划方案。该桥初始网络计划方案如图 1.3 所示。编制网络计划的初始方案是一项工作量大、费时多的工作，需要反复研究，才能较好地完成。

图 1.3　网络计划初始方案

①～㉑—施工序号

5. 计算时间参数、寻找关键线路、转换为网络横道图

计算时间参数的目的，是从时间安排角度去考察网络计划的初始方案是否合乎要求，以便对网络计划进行优化。为了考察时更明显、直观，将计算过时间参数的网络计划转换为横道图，如图 1.4 所示。

6. 对计划进行审查与调整

对网络计划的初始方案进行审查，是要确定它是否符合工期要求与资源限制的条件。

首先，要分析网络计划的总工期是否超过规定的要求。如果超过，就要调整关键工序持续时间，使总工期符合要求。

其次，要对资源需要量进行审查，检查劳力和物资供应是否满足计划要求。如不符合，就要进行调整，以使计划切实可行。

7. 正式绘制可行的工程网络计划

网络计划的初始方案通过调整，就成为一个可行的计划，可把它绘制成正式的横道计划，如图 1.4 所示。这样的网络计划还不是一个最优的网络计划，要得到一个令人满意的计划，还必须进行优化。但过分的优化会使计划的弹性愈来愈小，在执行过程中由于管理水平的限制，实际进度与计划产生偏离，即使进行不断调整，其结果还是达不到预定目标，因此，优化应结合计划留有充分的余地。根据可行的施工进度总计划，可进一步把这个总目标计划进行纵向切割成许多子目标计划，即年度、季度、月度及旬作业计划；当横

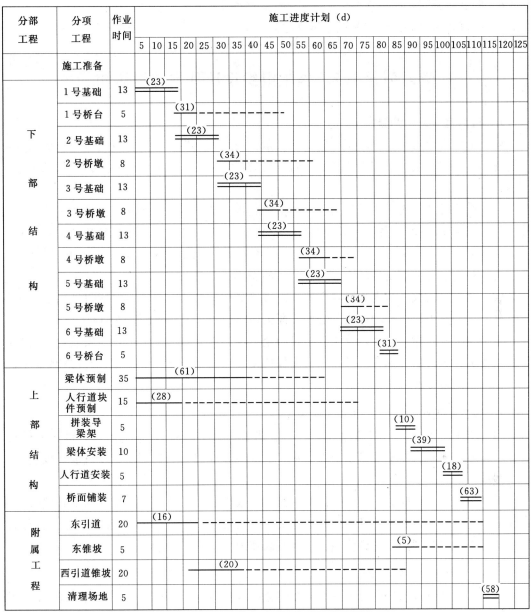

分部工程	分项工程	作业时间	施工进度计划（d）																								
			5	10	15	20	25	30	35	40	45	50	55	60	65	70	75	80	85	90	95	100	105	110	115	120	125
	施工准备																										
下部结构	1号基础	13	(23)																								
	1号桥台	5		(31)																							
	2号基础	13		(23)																							
	2号桥墩	8			(34)																						
	3号基础	13			(23)																						
	3号桥墩	8				(34)																					
	4号基础	13				(23)																					
	4号桥墩	8					(34)																				
	5号基础	13					(23)																				
	5号桥墩	8						(34)																			
	6号基础	13						(23)																			
	6号桥台	5							(31)																		
上部结构	梁体预制	35	(61)																								
	人行道块件预制	15	(28)																								
	拼装导梁架	5																(10)									
	梁体安装	10																	(39)								
	人行道安装	5																		(18)							
	桥面铺装	7																			(63)						
附属工程	东引道	20	(16)																								
	东锥坡	5																	(5)								
	西引道锥坡	20				(20)																					
	清理场地	5																						(58)			

━━━ 表示关键工序　　━━━ 表示非关键工序　　----- 表示总时差

括号内数字为平均每天需要劳动力数。

图 1.4　横道图

向切割时，可形成许多分部、分项工程的子目标计划。在计划执行中，时刻抓紧子目标计划按期实现，则必然保证总目标计划的按期完成。

1.1.4　资源需要量计划与采购运输计划

当施工进度计划确定之后，各分项工程施工所需用的劳力、材料及机具设备、资金的数量和时间也就确定，然后按年度、季度、月汇总就得到劳力、主要材料、机具设备和资金的使用计划。

1.1.5　施工平面布置图（略）

1.1.6　工程质量及施工组织保证措施（略）

学习单元 1.2　施工组织设计基本知识认知

1.2.1　施工组织设计的概念

　　施工组织设计是针对建筑工程施工的复杂性，研究工程建设的统筹安排与系统管理的客观规律，制定建筑工程施工最合理的组织与管理方法的一门科学。是加强现代化施工管理的核心。

　　施工组织设计是用来指导拟建工程施工全过程中各项活动的技术、经济和组织的综合性文件。施工组织设计，是土木工程施工组织管理工作的核心和灵魂，是指导拟建工程项目进行施工准备和正常施工的基本技术经济文件，是对拟建工程在人力和物力、时间和空间、技术和组织等方面所做的全面的、合理的安排。

　　如何以更快的施工速度、更科学的施工方法和更经济的工程成本完成每一项土木工程施工任务，这是工程建设者极为关心并不断为之努力追求和奋斗的工作目标。

　　施工组织设计作为指导拟建工程项目的全局性文件，应尽量适应施工安装过程的复杂性和具体施工项目的特殊性，并且尽可能保持施工生产的连续性、均衡性和协调性，以实现生产活动的最佳经济效果。

1.2.2　建筑施工组织研究的对象与任务

　　建筑施工组织研究的对象是建筑产品（建筑物或构筑物）。即对人员、机械、材料、工艺、环境、工期、资金等作出全面、科学的规划和部署，以达到质量、进度、投资、安全等预期目标。

　　施工组织设计的任务：从施工的全局出发，根据具体的条件，以最优的方式解决施工组织的问题，对施工的各项活动做出全面的、科学的规划和部署，使人力、物力、财力、技术资源得以充分利用，达到优质、低耗、高速地完成施工任务。

1.2.3　施工组织设计的分类

　　施工组织设计按设计阶段的不同编制对象范围的不同、使用时间的不同和编制内容的繁简程度不同，有以下几种分类情况。

1.2.3.1　按编制的阶段分类

　　（1）投标前的施工组织设计。投标前的施工组织设计，是作为编制投标书的依据，其目的是为了中标。

　　（2）中标后的施工组织设计。中标后的施工组织设计也称实施性的施工组织设计，其目的是指导施工。

1.2.3.2　按编制对象范围不同的分类

　　中标后的施工组织设计按编制对象范围的不同可分为施工组织总设计、单位工程施工组织设计、分部分项工程施工组织设计三种。

1. 施工组织总设计

施工组织总设计是以一个建筑群或一个建设项目为编制对象，用以指导整个建筑群或建设项目施工全过程的各项施工活动的技术、经济和组织的综合性文件。施工组织总设计一般在初步设计或扩大初步设计被批准之后，在总承包企业的总工程师领导下进行编制。

2. 单位工程施工组织设计

单位工程施工组织设计是以一个单位工程（一个建筑物或构筑物，一个交工系统）为编制对象，用以指导其施工全过程的各项施工活动的技术、经济和组织的综合性文件。单位工程施工组织设计一般在施工图设计完成后，在拟建工程开工之前，在工程处的技术负责人领导下进行编制。

3. 分部分项工程施工组织设计

分部分项工程施工组织设计是以分部分项工程为编制对象，用以具体实施其施工全过程的各项施工活动的技术、经济和组织的综合性文件。分部分项工程施工组织设计一般是同单位工程施工组织设计的编制同时进行的，并由单位工程的技术人员负责编制。

施工组织总设计、单位工程施工组织设计和分部分项工程施工组织设计之间有以下关系：施工组织总设计是对整个建设项目的全局性战略部署，其内容和范围比较概括；单位工程施工组织设计是在施工组织总设计的控制下，以施工组织总设计和企业施工计划为依据编制的，针对具体的单位工程，把施工组织总设计的内容具体化；分部分项工程施工组织设计是以施工组织总设计、单位工程施工组织设计和企业施工计划为依据编制的，针对具体的分部分项工程，把单位工程施工组织设计进一步具体化，它是专业工程具体的组织施工的设计。本书只编写单位工程施工组织设计。

1.2.3.3　按编制内容的繁简程度不同的分类

施工组织设计按编制内容的繁简程度不同可分为完整的施工组织设计和简单的施工组织设计两种。

1. 完整的施工组织设计

对于工程规模大、结构复杂、技术要求高、采用新结构、新技术、新材料和新工艺的拟建工程项目，必须编制内容详尽的完整施工组织设计。

2. 简单的施工组织设计

对于工程规模小、结构简单、技术要求和工艺方法不复杂的拟建工程项目，可以编制一般仅包括施工方案、施工进度计划和施工总平面布置图等内容的简单施工组织设计。

1.2.4　施工组织设计的内容

施工组织设计的内容包括：编制依据、工程概况、施工部署、施工准备、施工现场布置、施工进度计划及工期保证措施、主要分部分项工程施工方案及措施、重点与特殊部位施工措施和方法、季节性施工措施、施工组织管理、质量保证措施、安全生产保证措施、文明施工及环境保护措施等方面。

1.2.5　土木工程施工组织的学习方法

土木工程施工组织的学习方法：首先，要熟悉工程基本建设流程和土木工程施工组织的编制流程；其次，学会绘制横道图、网络图，掌握进度计划的编制与控制；三是了解基本的一些规范，掌握工程常见的强制性规范条文，了解施工准备工作，学会施工平面布置图的绘制。四是多看施工组织设计范本，对照学习加以编制练习。

学习单元 1.3　明确施工组织编制原则、依据和要求

1.3.1　施工组织设计编制原则

（1）重视工程的组织对施工的作用。

（2）提高施工的工业化程度。

（3）重视管理创新和技术创新。

（4）重视工程施工的目标控制。

（5）积极采用国内外先进的施工技术。

（6）充分利用时间和空间，合理安排施工顺序，提高施工的连续性和均衡性。

（7）合理部署施工现场，实现文明施工。

1.3.2　施工组织设计编制的依据和程序

1. 单位工程施工组织设计的编制依据

（1）建设单位的意图和要求，如工期、质量、预算要求等。

（2）工程的施工图纸及标准图。

（3）施工组织总设计对本单位工程的工期、质量和成本的控制要求。

（4）资源配置情况。

（5）建筑环境、场地条件及地质、气象资料，如工程地质勘测报告、地形图和测量控制等。

（6）有关的标准、规范和法律。

（7）有关技术新成果和类似建设工程项目的资料和经验。

2. 施工组织设计的编制的程序

（1）当拟建工程中标后，施工单位必须编制建设工程施工组织设计。建设工程实行总包和分包的，由总包单位负责编制施工组织设计或者分阶段施工组织设计。分包单位在总包单位的总体部署下，负责编制分包工程的施工组织设计。施工组织设计应根据合同工期及有关的规定进行编制，并且要广泛征求各协作施工单位的意见。

（2）对结构复杂、施工难度大以及采用新工艺和新技术的工程项目，要进行专业性的研究，必要时组织专门会议，邀请有经验的专业工程技术人员参加，集思广益为施工组织设计的编制和实施打下坚定的群众基础。

（3）在施工组织设计编制过程中，要充分发挥各职能部门的作用，吸收他们参加编制和审定；充分利用施工企业的技术素质和管理素质，统筹安排、扬长避短，发挥施工企业的优势，合理地进行工序交叉配合的程序设计。

（4）当比较完整的施工组织设计方案提出之后，要组织参加编制的人员及单位进行讨论，逐项逐条地研究，修改后确定，最终形成正式文件，送主管部门审批。

单位工程施工组织设计的编制程序如图 1.5 所示。

图 1.5 单位工程施工组织设计的编制程序

1.3.3 施工组织设计的质量要求

（1）采用资料、计算公式和各种指标选定依据可靠，正确合理。

（2）采用的技术措施先进，方案符合施工现场实际。

（3）选定的方案有良好的经济效益。

（4）文字通顺流畅，简明扼要，逻辑性强，分析论证充分。

（5）附图、附表完整清晰，准确无误。

学习任务 2 施 工 准 备

学习单元 2.1 明确施工准备工作内容与要求

2.1.1 施工准备工作的意义

施工准备工作是为了保证工程的顺利开工和施工活动正常进行所必须事先做好的各项准备工作，它是生产经营管理的重要组成部分，是施工程序中重要的一环。做好施工准备工作具有以下意义：

（1）是全面完成施工任务的必要条件。工程施工不仅需要消耗大量人力、物力、财力，而且会遇到各式各样的复杂技术问题、协作配合问题等。对于这样一项复杂而庞大的系统工程，事先如果缺乏充分的统筹安排，必然使施工过程陷于被动，施工无法正常进行。由此可见，做好施工准备工作，既可为整个工程的施工打下基础，同时又为各个分部分项工程的施工创造先决条件。

（2）是降低工程成本，提高企业经济效益的有力保证。认真细致地做好施工准备工作，能充分发挥各方面的积极因素，合理组织各种资源，能有效加快施工进度，提高工程质量，降低工程成本，实现文明施工，保证施工安全，从而增加必要的经济效益，赢得企业的社会信誉。

（3）是取得施工主动权，降低施工风险的有力保障。建筑产品的生产投入的生产要素多且易变，影响因素多而预见性差，可能遇到的风险也大。只有充分做好施工准备工作，采取预防措施，增强应变能力，才能有效地降低风险损失。

（4）是遵循建筑施工程序的重要体现。建筑工程产品的生产，有其科学的技术规律和市场经济规律，基本建设工程项目的总程序是按照规划、设计和施工等几个阶段进行，施工阶段又分为施工准备、土建施工、设备安装和交工验收阶段。由此可见，施工准备是基本建设施工的重要阶段之一。

由于建筑产品及其生产的特点，施工准备工作的好坏，将直接影响建筑产品生产的全过程。实践证明，凡是重视施工准备工作，积极为拟建工程创造一切良好施工条件，其工程的施工就会顺利地进行；凡是不重视施工准备工作，将会处处被动，给工程的施工带来麻烦和重大损失。

2.1.2 施工准备工作的分类和内容

1. 施工准备工作的分类

（1）按施工准备工作的对象分类：

1）施工总准备。以整个建设项目为对象而进行的，需要统一部署的各项施工准备。其特点是施工准备工作目的、内容是为整个建设项目的顺利施工创造有利条件，它既为全场性的施工做好准备，当然也兼顾了单位工程施工条件的准备。

2）单位工程施工准备。以单位工程为对象而进行的施工条件的准备工作，其特点是它的准备工作的目的、内容是为单位工程施工服务的。它不仅要为单位工程在开工前做好一切准备，而且要为分部分项工程做好施工准备工作。

3）分部分项工程作业条件的准备。以某分部分项工程为对象而进行的作业条件的准备。

4）季节性施工准备。为冬、雨季施工创造条件的施工准备工作。

（2）按拟建工程所处施工阶段分类：

1）开工前施工准备。它是拟建工程正式开工之前所进行的一切施工准备工作。其目的是为工程正式开工创造必要的施工条件，它带有全局性和总体性。

2）工程作业条件的施工准备。它是在拟建工程开工以后，在每一个分部分项工程施工之前所进行的一切施工准备工作。其目的是为各分部分项工程的顺利施工创造必要的施工条件，它带有局部性和经常性。

综上所述，不仅在拟建工程开工之前要做好施工准备工作，而且随着工程施工的进展，在各施工阶段开工之前也要做好施工准备工作。施工准备工作既要有阶段性，又要有连续性。因此，施工准备工作必须要有计划、有步骤、分期和分阶段地进行，要贯穿拟建工程的整个建造过程。

2．施工准备工作的内容

施工准备工作涉及的范围广、内容多，应视该工程本身及其具备的条件的不同而不同，一般可归纳为以下 6 个方面：

（1）原始资料的收集。

（2）技术资料的准备。

（3）施工现场准备。

（4）生产资料准备。

（5）施工现场人员准备。

（6）冬、雨季施工准备。

2.1.3 施工准备工作的要求

1．编好施工准备工作计划

为了有步骤、有安排、有组织、全面地搞好施工准备，在进行施工准备之前，应编制好施工准备工作计划。其形式见表 2.1。

表 2.1　　　　　　　　　　　　　施工准备工作计划表

序号	项目	施工准备工作内容	要求	负责单位	负责人	配合单位	起 止 时 间		备 注
							月 日	月 日	

施工准备工作计划是施工组织设计的重要组成部分，应依据施工方案、施工进度计划、资源需要量等进行编制。除了用上述表格和形象计划外，还可采用网络计划进行编制，以明确各项准备工作之间的关系并找出关键工作，并且可在网络计划上进行施工准备期的调整。

2．建立严格的施工准备工作责任制

施工准备工作必须有严格的责任制，按施工准备工作计划将责任落实到有关部门和具体人员，项目经理全权负责整个项目的施工准备工作，对准备工作进行统一布置和安排，协调各方面关系，以便按计划要求及时、全面完成准备工作。

3．建立施工准备工作检查制度

施工准备工作不仅要有明确的分工和责任，要有布置、有交底，在实施过程中还要定期检查。其目的在于督促和控制，通过检查发现问题和薄弱环节，并进行分析，找出原因，及时解决，不断协调和调整，把工作落到实处。

4．严格遵守建设程序，执行开工报告制度

必须遵循基本建设程序，坚持没有做好施工准备不准开工的原则。当施工准备工作的各项内容已完成，满足开工条件，已办理施工许可证，项目经理部应申请开工报告（格式见表2.2）报上级批准后才能开工。实行监理的工程，还应将开工报告送监理工程师审批，由监理工程师签发开工通知书。

表 2.2 单 位 工 程 开 工 报 告

申报单位：　　　　　　　　　　　　　　　　　　　年　　月　　日　第××号

工程名称		建筑面积	
结构类型		工程造价	
建设单位		监理单位	
施工单位		技术负责人	
申请开工日期：　年　月　日		计划竣工日期：	
序号	单位工程开工的基本条件		完 成 情 况
1	施工图纸已会审，图纸中存在的问题和错误已得到纠正		
2	施工组织设计或施工方案已经批准并进行了交底		
3	场内场地平整和障碍物的清除已基本完成		
4	场内外交通道路、施工用水、用电、排水已能满足施工要求		
5	材料、半成品和工艺设计等，均能满足连续施工的要求		
6	生产和生活用的临建设施已搭建完毕		
7	施工机械、设备已进场，并经过检验能保证连续施工的要求		
8	施工图预算和施工预算已经编审，并已签订工作合同协议		
9	劳动力已落实，劳动组织机构已建立		
10	已办理了施工许可证		

施工单位上级主管 部门意见 （签章） 年　月　日	建设单位意见 年　月　日	质监站意见 年　月　日	监理意见 年　月　日

5. 处理好各方面的关系

施工准备工作的顺利实施，必须将多工种、多专业的准备工作统筹安排、协调配合，施工单位要取得建设单位、设计单位、监理单位及有关单位的大力支持与协作，使准备工作深入有效地实施，为此要处理好几个方面的关系：

（1）建设单位准备与施工单位准备相结合。为保证施工准备工作全面完成，不出现漏洞，或职责推诿的情况，应明确划分建设单位和施工单位准备工作的范围、职责及完成时间。并在实施过程中，相互沟通、相互配合，保证施工准备工作的顺利完成。

（2）前期准备与后期准备相结合。施工准备工作有一些是开工前必须做的，有一些是在开工之后交叉进行的，因而既要立足于前期准备工作，又要着眼于后期的准备工作，两者均不能偏废。

（3）室内准备与室外准备相结合。室内准备工作是指工程建设的各种技术经济资料的编制和汇集，室外准备工作是指对施工现场和施工活动所必需的技术、经济、物质条件的建立。室外准备与室内准备应并举，互相创造条件；室内准备工作对室外准备工作起着指导作用，而室外准备工作则对室内准备工作起促进作用。

（4）现场准备与加工预制准备相结合。在现场准备的同时，对大批预制加工构件就应提出供应进度要求，并委托生产。对一些大型构件应进行技术经济分析，及时确定是现场预制，还是加工厂预制，构件加工还应考虑现场的存放能力及使用要求。

（5）土建工程与安装工程相结合。土建施工单位在拟定出施工准备工作规划后，要及时与其他专业工程以及供应部门相结合，研究总包与分包之间综合施工、协作配合的关系，然后各自进行施工准备工作，相互提供施工条件，有问题及早提出，以便采取有效措施，促进各方面准备工作的进行。

（6）班组准备与工地总体准备相结合。在各班组做施工准备工作时，必须与工地总体准备相结合，要结合图纸交底及施工组织设计的要求，熟悉有关的技术规范、规程，使各工种之间衔接配合，力争连续、均衡地施工。

班组作业的准备工作包括：

1）进行计划和技术交底，下达工程任务书。

2）施工机具进行保养和就位。

3）将施工所需的材料、构配件，经质量检查合格后，供应到施工地点。

4）具体布置操作场地，创造操作环境。

5）检查前一工序的质量，搞好标高与轴线的控制。

学习单元 2.2 收 集 原 始 资 料

调查研究和收集有关施工资料，是施工准备工作的重要内容之一。尤其是当施工单位进入一个新的城市和地区，此项工作就显得更加重要，它关系到施工单位全局的部署与安排。通过原始资料的收集分析，为编制出合理的、符合客观实际的施工组织设计文件，提供全面、系统、科学的依据；为图纸会审、编制施工图预算和施工预算提供依据；为施工企业管理人员进行经营管理决策提供可靠的依据。

2.2.1 收集给排水、供电等资料

水、电和蒸汽是施工不可缺少的条件。收集的内容见表2.3。资料来源主要是当地城市建设、电业、电信等管理部门和建设单位。主要用作选用施工用水、用电和供热、供汽方式的依据。

表 2.3　　　　　　　　　　　　　　　水、电、汽条件调查表

序号	项目	调 查 内 容	调查目的
1	供水、排水	(1) 工地用水与当地现有水源连接的可能性，可供水量、接管地点、管径、材料、埋深、水压、水质及水费；至工地距离，沿途地形地物状况； (2) 自选临时江河水源的水质、水量、取水方式，至工地距离，沿途地形地物状况；自选临时水井的位置、深度、管径、出水量和水质； (3) 利用永久性排水设施的可能性，施工排水的去向、距离和坡度；有无洪水影响，防洪设施状况	(1) 确定生活、生产供水方案； (2) 确定工地排水方案和防洪方案； (3) 拟定供排水设施的施工进度计划
2	供电、电信	(1) 当地电源位置，引入的可能性，可供电的容量、电压、导线截面和电费；引入方向，接线地点及其至工地距离，沿途地形地物状况； (2) 建设单位和施工单位自有的发、变电设备的型号、台数和容量； (3) 利用邻近电信设施的可能性，电话、电报局等至工地的距离，可能增设电信设备、线路的情况	(1) 确定供电方案； (2) 确定通信方案； (3) 拟定供电、通信设施的施工进度计划
3	供汽、供热	(1) 蒸汽来源，可供蒸汽量，接管地点、管径、埋深，至工地距离，沿途地形地物状况；蒸汽价格； (2) 建设、施工单位自有锅炉的型号、台数和能力，所需燃料及水质标准； (3) 当地或建设单位可能提供的压缩空气、氧气的能力，至工地距离	(1) 确定生产、生活用汽的方案； (2) 确定压缩空气、氧气的供应计划

2.2.2 收集交通运输资料

建筑施工过程中，常用到铁路、公路和航运等三种主要交通运输方式。收集的内容见表2.4。资料来源主要是当地铁路、公路、水运和航运管理部门。主要用作决定选用材料和设备的运输方式、组织运输业务的依据。

表 2.4　　　　　　　　　　　　　　　交通运输条件调查表

序号	项目	调 查 内 容	调查目的
1	铁路	(1) 邻近铁路专用线、车站至工地的距离及沿途运输条件； (2) 站场卸货线长度，起重能力和储存能力； (3) 装卸单个货物的最大尺寸、重量的限制	选择运输方式；拟定运输计划

续表

序号	项目	调 查 内 容	调查目的
2	公路	(1) 主要材料产地至工地的公路等级、路面构造、路宽及完好情况，允许最大载重量；途经桥涵等级、允许最大尺寸、最大载重量； (2) 当地专业运输机构及附近村镇能提供的装卸、运输能力（吨公里）、运输工具的数量及运输效率；运费、装卸费； (3) 当地有无汽车修配厂、修配能力和至工地距离	选择运输方式；拟定运输计划
3	航运	(1) 货源、工地至邻近河流、码头渡口的距离，道路情况； (2) 洪水、平水、枯水期时，通航的最大船只及吨位，取得船只的可能性； (3) 码头装卸能力、最大起重量，增设码头的可能性； (4) 渡口的渡船能力；同时可载汽车数，每日次数，能为施工提供能力； (5) 运费、渡口费、装卸费	

2.2.3 收集建筑材料资料

建筑工程要消耗大量的材料，主要有钢材、木材、水泥、地方材料（砖、砂、灰、石）、装饰材料、构件制作、商品混凝土、建筑机械等。其内容见表 2.5、表 2.6。资料来源主要是当地主管部门和建设单位及各建材生产厂家、供货商。主要作用是作为选择建筑材料和施工机械的依据。

表 2.5　　　　　　　　地方资源调查表

序号	材料名称	产地	储藏量	质量	开采量	出厂价	供应能力	运距	单位运价
1									
2									
⋮									

表 2.6　　　　　　三材特殊材料和主要设备调查表

序号	项目	调 查 内 容	调 查 目 的
1	三种材料	(1) 钢材订货的规格、型号、数量和到货时间； (2) 木材订货的规格、等级、数量和到货时间； (3) 水泥订货的品种、标号、数量和到货时间	(1) 确定临时设施和堆放场地； (2) 确定木材加工计划； (3) 确定水泥储存方式
2	特殊材料	(1) 需要的品种、规格、数量； (2) 试制、加工和供应情况	(1) 制定供应计划； (2) 确定储存方式
3	主要设备	(1) 主要工艺设备名称、规格、数量和供货单位； (2) 供应时间：分批和全部到货时间	(1) 确定临时设施和堆放场地； (2) 拟定防雨措施

2.2.4 社会劳动力和生活条件调查

建筑施工是劳动密集型的生产活动。社会劳动力是建筑施工劳动力的主要来源，其内容见表 2.7。资料来源是当地劳动、商业、卫生和教育主管部门。主要作用是为劳动力安排计划、布置临时设施和确定施工力量提供依据。

表 2.7 社会劳动力和生活设施调查表

序号	项目	调查内容	调查目的
1	社会劳动力	(1) 少数民族地区的风俗习惯； (2) 当地能支援的劳动力人数、技术水平和来源； (3) 上述人员的生活安排	(1) 拟定劳动力计划； (2) 安排临时设施
2	房屋设施	(1) 必须在工地居住的单身人数和户数； (2) 能作为施工用的现有的房屋栋数、每栋面积、结构特征、总面积、位置、水、暖、电、卫生设备状况； (3) 上述建筑物的适宜用途；作宿舍、食堂、办公室的可能性	(1) 确定原有房屋为施工服务的可能性； (2) 安排临时设施
3	生活服务	(1) 主副食品供应、日用品供应、文化教育、消防治安等机构能为施工提供的支援能力； (2) 邻近医疗单位至工地的距离，可能就医的情况； (3) 周围是否存在有害气体污染情况；有无地方病	安排职工生活基地

2.2.5 原始资料的调查

原始资料调查的主要内容有：建设地点的气象、地形、地貌、工程地质、水文地质、场地周围环境及障碍物主要内容见表 2.8，资料来源主要是气象部门及设计单位。主要作用是作为确定施工方法和技术措施，编制施工进度计划和施工平面图布置设计的依据。

表 2.8 自然条件调查表

序号	项目	调查内容	调查目的
1		气 象	
(1)	气温	(1) 年平均、最高、最低、最冷、最热月份的逐月平均温度； (2) 冬、夏季室外计算温度	(1) 确定防暑降温的措施； (2) 确定冬季施工措施； (3) 估计混凝土、砂浆强度
(2)	雨（雪）	(1) 雨季起止时间； (2) 月平均降雨（雪）量、最大降雨（雪）量、一昼夜最大降雨（雪）量； (3) 全年雷、暴雨日数	(1) 确定雨季施工措施； (2) 确定工地排水、防洪方案； (3) 确定防雷设施
(3)	风	(1) 主导风向及频率（风玫瑰图）； (2) 不小于 8 级风的全年天数、时间	(1) 确定临时设施的布置方案； (2) 确定高空作业及吊装的技术安全措施

序号	项目	调 查 内 容	调 查 目 的
2		工程地形、地质	
(1)	地形	(1) 区域地形图：1/10000～1/25000； (2) 工程位置地形图：1/1000～1/2000； (3) 该地区城市规划图； (4) 经纬坐标桩、水准基桩的位置	(1) 选择施工用地； (2) 布置施工总平面图； (3) 场地平整及土方量计算； (4) 了解障碍物及其数量
(2)	工程地质	(1) 钻孔布置图； (2) 地质剖面图：土层类别、厚度； (3) 物理力学指标：天然含水率、孔隙比、塑性指数、渗透系数、压缩试验及地基土强度； (4) 地层的稳定性：断层滑块、流砂； (5) 最大冻结深度； (6) 地基土破坏情况：枯井、古墓、防空洞及地下构筑物等	(1) 土方施工方法的选择； (2) 地基土的处理方法； (3) 基础施工方法； (4) 复核地基基础设计； (5) 拟定障碍物拆除计划
(3)	地震	地震等级、烈度大小	确定对基础的影响、注意事项
3		工程水文地质	
(1)	地下水	(1) 最高、最低水位及时间； (2) 水的流向、流速及流量； (3) 水质分析：水的化学成分； (4) 抽水试验	(1) 基础施工方案选择； (2) 降低地下水的方法； (3) 拟定防止侵蚀性介质的措施
(2)	地表水	(1) 临近江河湖泊距工地的距离； (2) 洪水、平水、枯水期的水位、流量及航道深度； (3) 水质分析； (4) 最大、最小冻结深度及结冻时间	(1) 确定临时给水方案； (2) 确定运输方式； (3) 确定水工工程施工方案； (4) 确定防洪方案

学习单元 2.3 技 术 资 料 准 备

技术准备是施工准备工作的核心，是现场施工准备工作的基础。由于任何技术的差错或隐患都可能引起人身安全和质量事故，造成生命、财产的巨大损失，因此必须认真地做好技术准备工作。其主要内容包括：熟悉与会审图纸、编制施工组织设计、编制施工图预算和施工预算。

2.3.1 熟悉与会审图纸

2.3.1.1 熟悉与会审图纸的目的

（1）能够在工程开工之前，使工程技术人员充分了解和掌握设计图纸的设计意图、结构与构造特点和技术要求。

（2）通过审查发现图纸中存在的问题和错误并改正，为工程施工提供一份准确、齐全的设计图纸。

(3) 保证能按设计图纸的要求顺利施工、生产出符合设计要求的最终建筑产品。

2.3.1.2 熟悉图纸及其他设计技术资料的重点

1. 基础及地下室部分

(1) 核对建筑、结构、设备施工图中关于基础留口、留洞的位置及标高的相互关系是否处理恰当。

(2) 给水及排水的去向,防水体系的做法及要求。

(3) 特殊基础做法,变形缝及人防出口做法。

2. 主体结构部分

(1) 定位轴线的布置及与承重结构的位置关系。

(2) 各层所用材料是否有变化。

(3) 各种构配件的构造及做法。

(4) 采用的标准图集有无特殊变化和要求。

3. 装饰部分

(1) 装修与结构施工的关系。

(2) 变形缝的做法及防水处理的特殊要求。

(3) 防火、保温、隔热、防尘、高级装修的类型及技术要求。

2.3.1.3 审查图纸及其他设计技术资料的内容

(1) 设计图纸是否符合国家有关规划、技术规范要求。

(2) 核对设计图纸及说明书是否完整、明确,设计图纸与说明等其他各组成部分之间有无矛盾和错误,内容是否一致,有无遗漏。

(3) 总图的建筑物坐标位置与单位工程建筑平面图是否一致。

(4) 核对主要轴线、几何尺寸、坐标、标高、说明等是否一致,有无错误和遗漏。

(5) 基础设计与实际地质是否相符,建筑物与地下构造物及管线之间有无矛盾。

(6) 主体建筑材料在各部分有无变化,各部分的构造做法。

(7) 建筑施工与安装在配合上存在哪些技术问题,能否合理解决。

(8) 设计中所选用的各种材料、配件、构件等能否满足设计规定的需要。

(9) 工程中采用的新工艺、新结构、新材料的施工技术要求及技术措施。

(10) 对设计技术资料有什么合理化建议及其他问题。

审查图纸的程序通常分为自审阶段、会审阶段和现场签证三个阶段。

自审是施工企业组织技术人员熟悉和自审图纸,自审记录包括对设计图纸的疑问和有关建议。

会审是由建筑单位主持、设计单位和施工单位参加,先由设计单位进行图纸技术交底,各方面提出意见,经充分协商后,统一认识形成图纸会审纪要,由建设单位正式行文,参加单位共同会签、盖章,作为设计图纸的修改文件。

现场签证是在工程施工过程中,发现施工条件与设计图纸的条件不符,或图纸仍有错误,或因材料的规格、质量不能满足设计要求等原因,需要对设计图纸进行及时修改,应遵循设计变更的签证制度,进行图纸的施工现场签证。一般问题,经设计单位同意,即可办理手续进行修改。重大问题,须经建设单位、设计单位和施工单位共同协商,由设计单位修改,向施工单位签发设计变更单,方可有效。

2.3.1.4 熟悉技术规范、规程和有关技术规定

技术规范、规程是国家制定的建设法规,是实践经验的总结,在技术管理上具有法律效用。建筑施工中常用的技术规范、规程主要有:

(1)建筑安装工程质量检验评定标准。

(2)施工操作规程。

(3)建筑工程施工及验收规范。

(4)设备维护及维修规程。

(5)安全技术规程。

(6)上级技术部门颁发的其他技术规范和规定。

2.3.2 编制施工组织设计

施工组织设计是指导施工现场全部生产活动的技术经济文件。它既是施工准备工作的重要组成部分,又是做好其他施工准备工作的依据;它既要符合体现建设计划和设计的要求,又要符合施工活动的客观规律,对建设项目的全过程起到战略部署和战术安排的双重作用。

由于建筑产品的特点及建筑施工的特点,决定了建筑工程种类繁多、施工方法多变,没有一个通用的、一成不变的施工方法,每个建筑工程项目都需要分别确定施工组织方法,作为组织和指导施工的重要依据。

学习单元 2.4 施工现场准备

施工现场的准备(又称室外准备),它主要为工程施工创造有利的施工条件,施工现场的准备按施工组织设计的要求和安排进行,其主要内容为"三通一平"、测量放线、临时设施的搭设等。

2.4.1 现场"三通一平"

"三通一平"是在建筑工程的用地范围内,接通施工用水、用电、道路和平整场地的总称。而工程实际的需要往往不止水通、电通、路通,有些工地上还要求有"热通"(供蒸汽)、"气通"(供煤气)、"话通"(通电话)等,但最基本的还是"三通"。

(1)平整施工场地。施工场地的平整工作,首先通过测量,按建筑总平面图中确定的标高,计算出挖土及填土的数量,设计土方调配方案,组织人力或机械进行平整工作;若拟建场内有旧建筑物,则须拆迁房屋,同时要清理地面上的各种障碍物,对地下管道、电缆等要采取可靠的拆除或保护措施。

(2)修通道路。施工现场的道路,是组织大量物资进场的运输动脉,为了保证各种建筑材料、施工机械、生产设备和构件按计划到场,必须按施工总平面图要求修通道路。为了节省工程费用,应尽可能利用已有道路或结合正式工程的永久性道路。为使施工时不损坏路面，可先做路基，施工完毕后再做路面。

（3）通水。施工现场的通水包括给水与排水。施工用水包括生产、生活和消防用水，其布置应按施工总平面图的规划进行安排。施工用水设施尽量利用永久性给水线路，临时管线的敷设，既要满足用水点的需要和使用方便，又要尽量缩短管线。施工现场要做好有组织的排水系统，否则会影响施工的顺利进行。

（4）通电。施工现场的通电包括生产用电和生活用电。根据生产、生活用电的电量，选择配电变压器，与供电部门或建设单位联系，按施工组织要求布设线路和通电设备。当供电系统供电不足时，应考虑在现场建立发电系统，以保证施工的顺利进行。

2.4.2 测量放线

测量放线的任务是把图纸上所设计好的建筑物、构筑物及管线等测设到地面或实物上，并用各种标志表现出来，作为施工的依据。在土方开挖前，按设计单位提供的总平面图及给定的永久性经纬坐标控制网和水准控制基桩，进行场区施工测量，设置场区永久性坐标、水准基桩和建立场区工程测量控制网。在进行测量放线前，应做好以下几项准备工作：

（1）了解设计意图，熟悉并校核施工图纸。

（2）对测量仪器进行检验和校正。

（3）校核红线桩与水准点。

（4）制定测量放线方案。测量放线方案主要包括平面控制、标高控制、±0.000 以下施测、±0.000 以上施测、沉降观测和竣工测量等项目，其方案制定依设计图纸要求和施工方案来确定。

建筑物定位放线是确定整个工程平面位置的关键环节，施测中必须保证精度，杜绝错误，否则其后果将难以处理。建筑物的定位、放线，一般通过设计图中平面控制轴线来确定建筑物的轮廓位置，经自检合格后，提交有关部门和甲方（监理人员）验线，以保证定位的准确性。沿红线的建筑物，还要由规划部门验线，以防止建筑物超、压红线。

2.4.3 临时设施的搭设

现场所需临时设施，应报请规划、市政、消防、交通、环保等有关部门审查批准，按施工组织设计和审查情况来实施。

对于指定的施工用地周界，应用围墙（栏）围挡起来，围挡的形式和材料应符合市容管理的有关规定和要求，并在主要出入口设置标牌，标明工程名称、施工单位、工地负责人、监理单位等。

各种生产（仓库、混凝土搅拌站、预制构件厂、机修站、生产作业棚等）、生活（办公室、宿舍、食堂等）用的临时设施，严格按批准的施工组织设计规定的数量、标准、面积、位置等来组织实施，不得乱搭乱建，并尽可能做到以下几点：

（1）利用原有建筑物，减少临时设施的数量，以节省投资。

（2）适用、经济、就地取材，尽量采用移动式、装配式临时建筑。

（3）节约用地、少占农田。

学习单元 2.5　生产资料准备

生产资料准备是指工程施工中必须的劳动手段（施工机械、机具等）和劳动对象（材料、构件、配件等）的准备。该项工作应根据施工组织设计的各种资源需要量计划，分别落实货源、组织运输和安排储备，这是工程连续施工的基本保证，主要内容有：

2.5.1　建筑材料的准备

建筑材料的准备包括：三材（钢材、木材、水泥），地方材料（砖、瓦、石灰、砂、石等），装饰材料（面砖、地砖等），特殊材料（防腐、防射线、防爆材料等）的准备。为保证工程顺利施工，材料准备要求如下：

（1）编制材料需要量计划，签订供货合同。根据预算的工料分析，按施工进度计划的使用要求，材料储备定额和消耗定额，分别按材料名称、规格、使用时间进行汇总，编制材料需用量计划，同时根据不同材料的供应情况，随时注意市场行情，及时组织货源，签订订货合同，保证采购供应计划的准确可靠。

（2）材料的运输和储备。材料的储备和运输要按工程进度分期分批进场。现场储备过多会增加保管费用、占用流动资金，过少难以保证施工的连续进行，对于使用量少的材料，尽可能一次进场。

（3）材料的堆放和保管。现场材料的堆放应按施工平面布置图的位置，按材料的性质、种类，选取不同的堆放方式，合理堆放，避免材料的混淆及二次搬运；进场后的材料要依据材料的性质妥善保管，避免材料的变质及损坏，以保持材料的原有数量和原有的使用价值。

2.5.2　施工机具和周转材料的准备

施工机具包括施工中所确定选用的各种土方机械、木工机械、钢筋加工机械、混凝土机械、砂浆机械、垂直与水平运输机械、吊装机械等，应根据采用的施工方案和施工进度计划，确定施工机械的数量和进场时间；确定施工机具的供应方法和进场后的存放地点和方式，并提出施工机具需要量计划，以便企业内平衡或外签约租借机械。

周转材料的准备主要指模板和脚手架。此类材料施工现场使用量大、堆放场地面积大、规格多、对堆放场地的要求高，应按施工组织设计的要求分规格、型号整齐码放，以便使用和维修。

2.5.3　预制构件和配件的加工准备

工程施工中需要大量的钢筋混凝土构件、木构件、金属构件、水泥制品、塑料制品、卫生洁具等，应在图纸会审后提出预制加工单，确定加工方案、供应渠道及进场后的储备地点和方式。现场预制的大型构件，应依施工组织设计做好规划提前加工预制。

此外，对采用商品混凝土的现浇工程，要依施工进度计划要求确定需用量计划。主要内容有商品混凝土的品种、规格、数量、需要时间、送货方式、交货地点，并提前与生产单位签订供货合同，以保证施工顺利进行。

学习单元2.6 施工现场人员准备

2.6.1 项目组的组建

项目管理机构建立的原则:根据工程规模、结构特点和复杂程度,确定劳动组织领导机构的编制及人选;坚持合理分工与密切协作相结合的原则;执行因事设职、因职选人的原则,将富有经验、创新精神、工作效率高的人入选项目管理领导机构。对一般单位工程可设一名工地负责人,配一定数量的施工员、材料员、质检员、安全员等即可。对大中型单位工程或群体工程,则要配备包括技术、计划等管理人员在内的一套班子。

2.6.2 施工队伍的准备

施工队伍的建立,要考虑工种的合理配合,技工和普工的比例要满足劳动组织的要求;建立混合施工队或专业施工队及其数量,组建施工队组要坚持合理、精干原则。在施工过程中,依工程实际进度需求,动态管理劳动力数量。需外部力量的,可通过签订承包合同或联合其他队伍来共同完成。

1. 建立精干的基本施工队、组

基本施工队、组应根据现有的劳动组织情况、结构特点及施工组织设计的劳动力需要量计划确定。一般有以下几种组织形式:

(1)砖混结构的建筑。该类建筑在主体施工阶段,主要是砌筑工程,应以瓦工为主,配合适量的架子工、钢筋工、混凝土工、木工以及小型机械工等;装饰阶段以抹灰、油漆工为主,配合适量的木工、电工、管工等。因此以混合施工班组为宜。

(2)框架、框剪及全现浇结构的建筑。该类建筑主体结构施工主要是钢筋混凝土工程,应以模板工、钢筋工、混凝土工为主,配合适量的瓦工;装饰阶段配备抹灰、油漆工等。因此以专业施工班组为宜。

(3)预制装配式结构的建筑。该类建筑的主要施工工作以构件吊装为主,应以吊装起重工为主,配合适量的电焊工、木工、钢筋工、混凝土工、瓦工等,装饰阶段配备抹灰工、油漆工、木工等。因此以专业施工班组为宜。

2. 确定优良的专业施工队伍

大中型的工业项目或公用工程,内部的机电安装、生产设备安装一般需要专业施工队或生产厂家进行安装和调试,某些分项工程也可能需要机械化施工公司来承担,这些需要外部施工队伍来承担的工作,需在施工准备工作中以签订承包合同的形式予以明确,落实施工队伍。

3. 选择优势互补的外包施工队伍

随着建筑市场的开放,施工单位往往依靠自身的力量难以满足施工需要,因而需联合其他建筑队伍(外包施工队)来共同完成施工任务,通过考察外包队伍的市场信誉、已完工程质量、确认资质、施工力量水平等来选择,联合要充分体现优势互补的原则。

2.6.3 施工队伍的教育

施工前,企业要对施工队伍进行劳动纪律、施工质量和安全教育,牢固树立"质量第一"、"安全第一"的意识。平时企业还应抓好职工、技术人员的培训和技术更新工作，不断提高职工、技术人员的业务技术水平，增强企业的竞争力；对于采用新工艺、新结构、新材料、新技术及使用新设备的工程，应将相关管理人员和操作人员组织起来培训，达到标准后再上岗操作；此外还要加强施工队伍平时的政治思想教育。

学习单元 2.7 冬、雨季施工准备

2.7.1 冬季施工准备工作

1. 合理安排冬季施工项目

建筑产品的生产周期长，且多为露天作业，冬季施工条件差、技术要求高，因此在施工组织设计中就应合理安排冬季施工项目，尽可能保证工程连续施工，一般情况下尽量安排费用增加少、易保证质量、对施工条件要求低的项目在冬季施工。如吊装、打桩、室内装修等，而如土方、基础、外装修、屋面防水等则不易在冬季施工。

2. 落实各种热源的供应工作

提前落实供热渠道，准备热源设备，储备和供应冬季施工用的保温材料，做好司炉培训工作。

3. 做好保温防冻工作

（1）临时设施的保温防冻：给水管道的保温，防止管道冻裂；防止道路积水、积雪成冰，保证运输顺利。

（2）工程已完成部分的保温保护：如基础完成后及时回填至基础顶面同一高度，砌完一层墙后及时将楼板安装到位等。

（3）冬季要施工部分的保温防冻：如凝结硬化尚未达到强度要求的砂浆、混凝土要及时测温，加强保温，防止遭受冻结。将要进行的室内施工项目，先完成供热系统，安装好门窗玻璃等。

4. 加强安全教育

要有冬季施工的防火、安全措施，加强安全教育，做好职工培训工作，避免火灾、安全事故的发生。

2.7.2 雨季施工准备工作

1. 合理安排雨季施工项目

在施工组织设计中要充分考虑雨季对施工的影响，一般情况下，雨季到来之前，多安排土方、基础、室外及屋面等不易在雨季施工的项目，多留一些室内工作在雨季进行，以避免雨季窝工。

2. 做好现场的排水工作

施工现场雨季来临前，做好排水沟，准备好抽水设备，防止场地积水，最大限度地减少泡水造成的损失。

3. 做好运输道路的维护和物资储备

雨季前检查道路边坡排水，适当提高路面，防止路面凹陷，保证运输道路的畅通，并多储备一些物资，减少雨季运输量，节约施工费用。

4．做好机具设备等的保护

对现场各种机具、电器、工棚都要加强检查，特别是脚手架、塔吊、井架等，要采取防倒塌、防雷击、防漏电等一系列技术措施。

5．加强施工管理

认真编制雨季施工的安全措施，加强对职工的教育，防止各种事故的发生。

学习任务3　施工进度计划的编制与控制

学习单元3.1　组织流水施工

3.1.1　流水施工概述

3.1.1.1　组织施工的方式

任何一个建筑物都是由许多施工过程组成的，而每一个施工过程可以组织一个或多个施工班组来进行施工。如何组织各施工班组的先后顺序或平行搭接施工，是组织施工的一个最基本的问题。

组织施工一般可采用依次施工、平行施工和流水施工三种方式。现就这三种方式来简单介绍。

1. 依次施工

依次施工也称顺序施工，是各施工段或施工过程依次开工，依次完成的一种组织方式。

依次施工的最大优点是每天投入的劳动力较少，机具设备使用不是很集中，材料供应较单一，施工现场管理简单，便于组织和安排。当工程规模较小，施工面又有限时，依次施工是适用的，也是常见的。

依次施工的缺点也很明显：采用依次施工不但工期拖得较长，而且在组织安排上也不尽合理。

2. 平行施工

平行施工是全部工程任务各施工过程同时开工、同时完成的一种施工组织方式。

平行施工的优点是能够充分利用工作面，完成工作任务的时间最短，即施工工期最短。但由于施工班组数成倍增加（即投入施工人数增多），机具设备相应增加，材料供应集中，临时设施、仓库和堆场面积也要增加，从而造成组织安排和施工管理困难，增加施工管理费用。如果工期要求不紧，工程结束后又没有更多的工程任务，各施工班组在短期内完成施工任务后，就可能出现窝工现象。因此，平行施工一般适用于工期要求紧、大规模的建筑群及分期分批组织的工程任务。这种方式只有在各方面的资源供应有保障的前提下，才是合理的。

3. 流水施工的基本定义

流水施工是指所有施工过程按一定的时间间隔依次投入施工，各个施工过程陆续开工，使同一施工过程的施工班组保持连续、均衡施工，不同的施工过程尽可能平行搭接施工的组织方式。

流水施工的主要优点：流水施工是组织施工的一种科学方法。他的意义在于使施工过程具有连续性、均衡性。流水施工的主要优点，表现在以下几个方面：

（1）由于各施工过程的施工班组生产的连续性、均衡性，以及各班组施工专业化程度高，所以不仅能提高公认的技术操作水平和熟练程度，提高劳动生产率，而且有利于施工质量的不断提高和安全生产。

（2）流水施工能够充分、合理地利用工作面，减少或避免"窝工"现象，在不增加施工班组和施工工人的情况下，比较合理地利用施工时间和空间，缩短施工工期，为施工工程早日使用创造条件。

（3）相对平行施工来说，流水施工投入人力、物力、财力较为均衡，不仅各专业施工班组都能保持连续生产，而且作业时间具有一定规律性。这种规律对组织工程施工十分有利，并能带来良好的工作秩序，从而取得比较可观的经济效益。

工程施工中，可以采用依次施工、平行施工和流水施工等组织方式。对于相同的施工对象，当采用不同的作业组织方法时，其效果也各不相同。

3.1.1.2　流水施工参数

流水施工参数是指组织流水施工时，为了表示各施工过程在时间和空间上的相互依存关系，特引入一些描述施工进度计划图表特征和各种数量关系的参数，称之为"流水参数"。

流水施工参数，根据其性质的不同，一般可分为工艺参数、空间参数和时间参数三种。只有对流水施工的主要参数进行认真的、有针对性的、有预见性的研究与分析计算，才能较成功地组织流水施工作业。

1. 工艺参数

流水施工的工艺参数主要包括施工过程数和流水强度。

（1）施工过程数（n）。施工过程数是指参与一组流水的施工过程（工序）的个数，通常以符号"n"表示。

在组织工程流水施工时，首先应将施工对象划分为若干施工过程。施工过程划分的数目多少和粗细程度，一般与下列因素有关。

1）施工计划的性质和作用。对于长期计划及建筑群体、规模大、工期长的工程施工控制性进度计划，其施工过程的划分，可以粗一些、综合性大一些。对于中小型单位工程及工期较短的工程实施性计划，其施工过程划分可以细一些、具体一些，一般可划分至分项工程。对于月度作业性计划，有些施工过程还可以分解为工序，如刮腻子、油漆等工程。

2）施工方案的不同。对于一些相同的施工工艺，应根据施工方案的要求，可以将它们合并为一个施工过程，也可以根据施工的先后分为两个施工过程。不同的施工方案，其施工顺序和施工方法也不同，例如框架主体结构采用的模板不同，其施工过程划分的个数就不同。

3）工程量大小与劳动力组织。施工过程的划分与施工班组及施工习惯有一定关系。例如，安装玻璃、涂刷油漆的施工，可以将它们合并为一个施工过程，即玻璃油漆施工过程。它的施工班组就作为一个混合班组，也可以将它们分为两个施工过程，即安装施工过程和油漆施工过程，这时它们的施工班组为单一工种的施工班组。

同时，施工过程的划分还与工程量大小有关。对于工程量较小的施工过程，当组织流水施工有困难时，可以与其他施工过程合并在一起。例如，基础施工，如果垫层的工程量较小，可以与混凝土面层相结合，并为一个施工过程，这样就可以使各个施工过程的工程量大致相等，便于组织流水施工。

（2）流水强度（V）。流水强度是指每一个施工过程在单位时间内所完成的工作量。根据施工过程的主导因素不同，可以将施工过程分为机械施工过程和手工操作施工过程两种，相应也有两种施工过程流水强度。

1）机械施工过程流水强度的计算公式。对于机械施工过程，其流水强度计算公式为

$$V = \sum_{i=1}^{x} N_i P_i \tag{3.1}$$

式中　　V——某施工过程机械的流水强度；

　　　　N_i——某种施工机械的台数；

　　　　P_i——该种施工机械的台班生产率；

　　　　x——用于同一种施工过程的主导施工机械的种类。

2）手工操作施工过程流水强度的计算公式。对于手工操作施工过程，其流水强度计算公式为

$$V = NP \tag{3.2}$$

式中　　N——每一工作队工人人数（N 应小于工作面上允许容纳的最多人数）；

　　　　P——每一个工人的每班产量定额。

2. 空间参数

流水施工的空间参数主要包括施工段数和工作面。

（1）施工段数（m）。在组织流水施工时，通常把施工对象划分为劳动量相等或大致相等的若干段，称为施工流水段，简称流水段或施工段。每一个施工段在某一段时间内，只能供一个施工过程的工作队使用。

划分施工段的目的，是为了更好地组织流水施工，保证不同的施工班组能在不同的施工段上同时进行施工，从而使各施工班组按照一定的时间间隔，从一个施工段转移到另一个施工段进行连续施工。这样既能消除等待、停歇现象，又互不干扰，同时又能缩短施工工期。

施工段的划分一般有两种情况：一种是施工段为固定的；另一种是施工段为不固定的。在施工段固定情况下，所有施工过程都采用同样的施工段；同样，施工段的分界对所有施工过程都是固定不变的。在施工段不固定的情况下，对不同的施工过程要分别规定出一种施工段划分方法，施工段的分界对于不同的施工过程是不同的。在通常情况下，固定的施工段便于组织流水施工，应用范围较广泛；而不固定的施工段应当较少采用。

划分施工段的基本要求如下：

施工段的数目及分界要合理。施工段数目如果划分过少，有时会引起劳动力、机械、材料供应的过分集中，有时会造成供应不足的现象。施工段数目如果划分过多，则会增加施工持续总时间，而且工作面不能充分利用。划分施工段保证结构不受施工缝的影响，施工段的分界要同施工对象的结构界限相一致，尽可能利用单元、伸缩缝、沉降缝等自然分界线。

各施工段上所消耗的劳动量相等或大致相等（差值宜在 15％之内），以保证各施工班组施工的连续性和均衡性。

划分的施工段必须为后面的施工提供足够的工作面。尽量使主导施工过程的施工班组能连续施工。由于各施工过程的工程量有些不同，所需要的最小工作面不同，以及施工工艺上的不同要求等原因，如果要求所有工作队都能连续施工，所有施工段上都连续有工作队在工作，有时往往是不可能的，则应主要组织主导施工过程能连续施工。例如，在锅炉和附属设备及管道安装过程中，应以锅炉安装为主导施工过程来划分施工段，以此组织施工。

当组织流水施工对象有层间关系时，应使各工作队能够连续施工。即各施工过程的工作队做完第一段，能立即转入第二段；做完第一层的最后一段，能立即转入第二层的第一段。因此每层最少施工段数目 m 应大于或等于其施工过程数 m，即 $m=n$。

当 $m=n$ 时，工作队连续施工，施工段上始终有施工的班组，工作面能充分利用，无停歇现象，也不会产生工人窝工现象，是理想的流水施工。

当 $m>n$ 时，工作队仍能连续施工，虽然有停歇的工作面，但不一定是不利的，有时还是必要的，如利用这些停歇时间做养护、备料、弹线等工作。

当 $m<n$ 时，工作队不能连续施工，会出现窝工现象，这对一个建筑物的施工组织流水施工是不适宜的。

（2）工作面（A）。工作面又称为"工作线"，是指在施工对象上可能安置的操作工人的人数或布置施工机械地段。它是用来反映施工过程中（工人操作、机械布置）在空间上布置的可能性。工作面的大小可以采用不同的计量单位来计量。例如，门窗的油漆可以采用门窗洞的面积以 m^2 为单位，靠墙扶手沿长度以 m 为单位。

对于某些工程，在施工一开始就已经在整个长度或广度上形成了工作面。这种工作面在工程上称为"完整的工作面"（如挖土工程）。对于有些工程的工作面是随着施工过程的进展逐步（逐层、逐段）形成的，这种工作面在工程上称为"部分的工作面"（如砌墙）。但是，不论在哪一个工作面上，通常前一个施工过程的结束，就为后面的施工过程提供工作面。

在确定一个施工过程必要的工作面时，不但要考虑前一施工过程为这一施工过程可能提供的工作面大小，还必须要严格遵守施工规范和安全技术的有关规定，因此，工作面的形成，直接影响到流水施工组织。

3. 时间参数

流水施工的时间参数主要包括流水节拍、流水步距、间歇时间、施工过程流水持续时间、流水施工工期。

（1）流水节拍（t）。流水节拍是指从事某一施工过程的专业施工班组，在施工段上施工作业的持续时间，用 t 来表示。流水节拍的大小，关系到所需投入的劳动力、机械及材料用量的多少，决定着施工的速度和节奏。因此，确定流水节拍对于组织流水施工，具有重要的意义。

通常，流水节拍的确定方法有两种：一种是根据工期的要求来确定；另一种是根据能够投入的劳动力、机械台数和材料供应量（即能够投入的各种资源）来确定。

1）根据工期要求确定流水节拍。对有工期要求的，尽量满足工期要求，可用工期计算法。即根据对施工任务规定的完成日期，采用倒排进度法。

根据工期的要求来确定流水节拍，可用下式计算

$$t_i = \frac{T}{m} \tag{3.3}$$

式中　t_i——某工程在某施工段上的流水节拍；

　　　T——某工程的要求工期；

　　　m——某工程划分的流水段数。

2）根据能够投入的各种资源来确定流水节拍，可用下式计算，即

$$t_i = Q_i/S_i R_i N_i \tag{3.4}$$

式中　t_i——某工程在某施工段上的流水节拍；

　　　Q_i——某工程在某施工段上的工程量；

　　　S_i——某施工过程的产量定额；

　　　R_i——施工人数或机械台数；

　　　N_i——某专业班组或机械的工作班次。

3）经验估算法。

$$t_i = \frac{a + 4c + b}{6} \tag{3.5}$$

式中　t_i——某施工过程在某施工段上的流水节拍；

　　　a——某施工过程在某施工段上的最短估算时间；

　　　b——某施工过程在某施工段上的最长估算时间；

　　　c——某施工过程在某施工段上的可能估算时间。

这种方法多适用于采用新工艺、新方法和新材料等没有定额可循的工程。

当按工期要求确定流水节拍时，首先根据工期要求确定出流水节拍，再按上式计算出所需要的人工人数或机械台班数，然后检查劳动力、机械是否满足需要。

当施工段数确定之后，流水节拍的长短对工期有一定影响，流水节拍长则相应的工期也长。因此，流水节拍越短越好，但实际上由于工作面的限制，流水节拍也有一定的限制，流水节拍的确定应充分考虑劳动力、材料和施工机械供应的可能性，以及劳动组织和工作面的使用的合理性。

在确定流水节拍时，应考虑以下因素：

1）施工班组的人数要适宜，既要满足最小劳动组合人数的要求，又要满足最小工作面的要求。

所谓最小劳动组合，是指某一施工过程进行正常施工所必需的最低限度的班组人数及其合理组合。如模板安装就要按技工和普工的最少人数及合理比例组成施工班组，人数过少或比例不当，都将引起劳动生产率的下降。

所谓的最小工作面，是指施工组织为保证安全生产和有效地操作所必需的工作面。它决定了最高限度可安排多少工人。不能为了缩短工期而无限期地增加施工人员，否则将造成工作面的不足，而产生窝工或施工不安全。

2）工作班制要恰当。工作班制的确定要根据要求工期而定。当要求工期不太紧迫，工艺也无连续施工要求时，一般可采用一班制；当组织流水施工时为了给第二天连续施工创造条件，某些施工过程可考虑在夜间进行，即采用两班制；当要求工期较紧或工艺上要求连续施工，或为了提高施工中机械的使用率时，某些项目可考虑采用三班制施工。

3）以主导施工过程流水节拍为依据，确定其他施工过程的流水节拍。主导施工过程的流水节拍，应比其他施工过程流水节拍大，且应尽可能做到有节奏，以便组织节奏流水。

4）流水节拍的确定。应考虑到机械设备的实际负荷能力和可能提供的机械设备的数量，也要考虑机械设备操作安全和质量要求。

5）流水节拍一般应取半天的整数倍。

【例 3.1】　某工程考虑到工作面的要求，将其划分为两个施工段，其基础挖土劳动量为 384 个工日，施工班组人数 20 人，采用两班制。试计算流水节拍。

解：

1）每段上所需劳动量：

$$Q = 384/2 = 192 （工日）$$

2）计算流水节拍：

$$t = \frac{192}{20 \times 2} = 4.8(d)$$

3）流水节拍一般应取 0.5d 的整数倍，故流水节拍取 5d。

（2）流水步距（K）。流水步距是指在流水施工过程中，相邻的两个专业班组，在保持其工艺先后顺序、满足连续施工要求和时间上最大搭接的条件下，相继投入流水施工的时间间隔，称为流水步距，用"K"表示。

流水步距的大小，反映着流水作业的紧凑程度，对施工工期的长短起着很大作用和影响。在流水段不变的情况下，流水步距越大，施工工期越长；流水步距越小，施工工期越短。

流水步距的数目，取决于参加流水施工的施工过程数。如果施工过程数为 n 个，则流水步距的总数为 $n-1$ 个。

确定流水步距的基本原则如下：

1）始终保持两个相邻施工过程的先后工艺顺序。

2）保持主要施工过程能连续、均衡地施工。

3）做到前后两个施工过程时间的最大搭接。

4）保持施工过程之间足够的技术、组织间歇时间。

（3）间歇时间（t_j）。间歇时间有组织间歇和技术间歇。在流水施工过程中，由于施工工艺的要求，某施工过程在某施工段上必须停歇的时间间隔，称为技术间歇时间。例如，混凝土浇筑后，必须经过必要的养护时间，使其达到一定的强度，才能进行下一道工序；门窗底漆涂刷后，必须经过必要的干燥时间，才能涂刷面漆，等等，这些都是施工工艺要求的必要间歇时间，都属于必要的间歇时间。

由于施工组织的需要，同一施工段的相邻两个施工过程之间必须留有的间隔时间称为组织间歇。如基础工程的验收等。

（4）施工过程持续时间（T_i）。是指该施工过程在各施工段上作业时间的总和，用式（3.6）表示

$$T_i = \sum_{i=1}^{m} t_i \tag{3.6}$$

式中　T_i——施工过程持续时间；

　　　m——施工段数；

　　　t_i——某施工过程的流水节拍。

（5）流水展开期（$\sum K$）。是指从第一个施工工作队开始作业起到最后一个施工队开始作业止，其时间间隔，用$\sum K$表示。

（6）流水施工工期（T）。是指完成一项工程任务或一个流水组施工所需的时间，用式（3.7）表示

$$T = \sum_{1}^{n-1} K_{i,i+1} + T_n \tag{3.7}$$

式中　T——流水施工工期；

　　　T_n——最后一个施工过程的流水持续时间；

$\sum_{1}^{n-1} K_{i,i+1}$——流水步距之和。

根据以上流水施工参数的基本概念，可以把流水施工的组织要点归纳如下：

1）将拟建工程（如一个单位工程，或分部分项工程）的全部施工活动，划分组合为若干施工过程，每一个施工过程交给按专业分工组成的施工班组或混合施工班组来完成。施工班组的人数要考虑到每个工人所需要的最小工作面和流水施工组织的需要。

2）将拟建工程每层的平面划分为若干施工段，每个施工段在同一时间内，只供一个施工班组开展作业。

3）确定各施工班组在每个施工段上的作业时间，并尽量使其连续、均衡。

4）按照各施工过程的先后排列顺序，确定相邻施工过程之间的流水步距，并使其在连续作业的条件下，最大限度地搭接起来，形成分部工程施工的专业流水组。

5）搭接各分部工程的流水组，组成单位工程的流水施工。

6）绘制流水施工进度计划。

3.1.2　有节奏流水施工

流水施工要求有一定节拍，才能实现和谐协调，而流水施工的节奏是由流水施工节拍决定的。要想使所有流水施工都能形成统一的流水节拍是很困难的。因此，在大多数情况下，各施工过程的流水节拍不一定相等，有的甚至同一个施工过程本身在不同施工段上流水节拍也不相等，这样就形成了不同的节奏特征的流水施工。

下面介绍有节奏流水施工中两种流水施工方法：固定节拍流水和成倍节拍流水。

3.1.2.1　固定节拍流水施工

1. 固定节拍流水的概念

固定节拍流水是在一个流水组合内各个施工过程的流水节拍均为相等常数的一种流水

施工方式。

2. 固定节拍流水施工的特点

固定节拍流水施工是一种最理想的流水施工方式，其特点如下。

（1）所有施工过程在各个施工段上的流水节拍均相等。

（2）相邻施工过程的流水步距相等，且等于流水节拍。

（3）专业工作队数等于施工过程数，即每一个施工过程成立一个专业工作队，由该队完成相应施工过程所有施工段上的任务。

（4）各个专业工作队在各施工段上能够连续作业，施工段之间没有空闲时间。

3. 固定节拍流水施工工期

（1）有间歇时间的固定节拍流水施工。所谓间歇时间，是指相邻两个施工过程之间由于工艺或组织安排需要而增加的额外等待时间，包括工艺间歇时间和组织间歇时间。对于有间歇时间的固定节拍流水施工，其流水施工工期 T 可按式（3.8）计算

$$T = (n-1) t + \sum t_j + mt = (m+n-1) t + \sum t_j \qquad (3.8)$$

式中　$\sum t_j$——间歇时间总和；

其余符号如前所述。

（2）有提前插入时间的固定节拍流水施工。所谓提前插入时间，是指相邻两个专业工作队在同一施工段上共同作业的时间。在工作面允许和资源有保证的前提下，专业工作队提前插入施工，可以缩短流水施工工期。对于有提前插入时间的固定节拍流水施工，其流水施工工期 T 可按式（3.9）计算

$$T = (m+n-1) t - \sum C \qquad (3.9)$$

式中　$\sum C$——提前插入时间总和；

其余符号如前所述。

3.1.2.2　成倍节拍流水施工

在通常情况下，组织固定节拍的流水施工是比较困难的。因为在任一施工段上，不同的施工过程，其复杂程度不同，影响流水节拍的因素也各不相同，很难使得各个施工过程的流水节拍都彼此相等。但是，如果施工段划分得合适，保持同一施工过程各施工段的流水节拍相等是不难实现的。使某些施工过程的流水节拍成为其他施工过程流水节拍的倍数，即形成成倍节拍流水施工。成倍节拍流水施工包括一般的成倍节拍流水施工和加快的成倍节拍流水施工。为了缩短流水施工工期，一般均采用加快的成倍节拍流水施工方式。

加快的成倍节拍流水施工的特点如下：

（1）同一施工过程在其各个施工段上的流水节拍均相等；不同施工过程的流水节拍不等，但其值为倍数关系。

（2）相邻施工过程的流水步距相等，且等于流水节拍的最大公约数（K）。

（3）专业工作队数大于施工过程数，即有的施工过程只成立一个专业工作队，而对于流水节拍大的施工过程，可按式（3.10）增加相应专业工作队数目。

$$b_i = t_i / K \qquad (3.10)$$

（4）各个专业工作队在施工段上能够连续作业，施工段之间没有空闲时间。

3.1.2.3 加快的成倍节拍流水施工工期

加快的成倍节拍流水施工工期 T 可按式 (3.11) 计算

$$T = (m+n'-1) t + \sum t_j - \sum C \qquad (3.11)$$

式中 n'——专业工作队数目总和，等于 $\sum b_i$；

其余符号如前所述。

【例 3.2】 某工程流水施工划分为 6 个施工段，施工过程分为：Ⅰ、Ⅱ、Ⅲ 3 个，流水节拍 Ⅰ 为 3d，Ⅱ 为 2d，Ⅲ 为 1d，没有间歇时间和搭接时间。试按加快的成倍节拍流水计算此计划工期，并绘制进度计划图。

解：

（1）在该计划中，施工过程数目 $n=3$；由于不同施工过程的流水节拍之间成倍数，可按加快的成倍节拍组织流水。

（2）Ⅰ 施工过程可组织 3 个专业工作队，Ⅱ 施工过程可组织 2 个专业工作队，Ⅲ 施工过程可组织 1 个专业工作队，专业工作队数目 $n'=6$。

（3）施工段数目 $n=6$；流水步距 $K=1$；$\sum t_j=0$；$\sum C=0$。

（4）其流水施工工期为：

$T = (m+n'-1) t + \sum t_j - \sum C = (6+6-1) \times 1 + 0 - 0 = 11$ (d)。

（5）绘制流水进度图，如图 3.1 所示。

施工过程编号	专业工作队编号	施工进度（d）										
		1	2	3	4	5	6	7	8	9	10	11
Ⅰ	Ⅰ₁		①			④						
	Ⅰ₂	K		②			⑤					
	Ⅰ₃		K		③			⑥				
Ⅱ	Ⅱ₁			K		①		③		⑤		
	Ⅱ₂				K		②		④		⑥	
Ⅲ	Ⅲ					K		①	②	③	④	⑤ ⑥

$(n'-1)K$ 　　　　 $m \cdot K$

$T=11d$

图 3.1 加快的成倍节拍流水进度计划图

①～⑥—施工段

【例 3.3】 某建设工程由四幢楼房组成，每幢楼房为一个施工段，施工过程划分为基础工程、结构安装、室内装修和室外工程 4 项，其一般的成倍节拍流水施工进度计划如图 3.2 所示。若按加快的成倍节拍流水组织施工，工期缩短多少？并绘制进度计划图。

施工过程	施工进度（周）											
	5	10	15	20	25	30	35	40	45	50	55	60
基础工程	①	②	③	④								
结构安装	$K_{I,II}$	①		②		③		④				
室内装修		$K_{II,III}$		①		②		③		④		
室外工程				$K_{III,IV}$					①	②	③	④

$\sum K = 5+10+25 = 40$　　　　$mt = 4 \times 5 = 20$

图 3.2　某工程的一般成倍节拍流水进度计划

①~④—施工段

解：

（1）由图 3.2 可知，如果按 4 个施工过程成立 4 个专业工作队组织流水施工，其总工期为：$T_o = (5+10+25) + 4 \times 5 = 60$（周）；为加快施工进度，增加专业工作队，组织加快的成倍节拍流水施工。

（2）计算流水步距。流水步距等于流水节拍的最大公约数，即 $K = \min[5, 10, 10, 5] = 5$（周）

（3）确定专业工作队数目。每个施工过程成立的专业工作队数目可按式（3.10）计算。

各施工过程的专业工作队数目分别为：

I——基础工程：$b_I = 5/5 = 1$；

II——结构安装：$b_{II} = 10/5 = 2$；

III——室内装修：$b_{III} = 10/5 = 2$；

IV——室外工程：$b_{IV} = 5/5 = 1$。

于是，参与该工程流水施工的专业工作队总数 n' 为：$n' = (1+2+2+1) = 6$。

（4）计算工期：

$$T = (m+n'-1)t + \sum t_j - \sum C = (4+6-1) \times 5 = 45 \text{（周）}$$

（5）绘制加快的成倍节拍流水施工进度计划图。根据图 3.2 所示进度计划编制的加快的成倍节拍流水施工进度计划如图 3.3 所示。

（6）比较结论。一般的成倍节拍流水施工进度计划比较，该工程组织加快的成倍节拍流水施工使得总工期缩短了 15 周。

3.1.3　非节奏流水施工

在组织流水施工时，经常由于工程结构形式、施工条件不同等原因，使得各施工过程在各施工段上的工程量有较大差异，或因专业工作队的生产效率相差较大，导致各施工过程的流水节拍随施工段的不同而不同，且不同施工过程之间的流水节拍又有很大差异。这时，流水节拍

图 3.3　加快的成倍节拍流水进度计划图

①~④—施工段

虽无任何规律，但仍可利用流水施工原理组织流水施工，使各专业工作队在满足连续施工的条件下，实现最大搭接。这种非节奏流水施工方式是建设工程流水施工的普遍方式。

3.1.3.1　非节奏流水施工的特点

非节奏流水施工具有以下特点：

（1）各施工过程在各施工段的流水节拍不全相等。

（2）相邻施工过程的流水步距不尽相等。

（3）专业工作队数等于施工过程数。

（4）按紧凑式组织施工，这时工期可能缩短，但工作过程不能都连续。

（5）按连续式组织施工，这时所有工作过程都连续，但工期比紧凑式可能延长。

3.1.3.2　紧凑式组织施工

1. 定义

紧凑式是指只要具备开工条件就开工，这样可以缩短工期。

2. 直接编阵法计算工期

直接编阵法是一种不必作图就能求出紧凑式组织施工的总工期（紧凑式）的方法。直接编阵法的步骤如下：

（1）列表：将各施工过程的流水节拍列于表中。

（2）计算第一行新元素（直接累加，写在括号内）。

（3）计算第一列新元素（直接累加，写在括号内）。

（4）计算其他新元素（用旧元素加上左边或上边二新元素中较大值，得到该新元素）。

（5）依此类推，直至完成，最后一个新元素值就是总工期。

3. 作图法计算工期

尽量将所排工序向作业开始方向靠拢，具备开工条件就开工。计划图绘制好后就知道工期是多少。

【例 3.4】　某工程流水节拍见表 3.1。试用直接编阵法计算此流水施工的工期，并绘制紧凑式流水施工进度计划图。

表 3.1 某 工 程 流 水 节 拍 表

施工过程＼施工段	A	B	C	D
①	2	3	3	2
②	2	2	3	3
③	3	3	3	3

解：

（1）计算第一行新元素（直接累加，写在括号内），见表 3.2。

（2）计算第一列新元素（直接累加，写在括号内），见表 3.2。

（3）计算其他新元素（用旧元素加上左边或上边二新元素中较大值，得到该新元素），见表 3.2。

（4）依此类推，计算其他新元素，见表 3.2。

（5）总工期为 17d。

（6）绘制紧凑式流水施工进度计划图，如图 3.4 所示。

（7）计算工期与绘制的一致，说明两者都正确。

表 3.2 直接编阵法计算工期表

施工过程＼施工段	A	B	C	D
①	2	3 (5)	3 (8)	2 (10)
②	2 (4)	2 (7)	3 (11)	3 (14)
③	3 (7)	3 (10)	3 (14)	3 (17)

3.1.3.3　连续式组织施工

1. 定义

使各施工过程连续作业，避免停工待料和干干停停。

2. 累加数列错位相减取大差法计算流水工期

由于这种方法是由潘特考夫斯基（译音）首先提出的，故又称为潘特考夫斯基法。这种方法简捷、准确，便于掌握。具体步骤如下：

（1）列表，将各施工过程的流水节拍列于表中。

（2）对每一个施工过程在各施工段上的流水节拍依次累加，求得各施工过程流水节拍的累加数列。

（3）将相邻施工过程流水节拍累加数列中的后者错后一位，相减后求得一个差数列。

（4）在差数列中取最大值，即为这两个相邻施工过程的流水步距。

（5）求总工期［用式（3.7）］。

（6）绘制流水作业图。

图 3.4　紧凑式流水施工进度计划图

【**例 3.5**】　某工厂需要修建 4 台设备的基础工程，施工过程包括基础开挖、基础处理和基础混凝土浇筑。因设备型号与基础条件等不同，使得 4 台设备的各施工过程有着不同的流水节拍，见表 3.3。按累加数列错位相减取大差法计算流水工期并绘制流水施工进度计划。

表 3.3 　　　　　　　　　　　流　水　节　拍　表　　　　　　　　　　单位：周

施工过程	施 工 段			
	基础 A	基础 B	基础 C	基础 D
基础开挖	2	3	2	2
基础处理	4	4	2	3
基础混凝土浇筑	2	3	2	3

解：

（1）确定施工流向由基础 A—B—C—D，施工段数 $m=4$。

（2）确定施工过程数，$n=3$，包括基础开挖、基础处理和浇筑混凝土。

（3）采用累加数列错位相减取大差法求流水步距。

$$
\begin{array}{cccccc}
& 2 & 5 & 7 & 9 & \\
& - & 4 & 8 & 10 & 13 \\
\hline
K_{1,2}=\max & [2 & 1 & -1 & -1 & -13] =2 \\
& 4 & 8 & 10 & 13 & \\
& - & 2 & 5 & 7 & 10 \\
\hline
K_{2,5}=\max & [4 & 6 & 5 & 6 & -10] =6
\end{array}
$$

（4）计算流水施工工期：$T=\sum K+T_n=(2+6)+(2+3+2+3)=18$（周）。

（5）绘制非节奏流水施工进度计划，如图 3.5 所示。

施工过程	施工进度（周）																	
	1	2	3	4	5	6	7	8	9	10	11	12	13	14	15	16	17	18
基础开挖	A			B		C			D									
基础处理					A		B			C			D					
浇筑混凝土									A			B			C		D	

$\sum K = 2 + 6 = 8$　　　　　　　$T_n = (2 + 3 + 2 + 3) = 10$

图 3.5　此基础流水施工进度计划图

【例 3.6】　某建筑工程组织流水施工，经施工设计确定的施工方案规定为 4 个施工过程，划分为 5 个施工段，各施工过程在不同施工段的流水节拍见表 3.4。按累加数列错位相减取大差法计算流水工期并绘制流水施工进度计划。用直接编阵法计算紧凑式工期，并与连续式比较。

表 3.4　　　　　　　　　　　　某建筑工程流水节拍表

施工段 ＼ 施工过程	甲	乙	丙	丁
A	4	2	6	5
B	3	3	5	6
C	6	5	4	3
D	2	4	6	2
E	2	6	4	3

解：

（1）求各施工过程的累加数列。

甲：4、7、13、15、17

乙：2、5、10、14、20

丙：6、11、15、21、25

丁：5、11、14、16、19

（2）错位相减。

甲与乙：
$$
\begin{array}{rrrrrr}
4 & 7 & 13 & 15 & 17 & \\
- & 2 & 5 & 10 & 14 & 20 \\
\hline
4 & 5 & 8 & 5 & 3 & -20
\end{array}
$$

乙与丙：

2	5	10	14	20	
—	6	11	15	21	25
2	−1	−1	−1	−1	−25

丙与丁：

6	11	15	21	25	
—	5	11	14	16	19
6	6	4	7	9	−19

（3）求流水步距。

$K_{甲乙} = \max\ [4,5,8,5,3,-20] = 8$

$K_{乙丙} = \max\ [2,-1,-1,-1,-1,-25] = 2$

$K_{丙丁} = \max\ [6,6,4,7,9,-19] = 9$

（4）求施工工期。

$$T = \sum_{1}^{n-1} K + T_丁 = 8+2+9+19 = 38(d)$$

（5）绘制流水施工进度计划，如图 3.6 所示。

施工过程	进度计划（d）																		
	2	4	6	8	10	12	14	16	18	20	22	24	26	28	30	32	34	36	38
甲	A		B		C			D	E										
乙					A		B	C		D		E							
丙							A		B		C	D		E					
丁										A		B		C		D	E		

图 3.6　此工程连续式流水施工进度计划图

（6）直接编阵法计算紧凑式工期，见表 3.5，总工期为 35d。

表 3.5　　　　　　　　　　　　　　直接编阵法计算工期表

施工段 ＼ 施工过程	甲	乙	丙	丁
A	4	2 (6)	6 (8)	5 (13)
B	3 (7)	3 (10)	5 (15)	6 (21)
C	6 (13)	5 (18)	4 (22)	3 (25)
D	2 (15)	4 (22)	6 (28)	2 (30)
E	2 (17)	6 (28)	4 (32)	3 (35)

（7）从以上计算可看出：紧凑式比连续式提前了 3d，在工期要求紧时，可用紧凑式，工期要求不紧时，可用连续式。

3.1.3.4　跳跃式组织施工

1. 定义

如果有 m 个施工段，每个施工段有 n 个工艺相同的工序，那么可以通过安排各个施工段的施工次序，得到最短的施工工期，这就是跳跃式组织施工。

2. m 个施工段 2 道工序时施工次序的确定

如何确定施工段的施工次序问题，用约翰逊—贝尔曼法则来解决。这个法则的基本原则是：现行工序施工持续时间短的要排在前面，而后续施工持续时间短的要排在后面施工。即：首先列出 m 个施工段的流水节拍表，然后在表中一次选最小数，而且每列只选一次，若"数"属于先行工序，则从前面排；反之，则从后面排。

m 个施工段 2 道工序时，施工次序确定步骤如下：

（1）列流水节拍表。

（2）绘制"施工次序排列表"的表格，熟练后可不编制此表，而在流水节拍表下加一行，直接排序。

（3）填表排序，按约翰逊—贝尔曼法则填充"施工次序排列表"，从而将各个施工段的施工次序排列出来。

（4）绘制施工进度图，确定总工期。

【例 3.7】　某工程的流水节拍表见表 3.6，试比较按约翰逊—贝尔曼法则组织施工和正常次序组织施工的工期。

表 3.6　　　　　　　　　　　　　**流　水　节　拍　表**　　　　　　　　　　　单位：d

工序 ＼ 施工段	A	B	C	D	E	F
a	4	4	6	8	3	2
b	7	4	5	1	6	3

解：

（1）列流水节拍表，见表 3.6。

（2）绘制"施工次序排列表"的表格，见表 3.7。

表 3.7　　　　　　　　　　　　　　**施　工　次　序　排　列　表**

填表次序 ＼ 施工次序	1	2	3	4	5	6
1						D
2	F					
3		E				
4					B	
5			A			

续表

施工次序 / 填表次序	1	2	3	4	5	6
6				C		
列中最小数	2	3	4	5	4	1
施工段号	F	E	A	C	B	D

（3）填表排序。根据表 3.6 各施工段的施工次序排列如下：

第一个最小数是 1，属于后续工序，所以填在表 3.7 中施工次序的最后一格，并将表 3.6 中 D 施工段这一列划去。

第二个最小数是 2，属于先行工序，所以填在表 3.7 中施工次序的最前一格，并将表 3.6 中 F 施工段这一列划去。

依此类推，待表 3.7 填列完毕，可确定各施工段的最优施工次序为：F、E、A、C、B、D。

（4）绘制施工进度计划图，确定总工期。如图 3.7 所示。

图 3.7　最优施工次序流水作业进度图

按此组织施工，总工期为 28d，按表 3.6 施工次序，即按 ABCDEF 的次序组织施工，工期为 34d，可见工期缩短 6d。

3. m 个施工段 3 道工序时施工次序的确定

对于这类问题，如果符合下列两种情况中的一种，就可采用约翰逊—贝尔曼法则，这两种情况是：

（1）第 1 道工序中最小的持续时间 a_{min} 不小于第 2 道工序中最大的持续时间 b_{max}，即 $a_{min} \geqslant b_{max}$。

（2）第 3 道工序中最小的持续时间 c_{min} 不小于第 2 道工序中最大的持续时间 b_{max}，即 $c_{min} \geqslant b_{max}$；对于 m 个施工段，3 道工序时，施工次序的排序问题，只要符合上述两种情况中的一条，即可按下述步骤求得最优施工次序：

第一步：将各个施工段中第 1 道工序 a 和第 2 道工序 b 的流水节拍加在一起，即 $a + b$；

第二步：将各个施工段中第 2 道工序 b 和第 3 道工序 c 的流水节拍加在一起，即 $b + c$；

第三步：将上两步得到的流水列拍表，看做两道工序的流水节拍表；

第四步：按上述 m 个施工段 2 道工序时的排序方法，求出最优施工次序；

第五步：按所确定的施工次序绘制施工进度图，确定施工总工期。

【例 3.8】 某工程流水节拍表见表 3.8，试选择最优施工次序，确定总工期，并与正常次序组织施工总工期进行比较。

表 3.8　　　　　　　　　　　　某 工 程 流 水 节 拍 表

工序＼施工段	A	B	C	D	E
a	3	2	8	10	5
b	5	2	3	3	4
c	5	6	7	9	7
a＋b	8	4	11	13	9
b＋c	10	8	10	12	11
最优次序	B	A	E	D	C

解：

（1）第 3 道工序的最小持续时间 c_{min} 为 5，第 2 道工序的最大持续时间为 5，符合第二种情况，所以可以进行 $a＋b$ 和 $b＋c$ 的工作。见表 3.8。

（2）按两道工序的情况进行排序，最优次序见表 3.8。

（3）绘制施工进度图，如图 3.8 所示。

图 3.8　最优施工次序进度图

总工期为 39d。

用直接编阵法确定按正常施工次序在组织施工的总工期，见表 3.9，总工期为 42d。通过排序，跳跃组织施工，总工期缩短 3d。

表 3.9　　　　　　　　　　　　直接编阵法确定总工期表

工序＼施工段	A	B	C	D	E
a	3	2（5）	8（13）	10（23）	5（28）
b	5（8）	2（10）	3（16）	3（26）	4（32）
c	5（13）	6（19）	7（26）	9（35）	7（42）

4. m 个施工段多于 3 道工序时施工次序的确定

m 个施工段多于 3 道工序时，求解最优施工次序比较复杂，但仍可将工序按一定的方式进行组合，将其变成虚拟的 2 道工序，然后按约翰逊—贝尔曼法则确定较优的施工次序。

由于组合的方式很多，每一次只能得到较优的施工次序，只有列出所有组合方式，从众多较优解中找到最优施工次序。但是，即使没有列出所有组合方式，也可得到相对最优解。

【例 3.9】 某施工任务有 4 个施工段，每个施工段有 4 道相同的施工工序，流水节拍表见表 3.10，求最优施工次序及最短总工期。

表 3.10　　　　　　　　　　　　　流 水 节 拍 表

工序　＼　施工段	A	B	C	D
a	6	2	5	3
b	4	7	1	2
c	8	9	3	6
d	1	5	4	8

解:

（1）若不排序，按直接编阵法（表 3.11）可得到正常次序组织施工的总工期为 44d。

表 3.11　　　　　　　　　　　　直接编阵法确定总工期

工序　＼　施工段	A	B	C	D
a	6	2 (8)	5 (13)	3 (16)
b	4 (10)	7 (17)	1 (18)	2 (20)
c	8 (18)	9 (27)	3 (30)	6 (36)
d	1 (19)	5 (32)	4 (36)	8 (44)

（2）组合 1：按 DCBA 次序组织施工，总工期为 35d。见表 3.12。

表 3.12　　　　　　　　　　　　组 合 1 流 水 节 拍 表

工序　＼　施工段	A	B	C	D
$a+b$	10	9	6	5
$c+d$	9	14	7	14
最优次序	D	C	B	A

（3）组合 2：按 *DBCA* 次序组织施工，总工期为 33d。见表 3.13。

表 3.13 组合 2 流水节拍表

工序＼施工段	A	B	C	D
$a+c$	14	11	8	9
$b+d$	5	12	5	10
最优次序	D	B	C	A

（4）组合 3：按 *BADC* 次序组织施工，总工期为 44d。见表 3.14。

表 3.14 组合 3 流水节拍表

工序＼施工段	A	B	C	D
$a+d$	7	7	9	11
$b+c$	12	16	4	8
最优次序	B	A	D	C

（5）组合 4：按 *BDCA* 次序组织施工，总工期为 37d。见表 3.15。

表 3.15 组合 4 流水节拍表

工序＼施工段	A	B	C	D
a	6	2	5	3
$b+c+d$	13	21	8	16
最优次序	B	D	C	A

（6）组合 5：组合结果同组合 2，总工期为 33d。见表 3.16。

表 3.16 组合 5 流水节拍表

工序＼施工段	A	B	C	D
$a+b+c$	18	18	9	11
d	1	5	4	8
最优次序	D	B	C	A

从以上 5 种组合中找出最优次序为：*DBCA*，总工期为 33d，比按 *ABCD* 正常次序施工总工期缩短了 11d。

学 习 单 元 3.2 网 络 计 划 学 习

3.2.1 网络技术基本概念

网络计划技术是利用网络计划进行生产组织与管理的一种方法。在工业发达国家被广泛应用在工业、农业、国防等各个领域，它具有模型直观、重点突出，有利于计划的控制、调整、优化和便于采用计算机处理的特点。这种方法主要用于进行规划、计划和实施控制，是国外发达国家建筑业公认的目前最先进的计划管理方法之一。

我国建筑企业自 20 世纪 60 年代开始应用这种方法来安排施工进度计划，在提高企业管理水平、缩短工期，提高劳动生产率和降低成本等方面，都取得了显著效果。

3.2.1.1 网络计划技术基本原理

网络计划技术是用网络图的形式来反映和表达计划的安排。网络图是一种表示整个计划（施工计划）中各项工作实施的先后顺序和所需时间，并表示工作流程的有向、有序的网状图形。它由工作、节点和线路三个基本要素组成。

工作是根据计划任务按需要的粗细程度划分而成的一个消耗时间与资源的子项目或子任务。可以是一道工序、一个施工过程、一个施工段、一个分项工程或一个单位工程。

节点是网络图中用封闭图形或圆圈表示的箭线之间的连接点。节点按其在网络图中位置可分为以下几种：

（1）起始节点：指第一个节点，表示一项计划的开始。

（2）终止节点：指最后一个节点，表示一项计划的完成。

（3）中间节点：指除起始节点和终止节点外的所有节点，具有承上启下的作用。

线路是网络图中从起始节点沿箭线方向顺序通过一系列箭线与节点，最终到达终点节点的若干条通道称为线路。

网络图按画图符号和表达方式的不同可分为单代号网络图、双代号网络图、时标网络图和流水网络图等。

1. 单代号网络图

以一个节点代表一项工作，然后按照某种工艺或组织要求，将各节点用箭线联结成网状图，称单代号网络图。其表现形式如图 3.9 所示。

2. 双代号网络图

用两个节点和一根箭线代表一项工作，然后按照某种工艺或组织要求联结而成的网状图，称双代号网络图。其表现形式如图 3.10 所示。

图 3.9 单代号网络图表现形式

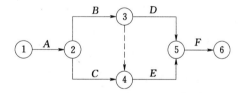

图 3.10 双代号网络图表现形式

3. 流水网络图

吸取横道图的基本优点，运用流水施工原理和网络计划技术而形成的一种新的网络图即为流水网络图。其表现形式如图 3.11 所示。

图 3.11　流水网络图表现形式

4. 时标网络图

时标网络图是在横道图的基础上引进网络图工作之间的逻辑关系并以时间为坐标而形成的一种网状图。它既克服了横道图不能显示各工序之间逻辑关系的缺点，又解决了一般网络图的时间表示不直观的问题，如图 3.12 所示。

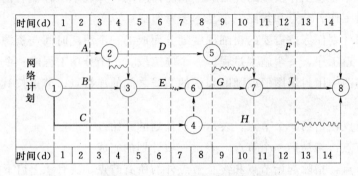

图 3.12　时标网络图表现形式

在建筑工程计划管理中，网络计划技术的基本原理可归纳为：

（1）把一项工作计划分解为若干个分项工作，并按其开展顺序和相互逻辑关系，绘制出网络图。

（2）通过对网络图时间参数的计算，找出计划中决定工期的关键工作和关键线路。

（3）按一定优化目标，利用最优化原理，改进初始方案，寻求最优网络计划方案。

（4）在网络计划执行过程中，通过检查、控制、调整，确保计划目标的实现。

3.2.1.2　网络计划的优点

长期以来，建筑企业常用横道图编制施工进度计划。它具有编制简单、直观易懂和使用方便等优点，但其中各项施工活动之间的内在联系和相互依赖的关系不明确，关键线路和关键工作无法表达，不便于调整和优化。随着管理科学的发展，计算机在建筑施工中的广泛应用，网络计划得到了进一步普及和发展。其主要优点为：

（1）网络图把施工过程中的各有关工作组成了一个有机整体，能全面而明确地表达出各项工作开展的先后顺序和它们之间相互制约、相互依赖的关系。

（2）能进行各种时间参数的计算，通过对网络图时间参数的计算，可以对网络计划进行调整和优化，更好地调配人力、物力和财力，达到降低材料消耗和工程成本的目的。

（3）可以反映出整个工程和任务的全貌，明确对全局有影响的关键工作和关键线路，便于管理者抓住主要矛盾,确保工程按计划工期完成。

(4) 能够从许多可行方案中选出最优方案。

(5) 在计划实施中,某一工作由于某种原因推迟或提前时,可以预见到它对整个计划的影响程度。并能根据变化的情况,迅速进行调整,保证计划始终受到控制和监督。

(6) 能利用计算机进行绘制和调整网络图,并能从网络计划中获得更多的信息,这是横道图法所不能达到的。

网络计划技术可以为施工管理者提供许多信息,有利于加强施工管理,它是一种编制计划技术的方法,又是一种科学的管理方法。它有助于管理人员全面了解,重点掌握,灵活安排,合理组织,多、快、好、省地完成计划任务,不断提高管理水平。

3.2.2 双代号网络计划

3.2.2.1 双代号网络图的组成

双代号网络图主要由箭线、节点和线路三个基本要素组成。

1. 箭线

双代号网络图中,箭线即工作,一条箭线代表一项工作。箭线的方向表示工作的开展方向,箭尾表示工作的开始,箭头表示工作的结束,如图 3.13 所示。

图 3.13 双代号网络图中一项工作的表达形式

(1) 双代号网络图中工作的性质。双代号网络图中的工作可分为实工作和虚工作。

1) 实工作。对于一项实际存在的工作,它消耗了一定的资源和时间,称为实工作。对于只消耗时间而不消耗资源的工作,如混凝土的养护,也作为一项实工作考虑。实工作用实箭线表示,将工作的名称标注于箭线上方,工作持续的时间标注于箭线的下方,如图 3.13 (a) 所示。

2) 虚工作。在双代号网络图中,既不消耗时间也不消耗资源,表示工作之间逻辑关系的工作,称为虚工作。虚工作用虚箭线表示,如图 3.13 (b) 所示。

(2) 双代号网络图中工作间的关系。

按照双代号网络图中工作之间的相互关系可将工作分为以下几种类型:

1) 紧前工作——紧排在本工作之前的工作。

2) 紧后工作——紧排在本工作之后的工作。

3) 平行工作——可与本工作同时进行的工作。

4) 起始工作——没有紧前工作的工作。

5) 结束工作——没有紧后工作的工作。

6) 先行工作——自起始工作开始至本工作之前的所有工作。

7) 后续工作——本工作之后至整个工程完工为止的所有工作。

其中,紧前工作、紧后工作和平行工作用图形表达,如图 3.14 所示。

2. 节点

在双代号网络图中,圆圈"○"代表节点。节点表示一项工作的开始时刻或结束时刻，同时它是工作的连接点。如图 3.15 所示。

图 3.14 双代号网络图工作的关系　　图 3.15 双代号网络图节点示意图

（1）节点的分类。一项工作，箭线指向的节点是工作的结束节点；引出箭线的节点是工作的开始节点。一项网络计划的第一个节点，称为该项网络计划的起始节点，它是整个项目计划的开始节点；一项网络计划的最后一个节点，称为终点节点，表示一项计划的结束。其余节点称为中间节点，如图 3.15 所示。

（2）节点的编号。为了便于网络图的检查和计算，需对网络图各节点进行编号。编号由起点节点顺箭线方向至终点节点由小到大进行编制。要求每一项工作的开始节点号码小于结束节点号码，以不同的编码代表不同的工作；不重号，不漏编。可采用不连续编号方法，以备网络图调整时留出备用节点号。

3. 线路

网络图中，由起始节点沿箭线方向经过一系列箭线与节点至终点节点，所形成的路线，称为线路。如图 3.16 所示的网络图中共有 3 条线路。

图 3.16 某双代号网络图

（1）关键线路与非关键线路。在一项计划的所有线路中，持续时间最长的线路，其对整个工程的完工起着决定性作用，称为关键线路，其余线路称为非关键线路。关键线路的持续时间即为该项计划的工期。在网络图中一般以双箭线、粗箭线或其他颜色箭线表示关键线路。

（2）关键工作与非关键工作。位于关键线路上的工作称为关键工作，非关键线路上的工作，除关键工作外其余均为非关键工作。关键工作完成的快慢直接影响整个计划工期的实现。非关键工作有机动时间可利用，但拖延了某些非关键工作的持续时间，非关键线路有可能转化为关键线路。同样的，缩短某些关键工作持续时间，关键线路有可能转化为非关键线路。

如图 3.16 中，共有 3 条线路：①→②→③→④、①→②→④、①→③→④，根据各工作持续时间可知，线路①→②→④持续时间最长，为关键线路，这条线路上的各项工作均为关键工作。

3.2.2.2 双代号网络图的绘制

1. 双代号网络图逻辑关系的表达方法

（1）逻辑关系。网络图中的逻辑关系是指表示一项工作与其他有关工作之间相互联系与制约的关系，即各个工作在工艺上、组织管理上所要求的先后顺序关系。项目之间的逻辑关系取决于工程项目的性质和轻重缓急、施工组织、施工技术等许多因素。逻辑关系包括工艺关系和组织关系。

1）工艺关系。由施工工艺决定的施工顺序关系。这种关系是确定不能随意更改的。如土坝坝面作业的工艺顺序为：铺土、平土、晾晒或洒水、压实、刨毛等。这些在施工工艺上，都有必须遵循的逻辑关系，不能违反的。

2）组织关系。即由施工组织安排决定的施工顺序关系。如工艺没有明确规定先后顺序关系的工作，考虑到其他因素的影响而人为安排的施工顺序关系。例如，采用全段围堰明渠导流时，要求在截流以前完成明渠施工、截流备料、戗堤进占等工作。由组织关系所决定的衔接顺序，一般是可以改变的。

（2）逻辑关系的正确表达方法。表 3.17 是双代号网络图中常见工作的逻辑关系表达方法。

表 3.17　　　　双代号网络图中常见工作的逻辑关系表达方法

序号	工作间的逻辑关系	网络图中的表达方法	说明
1	A 工作完成后进行 B 工作	○—A→○—B→○	A 工作的结束节点是 B 工作的开始节点
2	A、B、C 三项工作同时开始	（A、B、C 分别从同一节点引出）	三项工作具有同时的开始节点
3	A、B、C 三项工作同时结束	（A、B、C 分别指向同一节点）	三项工作具有同时的结束节点
4	A 工作完成后进行 B 和 C 工作	（A 完成后分出 B 和 C）	A 工作的结束节点是 B、C 工作的开始节点
5	A、B 工作完成后进行 C 工作	（A、B 汇合后进行 C）	A、B 工作的结束节点是 C 工作的开始节点

续表

序号	工作间的逻辑关系	网络图中的表达方法	说明
6	A、B 工作完成后进行 C、D 工作		A、B 工作的结束节点是 C、D 工作的开始节点
7	A 工作完成后进行 C 工作 A、B 工作完成后进行 D 工作		引入虚箭线,使 A 工作成为 D 工作的紧前工作
8	A、B 工作完成后进行 D 工作 B、C 工作完成后进行 E 工作		引入两道虚箭线,使 B 工作成为 D、E 工作的紧前工作
9	A、B、C 工作完成后进行 D 工作 B、C 工作完成后进行 E 工作		引入虚箭线,使 B、C 工作成为 D 工作的紧前工作
10	A、B 两个施工过程,按三个施工段流水施工		引入虚箭线,B_2 工作的开始受到 A_2 和 B_1 两项工作的制约

2. 双代号网络图中虚工作的应用

在双代号网络图中,虚工作一般起着联系、区分和断路的作用。

(1) 联系作用。引入虚工作,将有组织联系或工艺联系的相关工作用虚箭线连接起来,确保逻辑关系的正确。表 3.17 第 10 项所列,B_2 工作的开始,从组织联系上讲,需在 B_1 工作完成后才能进行;从工艺联系上讲,B_2 工作的开始,须在 A_2 工作结束后进行,引入虚箭线,表达这一工艺联系。

(2) 区分作用。双代号网络图中,以两个代号表示一项工作,对于同时开始、同时结束的两个平行工作的表达,需引入虚工作以示区别,如图 3.17 所示。

(a) 错误表达　　(b) 正确表达

图 3.17　虚工作的区分作用

(3) 断路作用。引入虚工作,在线路上隔断无逻辑关系的各项工作。产生错误的地方总是在同时有多条内向和外向箭线的节点处。

【例 3.10】　某现浇楼板工程的网络图，有三项施工过程（支模板、扎钢筋、浇筑混凝土），分三段施工。绘制了如图 3.18 所示的双代号网络图。

试找出图 3.18 所示网络图中的错误，并绘制出正确的网络图。

解：

（1）存在错误。第一施工段的浇筑混凝土与第二施工段的支模板没有逻辑上的关系，同样第二施工段的浇筑混凝土与第三施工段的支模板也没有逻辑上的关系，但在图中却连起来了，这是网络图中原则性的错误。

（2）错误原因。把前后具有不同工作性质、不同关系的工作用一个节点连接起来所致。

（3）解决方法。引入虚工作。

（4）正确画法。如图 3.19 所示。

图 3.18　存在错误的双代号网络图　　　　图 3.19　修改后正确的网络图

3. 双代号网络图的绘图规则

（1）双代号网络图必须正确表达已定的逻辑关系。

（2）双代号网络图中应只有一个起始节点和一个终点节点（多目标网络计划除外）；而其他所有节点均应是中间节点。

（3）双代号网络图中，严禁出现循环回路。所谓循环回路是指从网络图中的某一个节点出发，顺着箭线方向又回到了原来出发点的线路，如图 3.20 所示。

（4）双代号网络图中，在节点之间严禁出现带双向箭头或无箭头的连线，如图 3.21所示。

图 3.20　错误的循环回路　　　　图 3.21　错误的箭线画法

（5）双代号网络图中，严禁出现没有箭头节点或没有箭尾节点的箭线，如图 3.22所示。

图 3.22　没有箭头或箭尾节点的箭线

图 3.23 母线表示方法

（6）当双代号网络图的某些节点有多条外向箭线或多条内向箭线时，为使图形简洁，可使用母线法绘制（但应满足一项工作用一条箭线和相应的一对结点表示），如图3.23 所示。

（7）绘制网络图时，箭线尽量避免交叉；当交叉不可避免时，可用过桥法或指向法或断线法，如图 3.24 所示。

（a）过桥法　　　　　（b）指向法　　　　　（c）断线法

图 3.24 箭线交叉的表示方法

（8）一对节点之间只能有一条箭线，如图 3.25 所示。

（a）错误　　　　　　　　　　（b）正确

图 3.25 两节点之间箭线的表示方法

（9）网络图中，不允许出现编号相同的节点或工作。

（10）正确应用虚箭线，力求减少不必要的虚箭线。

4. 双代号网络图的绘制方法与步骤

（1）绘制方法。为使双代号网络图绘制简洁、美观，宜用水平箭线和垂直箭线表示。在绘制之前，先确定出个节点的位置号，再按照节点位置及逻辑关系绘制网络图。

节点位置号确定方法如下：

1）无紧前工作的工作，开始节点位置号为0。

2）有紧前工作的工作，开始节点位置号等于其紧前工作的开始节点位置号的最大值加1。

3）有紧后工作的工作，终点节点位置号等于其紧后工作的开始节点位置号的最小值。

4）无紧后工作的工作，终点节点位置号等于网络图中除无紧后工作的工作外，其他工作的终点节点位置号最大值加1。

（2）绘制步骤：

1）根据已知的紧前工作确定紧后工作。

2）确定出各工作的开始节点位置号和终点节点位置号。

3）根据节点位置号和逻辑关系绘出网络图。

在绘制时，若没有工作之间出现相同的紧后工作或者工作之间只有相同的紧后工作，则肯定没有虚箭线；若工作之间既有相同的紧后工作，又有不同的紧后工作，则肯定有虚箭线；到相同的紧后工作用虚箭线，到不同的紧后工作则无虚箭线。

【例3.11】 已知某工程项目的各工作之间的逻辑关系见表3.18，画出网络图。

表3.18 工作逻辑关系

工作	A	B	C	D	E	F	G	H	I
紧前工作	无	A	B	B	B	C、D	C、E	C	F、G、H

解：

（1）列出关系表，确定紧后工作和各工作的节点位置号，见表3.19。

表3.19 各工作之间的关系表

工作	A	B	C	D	E	F	G	H	I
紧前工作	无	A	B	B	B	C、D	C、E	C	F、G、H
紧后工作	B	C、D、E	F、G、H	F	G	I	I	I	无
开始节点位置号	0	1	2	2	2	3	3	3	4
结束节点位置号	1	2	3	3	3	4	4	4	5

（2）根据逻辑关系和节点位置号，绘出网络图，如图3.26所示。

由表3.19可知，显然 C 和 D 有共同的紧后工作 F 和不同的紧后工作 G、H，所以有虚箭线；C 和 E 有共同的紧后工作 G 和不同的紧后工作 F、H，所以也有虚箭线。其他均无虚箭线。

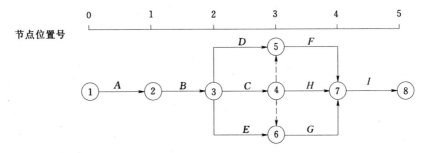

图3.26 ［例3.11］的网络图

3.2.2.3 双代号网络图时间参数的计算

双代号网络计划时间参数计算的目的在于通过计算各项工作的时间参数，确定网络计划的关键工作、关键线路和计算工期，为网络计划的优化、调整和执行提供明确的时间参数。双代号网络计划时间参数的计算方法很多，一般常用的有：按工作计算法和按节点计算法进行计算；在计算方式上又有分析计算法、表上计算法、图上计算法、矩阵计算法和电算法等。本节只介绍按工作计算法在图上进行计算的方法（图上计算法）。

1. 时间参数的概念及其符号

（1）工作持续时间（ D_{i-j} ）。工作持续时间是对一项工作规定的从开始到完成的时间。在双代号网络计划中，工作 $i-j$ 的持续时间用 D_{i-j} 表示。

（2）工期（T）。工期泛指完成任务所需要的时间，一般有以下三种：

1）计算工期：根据网络计划时间参数计算出来的工期，用 T_c 表示。

2）要求工期：任务委托人所要求的工期，用 T_r 表示。

3）计划工期：在要求工期和计算工期的基础上综合考虑需要和可能而确定的工期，用 T_p 表示。网络计划的计划工期 T_p 应按下列情况分别确定：

当已规定了要求工期 T_r 时

$$T_p \leqslant T_r$$

当未规定要求工期时，可令计划工期等于计算工期

$$T_p = T_c$$

（3）节点最早时间和最迟时间。

ET_i —节点最早时间，表示以该节点为开始节点的各项工作的最早开始时间；

LT_i —节点最迟时间，表示以该节点为完成节点的各项工作的最迟完成时间。

（4）网络计划中工作的 6 个时间参数。

1）最早开始时间（ES_{i-j}）。是指在各紧前工作全部完成后，本工作有可能开始的最早时刻。工作 $i-j$ 的最早开始时间用 ES_{i-j} 表示。

2）最早完成时间（EF_{i-j}）。是指在各紧前工作全部完成后，本工作有可能完成的最早时刻。工作 $i-j$ 的最早完成时间用 EF_{i-j} 表示。

3）最迟开始时间（LS_{i-j}）。是指在不影响整个任务按期完成的前提下，工作必须开始的最迟时刻。工作 $i-j$ 的最迟开始时间用 LS_{i-j} 表示。

4）最迟完成时间（LF_{i-j}）。是指在不影响整个任务按期完成的前提下，工作必须完成的最迟时刻。工作 $i-j$ 的最迟完成时间用 LF_{i-j} 表示。

5）总时差（TF_{i-j}）。是指在不影响总工期的前提下，本工作可以利用的机动时间。工作 $i-j$ 的总时差用 TF_{i-j} 表示。

6）自由时差（FF_{i-j}）。是指在不影响其紧后工作最早开始的前提下，本工作可以利用的机动时间。工作 $i-j$ 的自由时差用 FF_{i-j} 表示。

ES_{i-j}	LS_{i-j}	TF_{i-j}
EF_{i-j}	LF_{i-j}	FF_{i-j}

$$i \xrightarrow[\text{持续时间}]{\text{工作名称}} j$$

图 3.27 工作时间参数标注形式

按工作计算法计算网络计划中各时间参数，其计算结果应标注在箭线之上，如图 3.27 所示。

2. 双代号网络计划时间参数计算

按工作计算法在网络图上计算 6 个工作时间参数，必须在清楚计算顺序和计算步骤的基础上，列出必要的公式，以加深对时间参数计算的理解。时间参数的计算步骤为：

（1）节点时间参数。

1）计算 ET_i。节点时间是指某个瞬时或时点，最早时间的含义是该节点之前的所有工作最早在此时刻都能结束，该节点之后的工作最早在此时刻才能开始。

其计算规则是从网络图的起始节点开始，沿箭头方向逐点向后计算，直至终止节点。方法是"顺着箭头方向相加，逢箭头相碰的节点取最大值"。计算公式如下：

开始节点的最早时间 $\qquad TE_i = 0 \qquad$ (3.12)

中间节点的最早时间 $\qquad TE_j = \max[TE_i + D_{i-j}] \qquad$ (3.13)

2）计算 LT_i。节点最迟时间的含义是该节点之前的诸工作最迟在此时刻必须结束，该节点之后的工作最迟在此时刻必须开始。

其计算规则是从网络图终点节点 n 开始，逆箭头方向逐点向前计算直至起始节点。方法是"逆着箭线方向相减，逢箭尾相碰的节点取最小值"。

计算公式如下：

终止节点的最迟时间 $\qquad TL_n = TE_n$（或规定工期） $\qquad$ (3.14)

中间节点的最迟时间 $\qquad TL_i = \min[TL_j - D_{i-j}] \qquad$ (3.15)

（2）工作时间参数。

1）最早开始时间（ES）。工作最早开始时间的含义是该工作最早此时刻才能开始。它受该工作开始节点最早时间控制，即等于该工作开始节点的最早时间。计算公式如下：

$$ES_{i-j} = TE_i \qquad (3.16)$$

2）最早完成时间（EF）。工作最早完成时间的含义是该工作最早此时刻才能结束，它受该工作开始节点最早时间控制，即等于该工作开始节点最早时间加上该项工作的持续时间。计算公式如下：

$$EF_{i-j} = TE_i + D_{i-j} = ES_{i-j} + D_{i-j} \qquad (3.17)$$

3）最迟完成时间（LF）。工作最迟完成时间的含义是该工作此时刻必须完成。它受工作结束节点最迟时间控制，即等于该项工作结束节点的最迟时间。计算公式如下：

$$LF_{i-j} = TL_j \qquad (3.18)$$

4）工作最迟开始时间（LS）。工作最迟开始时间的含义是该工作最迟此时刻必须开始。它受该工作结束节点最迟时间控制，即等于该工作结束节点的最迟时间减去该工作持续时间。计算公式如下：

$$LS_{i-j} = TL_j - D_{i-j} = LF_{i-j} - D_{i-j} \qquad (3.19)$$

工作的时间参数也可直接计算，计算方法与公式见 [例 3.12]。

（3）工作时差参数。

1）工作总时差（TF）。工作总时差的含义是该工作可能利用的最大机动时间。在这个时间范围内若延长或推迟本工作时间，不会影响总工期。求出节点或工作的开始和完成时间参数后，即可计算该工作总时差。其数值等于该工作结束节点的最迟时间减去该工作开始节点的最早时间，再减去该工作的持续时间。计算公式如下：

$$TF_{i-j} = TL_j - TE_i - D_{i-j} = LF_{i-j} - EF_{i-j} = LS_{i-j} - ES_{i-j} \qquad (3.20)$$

总时差主要用于控制计划总工期和判断关键工作。凡是总时差为最小的工作就是关键工作（一般总时差为零）。其余工作为非关键工作。

2）工作自由时差（FF）。工作自由时差的含义是在不影响紧后工作按最早可能开始时间开始的前提下，该工作能够自由支配的机动时间。其数值等于该工作结束节点的最早时间减去该工作开始节点的最早时间再减去该工作的持续时间。计算公式如下：

$$FF_{i-j} = TE_j - TE_i - D_{i-j} = ES_{j-k} - ES_{i-j} - D_{i-j} = ES_{j-k} - EF_{i-j} \qquad (3.21)$$

【**例 3.12**】 计算图 3.28 中网络的时间参数并用六时标注法标在图上。

图 3.28 网络计划时间参数

解:

(1) 计算 ET_i。

$ET_1 = 0$ $\qquad\qquad ET_2 = ET_1 + D_{1-2} = 0 + 10 = 10$

$$ET_3 = \max \begin{cases} ET_2 + D_{2-3} = 10 + 4 = 14 \\ ET_1 + D_{1-3} = 0 + 12 = 12 \end{cases} = 14$$

$$ET_4 = \max \begin{cases} ET_2 + D_{2-4} = 10 + 16 = 26 \\ ET_3 + D_{3-4} = 14 + 10 = 24 \end{cases} = 26$$

(2) 计算 LT_i。

$LT_4 = ET_4 = 26$ $\qquad\qquad LT_3 = LT_4 - D_{3-4} = 26 - 10 = 16$

$$LT_2 = \min \begin{cases} LT_4 - D_{2-4} = 26 - 16 = 10 \\ LT_3 - D_{2-3} = 16 - 4 = 12 \end{cases} = 10$$

$$LT_1 = \min \begin{cases} LT_3 - D_{1-3} = 26 - 16 = 10 \\ LT_2 - D_{1-2} = 10 - 10 = 0 \end{cases} = 0$$

(3) 计算 ES_{i-j}。

$ES_{1-2} = ET_1 = 0$ $\qquad ES_{1-3} = ET_1 = 0$ $\qquad ES_{2-3} = ET_2 = 10$

$ES_{2-4} = ET_2 = 10$ $\qquad ES_{3-4} = ET_3 = 14$

(4) 计算 EF_{i-j}。

$EF_{1-2} = ES_{1-2} + D_{1-2} = 0 + 10 = 10$ $\qquad EF_{1-3} = ES_{1-3} + D_{1-3} = 0 + 12 = 12$

$EF_{2-3} = ES_{2-3} + D_{2-3} = 10 + 4 = 14$ $\qquad EF_{2-4} = ES_{2-4} + D_{2-4} = 10 + 16 = 26$

$EF_{3-4} = ES_{3-4} + D_{3-4} = 14 + 10 = 24$

(5) 计算 LF_{i-j}。

$LF_{1-2} = LT_2 = 10$ $\qquad LF_{1-3} = LT_3 = 16$ $\qquad LF_{2-3} = LT_3 = 16$

$LF_{2-4} = LT_4 = 26$ $\qquad LF_{3-4} = LT_4 = 26$

(6) 计算 LS_{i-j}。

$LS_{1-2} = LF_{1-2} - D_{1-2} = 10 - 10 = 0$ $\qquad LS_{1-3} = LF_{1-3} - D_{1-3} = 16 - 12 = 4$

$LS_{2-3} = LF_{2-3} - D_{2-3} = 16 - 4 = 12$ $\qquad LS_{2-4} = LF_{2-4} - D_{2-4} = 26 - 16 = 10$

$LS_{3-4} = LF_{3-4} - D_{3-4} = 26 - 10 = 16$

(7) 计算 TF_{i-j}。

$$TF_{1-2} = LS_{1-2} - ES_{1-2} = 0 - 0 = 0 \qquad TF_{1-3} = LS_{1-3} - ES_{1-3} = 4 - 0 = 4$$

$$TF_{2-3} = LS_{2-3} - ES_{2-3} = 12 - 10 = 2 \qquad TF_{2-4} = LS_{2-4} - ES_{2-4} = 10 - 10 = 0$$

$$TF_{3-4} = LS_{3-4} - ES_{3-4} = 16 - 14 = 2$$

（8）计算 FF_{i-j}。

$$FF_{1-2} = ET_2 - ET_1 - D_{1-2} = 10 - 0 - 10 = 0$$

$$FF_{1-3} = ET_3 - ET_1 - D_{1-3} = 14 - 0 - 12 = 2$$

$$FF_{2-3} = ET_3 - ET_2 - D_{2-3} = 14 - 10 - 4 = 0$$

$$FF_{2-4} = ET_4 - ET_2 - D_{2-4} = 26 - 10 - 16 = 0$$

$$FF_{3-4} = ET_4 - ET_3 - D_{3-4} = 26 - 14 - 10 = 2$$

把计算出的时间参数标注在网络图上，如图 3.28 所示。

3. 关键工作和关键线路的确定

（1）关键工作。总时差最小的工作是关键工作。

（2）关键线路。自始至终全部由关键工作组成的线路为关键线路，或线路上总的工作持续时间最长的线路为关键线路。

（3）关键线路确定的方法。

1）直接法：总时间持续最长的线路为关键线路。

2）总时差最小法：总时差最小的工作相连的线路为关键线路。

3）节点参数法：节点的两个时间参数相等且 $ET_i + D_{i-j} = ET_j$ 此工作为关键工作，关键工作连起来的线路为关键线路。

4）标号法。标号法是一种可以快速确定计算工期和关键线路的方法。它利用节点计算法的基本原理，对网络计划中的每一个节点进行标号，然后利用标号值（节点的最早时间）确定网络计划的计算工期和关键线路。

步骤如下：

①确定节点标号值并标注。设网络计划起始节点的标号值为零，即 $b_1 = 0$，其他节点的标号值等于以该节点为完成节点的各个工作的开始节点标号值加其持续时间之和的最大值，即

$$b_j = \max[b_i + D_{i-j}] \qquad (3.22)$$

用双标号法进行标注，即用源节点（得出标号值的节点）作为第一标号，用标号值作为第二标号，标注在节点的上方。

②计算工期：网络计划终点节点的标号值即为计算工期。

③确定关键线路。从终点节点出发，依源节点号反跟踪到起始节点的线路即为关键线路。

5）破圈法。在一个网络中有许多节点和线路，这些节点和线路形成了许多封闭的"圈"。这里所谓的"圈"是指在两个节点之间由两条线路连通该两个节点所形成的最小圈。破圈法是将网络中各个封闭圈的两条线路按各自所含工作的持续时间来进行比较，逐个"破圈"，直至圆圈不可破时为止，最后剩下的线路即为网络图的关键线路。

具体步骤：从起始节点到终点节点进行观察，凡遇到节点有两个及以上的内向箭线时，按线路工作时间长短，把较短线路流进的一个箭头去掉（注意只去掉一个），

便可把较短路线断开。能从起始节点顺箭头方向走到终点节点的所有路线，便是关键线路。

【例 3.13】 某工程有表 3.20 所示的网络计划资料。

表 3.20　　　　　　　　　　　　某工程的网络计划资料表

工作	A	B	C	D	E	F	H	G
紧前工作	—	—	B	B	A、C	A、C	D、F	D、E、F
持续时间（d）	4	2	3	3	5	6	5	3

试绘制双代号网络图；若计划工期等于计算工期，计算各项工作的 6 个时间参数并确定关键线路，标注在网络计划上。

解：

（1）绘制双代号网络图。根据表 3.20 中网络计划的有关资料，按照网络图的绘图步骤和规则，绘制双代号网络图如图 3.29 所示。

图 3.29　双代号网络图绘图实例

（2）计算各项工作的时间参数，并将计算结果标注在箭线上方相应的位置。

1）计算各项工作的最早开始时间和最早完成时间。从起始节点（①节点）开始顺着箭线方向依次逐项计算至终点节点（⑥节点）。

a）以网络计划起点节点为开始节点的各工作的最早开始时间为零：

$$ES_{1-2} = ES_{1-3} = 0$$

b）计算各项工作的最早开始和最早完成时间：

$$EF_{1-2} = ES_{1-2} + D_{1-2} = 0 + 2 = 2$$

$$EF_{1-3} = ES_{1-3} + D_{1-3} = 0 + 4 = 4$$

$$ES_{2-3} = ES_{2-4} = EF_{1-2} = 2$$

$$EF_{2-3} = ES_{2-3} + D_{2-3} = 2 + 3 = 5$$

$$EF_{2-4} = ES_{2-4} + D_{2-4} = 2 + 3 = 5$$

$$ES_{3-4} = ES_{3-5} = \max \left[EF_{1-3}, EF_{2-3} \right] = \max \left[4, 5 \right] = 5$$

$$EF_{3-4} = ES_{3-4} + D_{3-4} = 5 + 6 = 11$$

$$EF_{3-5} = ES_{3-5} + D_{3-5} = 5 + 5 = 10$$

$$ES_{4-6} = ES_{4-5} = \max \left[EF_{3-4}, EF_{2-4} \right] = \max \left[11, 5 \right] = 11$$

$$EF_{4-6} = ES_{4-6} + D_{4-6} = 11 + 5 = 16$$

$$EF_{4-5} = 11 + 0 = 11$$

$$ES_{5-6} = \max \left[EF_{3-5}, EF_{4-5} \right] = \max \left[10, 11 \right] = 11$$

$$ES_{5-6} = 11 + 3 = 14$$

将以上计算结果标注在图 3.29 中的相应位置。

2）确定计算工期 T_c 及计划工期 T_p。

计算工期：$\quad T_c = \max \left[EF_{5-6}, EF_{4-6} \right] = \max \left[14, 16 \right] = 16$

已知计划工期等于计算工期，即

计划工期：$\quad\quad\quad\quad\quad T_p = T_c = 16$

（3）计算各项工作的最迟开始时间和最迟完成时间。从终点节点（⑥节点）开始逆着箭线方向依次逐项计算到起点节点（①节点）。

1）以网络计划终点节点为箭头节点的工作的最迟完成时间等于计划工期：

$$LF_{4-6} = LF_{5-6} = 16$$

2）计算各项工作的最迟开始和最迟完成时间：

$$LS_{4-6} = LF_{4-6} - D_{4-6} = 16 - 5 = 11$$

$$LS_{5-6} = LF_{5-6} - D_{5-6} = 16 - 3 = 13$$

$$LF_{3-5} = LF_{4-5} = LS_{5-6} = 13$$

$$LS_{3-5} = LF_{3-5} - D_{3-5} = 13 - 5 = 8$$

$$LS_{4-5} = LF_{4-5} - D_{4-5} = 13 - 0 = 13$$

$$LF_{2-4} = LF_{3-4} = \min \left[LS_{4-5}, LS_{4-6} \right] = \min \left[13, 11 \right] = 11$$

$$LS_{2-4} = LF_{2-4} - D_{2-4} = 11 - 3 = 8$$

$$LS_{3-4} = LF_{3-4} - D_{3-4} = 11 - 6 = 5$$

$$LF_{1-3} = LF_{2-3} = \min \left[LS_{3-4}, LS_{3-5} \right] = \min \left[5, 8 \right] = 5$$

$$LS_{1-3} = LF_{1-3} - D_{1-3} = 5 - 4 = 1$$

$$LS_{2-3} = LF_{2-3} - D_{2-3} = 5 - 3 = 2$$

$$LF_{1-2} = \min \left[LS_{2-3}, LS_{2-4} \right] = \min \left[2, 8 \right] = 2$$

$$LS_{1-2} = LF_{1-2} - D_{1-2} = 2 - 2 = 0$$

（4）计算各项工作的总时差：TF_{i-j}。可以用工作的最迟开始时间减去最早开始时间或用工作的最迟完成时间减去最早完成时间：

$$TF_{1-2} = LS_{1-2} - ES_{1-2} = 0 - 0 = 0$$

或

$$TF_{1-2} = LF_{1-2} - EF_{1-2} = 2 - 2 = 0$$

$$TF_{1-3} = LS_{1-3} - ES_{1-3} = 1 - 0 = 1$$

$$TF_{2-3} = LS_{2-3} - ES_{2-3} = 2 - 2 = 0$$

$$TF_{2-4} = LS_{2-4} - ES_{2-4} = 8 - 2 = 6$$

$$TF_{3-4} = LS_{3-4} - ES_{3-4} = 5 - 5 = 0$$

$$TF_{3-5} = LS_{3-5} - ES_{3-5} = 8 - 5 = 3$$

$$TF_{4-6} = LS_{4-6} - ES_{4-6} = 11 - 11 = 0$$

$$TF_{5-6} = LS_{5-6} - ES_{5-6} = 13-11 = 2$$

将以上计算结果标注在图 3.29 中的相应位置。

（5）计算各项工作的自由时差 TF_{i-j}。等于紧后工作的最早开始时间减去本工作的最早完成时间：

$$FF_{1-2} = ES_{2-3} - EF_{1-2} = 2-2 = 0$$
$$FF_{1-3} = ES_{3-4} - EF_{1-3} = 5-4 = 1$$
$$FF_{2-3} = ES_{3-5} - EF_{2-3} = 5-5 = 0$$
$$FF_{2-4} = ES_{4-6} - EF_{2-4} = 11-5 = 6$$
$$FF_{3-4} = ES_{4-6} - EF_{3-4} = 11-11 = 0$$
$$FF_{3-5} = ES_{5-6} - EF_{3-5} = 11-10 = 1$$
$$FF_{4-6} = T_P - EF_{4-6} = 16-16 = 0$$
$$FF_{5-6} = T_P - EF_{5-6} = 16-14 = 2$$

将以上计算结果标注在图 3.29 中的相应位置。

（6）确定关键工作及关键线路。在图 3.29 中，最小的总时差是 0，所以，凡是总时差为 0 的工作均为关键工作。该例中的关键工作是：①→②，②→③，③→④，④→⑥（或关键工作是：B、C、F、H）。

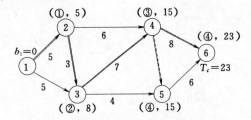

图 3.30　某工程项目双代号网络计划图

在图 3.29 中，自始至终全由关键工作组成的关键线路是：①→②→③→④→⑥。关键线路用双箭线进行标注。

【例 3.14】　已知某工程项目双代号网络计划如图 3.30 所示。

试用标号法确定其计算工期和关键线路。

解：

（1）对网络计划进行标号，各节点的标号值计算如下，并标注在图上。

$$b_1 = 0 ; b_2 = b_1 + D_{1-2} = 0+5 = 5$$
$$b_3 = \max[(b_1 + D_{1-3}),(b_2 + D_{2-3})] = \max[(0+5),(5+3)] = 8$$
$$b_4 = \max[(b_2 + D_{2-4}),(b_3 + D_{3-4})] = \max[(5+6),(8+7)] = 15$$
$$b_5 = \max[(b_4 + D_{4-5}),(b_3 + D_{3-5})] = \max[(15+0),(8+4)] = 15$$
$$b_6 = \max[(b_4 + D_{4-6}),(b_5 + D_{5-6})] = \max[(15+8),(15+6)] = 23$$

（2）确定关键线路：从终点节点出发，依源节点号反跟踪到开始节点的线路为关键线路，如图 3.30 所示，①→②→③→④→⑥为关键线路。

【例 3.15】　已知某工程项目双代号网络计划如图 3.31 所示。

试用破圈法确定其计算工期和关键线路。

解：

（1）从节点①开始，节点①、②、③形成了第一个圈，即到节点③有两条线路，一条是①→③，一条是①→②→③。①→③需要时间是 5，①→②→③需要时间是 7，因 7＞5 所以切断①→③。

（2）从节点②开始，节点②、③、④、⑤形成了第二个圈，即到节点⑤有两条线路，一条是②→③→④→⑤，一条是②→⑤。②→③→④→⑤需要时间是 10，②→⑤需要时间是 7，因 10＞7 所以切断②→⑤。

(3) 同理可切断①→⑥；⑤→⑧→⑫；⑨→⑪，详见图 3.31 所示"×"。

(4) 剩下的线路即为网络图的关键线路，如图 3.32 所示。关键线路有 3 条：①→②→③→④→⑦→⑨→⑩→⑪→⑫；①→②→③→④→⑥→⑦→⑨→⑩→⑪→⑫；①→②→③→④→⑤→⑨→⑩→⑪→⑫。

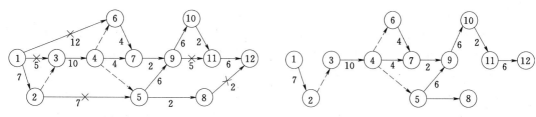

图 3.31　某工程项目双代号网络计划图　　　图 3.32　破圈法确定的关键线路

3.2.3　双代号时标网络计划

3.2.3.1　时标网络计划的坐标体系

时间坐标网络计划，简称时标网络计划，是以水平时间坐标为尺度编制的双代号网络计划。

1. 双代号时标网络计划的一般规定

(1) 时间坐标的时间单位应根据需要在编制网络计划之前确定，可分为：季、月、周、天等。

(2) 时标网络计划应以实箭线表示实工作，以虚箭线表示虚工作，以波形线表示工作的自由时差。

(3) 时标网络计划中所有符号在时间坐标上的水平投影位置，都必须与其时间参数相对应。节点中心必须对准相应的时标位置。

(4) 虚工作必须以垂直方向的虚箭线表示，有自由时差时加水平波形线表示。

2. 双代号时标网络计划的特点

(1) 时标网络计划兼有网络计划与横道计划的优点，它能够清楚地表明计划的时间进程，使用方便。

(2) 时标网络计划能在图上直接显示出各项工作的开始与完成时间，工作的自由时差及关键线路。

(3) 在时标网络计划中可以统计每一个单位时间对资源的需要量，以便进行资源优化和调整。

(4) 由于箭线受到时间坐标的限制，当情况发生变化时，对网络计划的修改比较麻烦，往往要重新绘图。但在使用计算机以后，这一问题已较容易解决。

3.2.3.2　双代号时标网络计划的编制

时标网络计划宜按各个工作的最早开始时间编制。在编制时标网络计划之前，应先按已确定的时间单位绘制出时标计划表，见表 3.21。

表 3.21

时 标 计 划 表

日 历																
（时间单位）	1	2	3	4	5	6	7	8	9	10	11	12	13	14	15	16
网络计划																
（时间单位）	1	2	3	4	5	6	7	8	9	10	11	12	13	14	15	16

双代号时标网络计划的编制方法有以下两种。

1. 间接法绘制

先绘制出时网络计划，计算各工作的最早时间参数，再根据最早时间参数在时标计划表上确定节点位置，连线完成。某些工作箭线长度不足以到达该工作的完成节点时，用波形线补足。

2. 直接法绘制

根据网络计划中工作之间的逻辑关系及各工作的持续时间，直接在时标计划表上绘制时标网络计划。绘制步骤如下：

（1）将起始节点定位在时标表的起始刻度线上。

（2）按工作持续时间在时标计划表上绘制起点节点的外向箭线。

（3）其他工作的开始节点必须在其所有紧前工作都绘出以后，定位在这些紧前工作最早完成时间最大值的时间刻度上，某些工作的箭线长度不足以到达该节点时，用波形线补足，箭头画在波形线与节点连接处。

（4）用上述方法从左至右依次确定其他节点位置，直至网络计划终点节点定位，绘图完成。

3.2.3.3 双代号时标网络计划时间参数计算

1. 关键线路和计算工期的确定

（1）时标网络计划关键线路的确定。时标网络计划关键线路的确定，应自终点节点逆箭线方向朝起点节点逐次进行判定：从终点到起点不出现波形线的线路即为关键线路。如图 3.33 所示，关键线路是：①→④→⑥→⑦→⑧，用双箭线表示。

（2）时标网络计划的计算工期。时标网络计划的计算工期，应是终点节点与起始节点所在位置之差。如图 3.33 所示，计算工期 $T_c = 14 - 0 = 14$（d）。

图 3.33 双代号时标网络计划

2. 时标网络计划时间参数的确定

时标网络计划中，6个工作时间参数的确定步骤如下：

（1）最早时间参数的确定。按最早开始时间绘制时标网络计划，最早时间参数可以从图上直接确定：

1）最早开始时间 ES_{i-j}。每条实箭线左端箭尾节点（i 节点）中心所对应的时标值，即为该工作的最早开始时间。

2）最早完成时间 EF_{i-j}。若箭线右端无波形线，则该箭线右端节点（j 节点）中心所对应的时标值为该工作的最早完成时间；若箭线右端有波形线，则实箭线右端末所对应的时标值即为该工作的最早完成时间。

（2）自由时差的确定。时标网络计划中各工作的自由时差值应为表示该工作的箭线中波形线部分在坐标轴上的水平投影长度。但当工作之后只紧接虚工作时，则该工作箭线上一定不存在波形线，而其紧接的虚箭线中波形线水平投影长度的最短者为该工作的自由时差。

（3）总时差的确定。时标网络计划中工作的总时差的计算应自右向左进行，且符合下列规定：

1）以终点节点（$j=n$）为箭头节点的工作的总时差 TF_{i-n} 应按网络计划的计划工期 T_p 计算确定，即

$$TF_{i-n} = T_p - EF_{i-n} \qquad (3.23)$$

2）其他工作的总时差等于其紧后工作 $j-k$ 总时差的最小值与本工作的自由时差之和，即

$$TF_{i-j} = \min\left[TF_{j-k}\right] + FF_{i-j} \qquad (3.24)$$

（4）最迟时间参数的确定。时标网络计划中工作的最迟开始时间和最迟完成时间可按下式计算：

$$LS_{i-j} = ES_{i-j} + TF_{i-j} \qquad (3.25)$$

$$LF_{i-j} = EF_{i-j} + TF_{i-j} \qquad (3.26)$$

【例3.16】 某工程有表3.22所示的网络计划资料。试用直接法绘制双代号时标网络计划。

表3.22　　　　　　　　　　　　某工程的网络计划资料表

工作名称	A	B	C	D	E	F	G	H	J
紧前工作	—	—	—	A	A、B	D	C、E	C	D、G
持续时间（d）	3	4	7	5	2	5	3	5	4

解：

（1）绘图步骤：

1）将网络计划的起始节点定位在时标表的起始刻度线上位置上，如图3.34所示，起点节点的编号为1。

2）画节点①的外向箭线，即按各工作的持续时间，画出无紧前工作的 A、B、C 工作，并确定节点②、③、④的位置。

3）依次画出节点②、③、④的外向箭线工作 D、E、H，并确定节点⑤、⑥的位置。节点⑥的位置定位在其两条内向箭线的最早完成时间的最大值处，即定位在时标值7的位置，工作 E 的箭线长度达不到⑥节点，则用波形线补足。

4）按上述步骤，直到画出全部工作，确定出终点节点⑧的位置，时标网络计划绘制完毕，如图3.34所示。

（2）按步骤绘图。直接法绘制双代号时标网络计划，如图3.34所示。

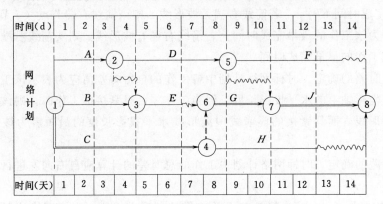

图3.34　双代号时标网络计划绘图实例

【例3.17】　如图3.34所示的双代号时标网络计划。试确定其6个工作时间参数。

解：

（1）最早开始时间 ES_{i-j} 和最早完成时间 EF_{i-j} 的确定。

$ES_{1-3}=0$，$EF_{1-3}=4$；$ES_{3-6}=4$，$EF_{3-6}=6$。依此类推确定。

（2）自由时差的确定。工作 E、H、F 的自由时差分别为：$FF_{3-6}=1$；$FF_{4-8}=2$；$FF_{5-8}=1$。

（3）总时差的确定。

1）以终点节点（$j=n$）为箭头节点的工作的总时差 TF_{i-n}，如图3.34可知，工作 F、J、H 的总时差分别为：

$$TF_{5-8}=T_p-EF_{5-8}=14-13=1$$
$$TF_{7-8}=T_p-EF_{7-8}=14-14=0$$
$$TF_{4-8}=T_p-EF_{4-8}=14-12=2$$

2）其他工作的总时差 TF_{i-j}，如图3.34可知，各项工作的总时差计算如下：

$$TF_{6-7}=TF_{7-8}+FF_{6-7}=0+0=0$$
$$TF_{3-6}=TF_{6-7}+FF_{3-6}=0+1=1$$
$$TF_{2-5}=\min[TF_{5-7},TF_{5-8}]+FF_{2-5}=\min[2,1]+0=1+0=1$$
$$TF_{1-4}=\min[TF_{4-6},TF_{4-8}]+FF_{1-4}=\min[0,2]+0=0+0=0$$
$$TF_{1-3}=TF_{3-6}+FF_{1-3}=1+0=1$$
$$TF_{1-2}=\min[TF_{2-3},TF_{2-5}]+FF_{1-2}=\min[2,1]+0=1+0=1$$

（4）最迟时间参数的确定。

$$LS_{1-2}=ES_{1-2}+TF_{1-2}=0+1=1$$

$$LF_{1-2} = EF_{1-2} + TF_{1-2} = 3+1=4$$

$$LS_{1-3} = ES_{1-3} + TF_{1-3} = 0+1=1$$

$$LF_{1-3} = EF_{1-3} + TF_{1-3} = 4+1=5$$

由此类推，可计算出各项工作的最迟开始时间和最迟完成时间。由于所有工作的最早开始时间、最早完成时间和总时差均为已知，故容易计算，此处不再一一列举。

3.2.4 单代号网络计划

3.2.4.1 单代号网络图的表示方法

单代号网络图是网络计划的另一种表示方法。它是用一个圆圈或方框代表一项工作，将工作代号、工作名称和完成工作所需要的时间写在圆圈或方框里面，箭线仅用来表示工作之间的顺序关系。图 3.35 是一个简单的单代号网络图及其常见的单代号表示方法。

单代号网络图和双代号网络图所表达的计划内容是一致的，两者的区别仅在于绘图的符号不同。单代号网络图的箭线的含义是表示顺序关系，节点表示一项工作。而双代号网络图的箭线表示的是一项工作，节点表示联系。在双代号网络图中出现较多的虚工作，而单代号网络图没有虚工作。

图 3.35 单代号网络图

3.2.4.2 单代号网络图的绘制

绘制单代号网络图需遵循以下规则：

（1）箭线应画成水平直线、折线或斜线。单代号网络图中不设虚箭线，箭线的箭尾节点编号应小于箭头节点的编号。箭线水平投影的方向应自左向右，表达工作的进行方向。

（2）节点必须编号，严禁重复。一项工作只能有唯一的一个节点和唯一的一个编号。

（3）严禁出现循环回路。

（4）严禁出现双向箭头或无箭头的连线；严禁出现没有箭尾节点的箭线和没有箭头节点的箭线。

（5）箭线不宜交叉，当交叉不可避免时，可采用过桥法、断线法和指向法绘制。

（6）单代号网络图只应有一个起始节点和一个终点节点。当网络图中有多项起始节点或多项终点节点时，应在网络图的两端分别设置一项虚工作，作为该网络图的起始节点和终点节点。

3.2.4.3 单代号网络图时间参数的计算

单代号网络图时间参数 ES、LS、EF、LF、TF、FF 的计算与双代号网络图基本相同，只需把参数脚码由双代号改为单代号即可。由于单代号网络图中紧后工作的最早开始时间可能不相等。因而在计算自由时差时，需用紧后工作的最小值做为被减数。

1. 计算最早开始时间和最早完成时间

$$ES_i = 0$$

$$EF_i = ES_i + D_i \tag{3.27}$$

$$ES_j = \max[ES_i + D_i] = \max EF_i \tag{3.28}$$

2. 计算相邻两项工作之间的时间间隔 $LAG_{i,j}$

相邻两项工作 i 和 j 之间的时间间隔 $LAG_{i,j}$，等于紧后工作 j 的最早开始时间 ES_j 和本工作的最早完成时间 EF_i 之差，即

$$LAG_{i,j} = ES_j - EF_i \tag{3.29}$$

3. 计算工作总时差 TF_i

（1）终点节点的总时差 TF_n，如计划工期等于计算工期，其值为零，即

$$TF_n = 0 \tag{3.30}$$

（2）其他工作 i 的总时差 TF_i

$$TF_i = \min[TF_j + LAG_{i,j}] \tag{3.31}$$

4. 计算工作自由时差 FF_i

（1）工作 i 若无紧后工作，其自由时差 FF_i 等于计划工期 T_p 减该工作的最早完成时间 EF_n，即

$$FF_n = T_p - EF_n \tag{3.32}$$

（2）当工作 i 有紧后工作 j 时，自由时差 FF_i

$$FF_i = \min[LAG_{i,j}] \tag{3.33}$$

5. 计算工作的最迟开始时间和最迟完成时间

$$LS_i = ES_i + TF_i \tag{3.34}$$

$$LF_i = EF_i + TF_i \tag{3.35}$$

式中　D_i——工作 i 的延续时间；

ES_j——工作 j 的最早开始时间；

EF_i——工作 i 的最早完成时间；

LS_i——工作 i 的最迟开始时间；

LF_i——工作 i 的最迟完成时间；

TF_i——工作 i 的总时差；

FF_i——工作 i 的自由时差；

T_p——计划工期。

【例 3.18】　已知某工程项目的各工作之间的逻辑关系见表 3.23。试绘制该工程的单代号网络图。

表 3.23　　　　　　　　各工作之间的逻辑关系表

工　作	A	B	C	D	E	G
紧前工作	—	—	—	B	B	C、D

解：本案例中 A、B、C 均无紧前工作，故应设虚拟工作 S。同时，有多项结束工作 A、E、G，应增设一项设虚拟工作 F。

该工程的单代号网络图如图 3.36 所示。

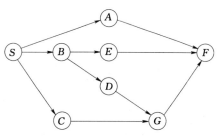

图 3.36 该工程的单代号网络图

【例 3.19】 已知某工程项目单代号网络计划如图 3.37 所示，计划工期等于计算工期。试计算单代号网络计划的时间参数并确定关键线路，并用双箭线标在图上示出。

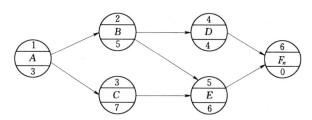

图 3.37 某工程项目单代号网络计划图

解：

（1）时间参数计算。

1）计算最早开始时间和最早完成时间：网络计划中各项工作的最早开始时间和最早完成时间的计算应从网络计划的起点节点开始，顺着箭线方向依次逐项计算。

$$ES_1 = 0, \quad EF_1 = ES_1 + D_1 = 0 + 3 = 3$$
$$ES_2 = EF_1 = 3, \quad EF_2 = ES_2 + D_2 = 3 + 5 = 8$$
$$ES_3 = EF_1 = 3, \quad EF_3 = ES_3 + D_3 = 3 + 7 = 10$$
$$ES_4 = EF_2 = 8, \quad EF_4 = ES_4 + D_4 = 8 + 4 = 12$$
$$ES_5 = \max [EF_2, EF_3] = \max [8, 10] = 10$$
$$EF_5 = ES_5 + D_5 = 10 + 5 = 15$$
$$ES_6 = \max [EF_4, EF_5] = \max [12, 15] = 15$$
$$EF_6 = ES_6 + D_6 = 15 + 0 = 15$$

2）计算相邻两项工作之间的时间间隔 $LAG_{i,j}$：相邻两项工作 i 和 j 之间的时间间隔等于紧后工作 j 的最早开始时间 ES_j 和本工作的最早完成时间 EF_i 之差。

$$LAG_{1,2} = ES_2 - EF_1 = 3 - 3 = 0$$
$$LAG_{1,3} = ES_3 - EF_1 = 3 - 3 = 0$$
$$LAG_{2,4} = ES_4 - EF_2 = 8 - 8 = 0$$
$$LAG_{2,5} = ES_5 - EF_2 = 10 - 8 = 2$$
$$LAG_{3,5} = ES_5 - EF_3 = 10 - 10 = 0$$
$$LAG_{4,6} = ES_6 - EF_4 = 15 - 12 = 3$$
$$LAG_{5,6} = ES_6 - EF_5 = 15 - 15 = 0$$

3）计算工作的总时差 TF_i：因计划工期等于计算工期，故终点节点总时差为零，其他工作 i 的总时差 TF_i 应从网络计划的终点节点开始，逆着箭线方向依次逐项计算。

$TF_6 = 0$

$TF_5 = TF_6 + LAG_{5,6} = 0+0 = 0$

$TF_4 = TF_6 + LAG_{4,6} = 0+3 = 3$

$TF_3 = TF_5 + LAG_{3,5} = 0+0 = 0$

$TF_2 = \min [(TF_4 + LAG_{2,4}), (TF_5 + LAG_{2,5})] = \min [(3+0), (0+2)] = 2$

$TF_1 = \min [(TF_2 + LAG_{1,2}), (TF_3 + LAG_{1,3})] = \min [(2+0), (0+0)] = 0$

4）计算工作的自由时差 FF_i：

$FF_6 = T_P - EF_6 = 15-15 = 0$

$FF_5 = LAG_{5,6} = 0$

$FF_4 = LAG_{4,6} = 3$

$FF_3 = LAG_{3,5} = 0$

$FF_2 = \min [LAG_{2,4}, LAG_{2,5}] = \min [0, 2] = 0$

$FF_1 = \min [LAG_{1,2}, LAG_{1,3}] = \min [0, 0] = 0$

5）计算工作的最迟开始时间 LS_i 和最迟完成时间 LF_i。

$LS_1 = ES_1 + TF_1 = 0+0 = 0,$ $LF_1 = EF_1 + TF_1 = 3+0 = 3$

$LS_2 = ES_2 + TF_2 = 3+2 = 5,$ $LF_2 = EF_2 + TF_2 = 8+2 = 10$

$LS_3 = ES_3 + TF_3 = 3+0 = 3,$ $LF_3 = EF_3 + TF_3 = 10+0 = 10$

$LS_4 = ES_4 + TF_4 = 8+3 = 11,$ $LF_4 = EF_4 + TF_4 = 12+3 = 15$

$LS_5 = ES_5 + TF_5 = 10+0 = 10,$ $LF_5 = EF_5 + TF_5 = 15+0 = 15$

$LS_6 = ES_6 + TF_6 = 15+0 = 15,$ $LF_6 = EF_6 + TF_6 = 15+0 = 15$

图 3.38 单代号网络图

（2）关键线路确定：所有工作的时间间隔为零的线路为关键线路。即①→③→⑤→⑥ 为关键线路，用双箭线标示在图 3.38 中。或用总时差为零（A、C、E）来判断关键线路。

3.2.4.4 单代号搭接网络计划

前面介绍的网络计划，工作之间的逻辑关系是紧前工作全部完成之后本工作才能开始。但是在工程建设实践中，有许多工作的开始并不是以其紧前工作的完成为条件，可进行搭接施工。为了简单、直接地表达工作之间的搭接关系，使网络计划的编制得到简化，便出现了搭接网络计划。

搭接网络计划一般都采用单代号网络图的表示方法，即以节点表示工作，以节点之间的箭线表示工作之间的逻辑顺序和搭接关系。

1. 搭接关系的种类及表达方式

在搭接网络计划中,工作之间的搭接关系是由相邻两项工作之间的不同时距决定的。所谓时距,就是在搭接网络计划中相邻两项工作之间的时间差值,如图3.39所示。

图3.39 单代号搭接网络图

(1) 结束到开始(FTS)的搭接关系。在修堤坝时,一定要等土堤自然沉降后才能修护坡,筑土堤与修护坡之间的等待时间就是FTS时距。从结束到开始的搭接关系及这种搭接关系在网络计划中的表达方式如图3.40所示。

图3.40 FTS搭接关系及其在网络计划中的表达方式

当FTS时距为零时,就说明本工作与其紧后工作之间紧密衔接。当网络计划中所有相邻工作只有FTS一种搭接关系且其时距均为零时,整个搭接网络计划就成为前述的单代号网络计划。

(2) 开始到开始(STS)的搭接关系。在道路工程中,当路基铺设工作开始一段时间,为路面浇筑工作创造一定条件之后路面浇筑工作才开始,路基铺设工作的开始时间与路面浇筑工作的开始时间之间的差值就是STS时距。

从开始到开始的搭接关系及这种搭接关系在网络计划中的表达方式如图3.41所示。

图3.41 STS搭接关系及其在网络计划中的表达方式

(3) 结束到结束(FTF)的搭接关系。道路工程中,如果路基铺设工作的进展速度小于路面浇筑工作的进展速度时,须考虑为路面浇筑工作留有充分的工作面。否则,路面浇筑工作就将因没有工作面而无法进行。路基铺设工作的完成时间与路面浇筑工作的完成时间之间的差值就是FTF时距。

从结束到结束的搭接关系及这种搭接关系在网络计划中的表达方式如图3.42所示。

图3.42 FTF搭接关系及其在网络计划中的表达方式

(4) 开始到结束(STF)的搭接关系。从开始到结束的搭接关系及这种搭接关系在网络计划中的表达方式如图3.43所示。

(5) 混合搭接关系。在搭接网络计划中,除上述4种基本搭接关系外,相邻两项工作之间有时还会同时出现两种以上的基本搭接关系,称之为混合搭接关系。

图 3.43　STF 搭接关系及其在网络计划中的表达方式

2. 搭接网络计划时间参数的计算

（1）计算工作的最早开始时间和最早完成时间。单代号搭接网络计划时间参数的计算与前述单代号网络计划和双代号网络计划时间参数的计算原理基本相同。工作最早开始时间和最早完成时间的计算应从网络计划起点节点开始，顺着箭线方向依次进行。

1）由于在单代号搭接网络计划中的起点节点一般都代表虚拟工作，故其最早开始时间和最早完成时间均为零。凡是与网络计划起点节点相联系的工作，其最早开始时间为零；其最早完成时间应等于其持续时间。

2）其他工作的最早开始时间和最早完成时间：

a）相邻时距为 FTS 时

$$ES_j = EF_i + FTS_{i,j} \tag{3.36}$$

$$EF_j = ES_j + D_j \tag{3.37}$$

b）相邻时距为 STS 时

$$ES_j = ES_i + STS_{i,j} \tag{3.38}$$

$$EF_j = ES_j + D_j \tag{3.39}$$

c）相邻时距为 FTF 时

$$EF_j = EF_i + FTF_{i,j} \tag{3.40}$$

$$ES_j = EF_j - D_j \tag{3.41}$$

d）相邻时距为 STF 时

$$EF_j = ES_i + STF_{i,j} \tag{3.42}$$

$$ES_j = EF_j - D_j \tag{3.43}$$

式中　ES_i——工作 i 的最早开始时间；

　　　ES_j——工作 i 的紧后工作 j 的最早开始时间；

　　　EF_i——工作 i 的最早完成时间；

　　　EF_j——工作 i 的紧后工作 j 的最早完成时间；

　　$FTS_{i,j}$——工作 i 与工作 j 之间完成到开始的时距；

　　$STS_{i,j}$——工作 i 与工作 j 之间开始到开始的时距；

　　$FTF_{i,j}$——工作 i 与工作 j 之间完成到完成的时距；

　　$STF_{i,j}$——工作 i 与工作 j 之间开始到完成的时距。

注意：

a）当出现最早开始时间为负值时，应将该工作与起点用虚箭线相连，并确定其 STS 为零。

b）当有两种以上时距（有两项或以上紧前工作）限制工作间的逻辑关系时，应分别进行最早时间的计算，取其最大值。

c）最早完成时间的最大值的工作应与终点节点用虚箭线相连，并确定其 FTF 为零。

d）由于在搭接网络计划中，终点节点一般都表示虚拟工作（其持续时间为零），故其最早完成时间与最早开始时间相等，且一般为网络计划的计算工期。但是，由于在搭接网络计划中，决定工期的工作不一定是最后进行的工作。因此，在用上述方法完成计算之后，还应检查网络计划中其他工作的最早完成时间是否超过已算出的计算工期。如其他工作的最早完成时间超过已算出的计算工期应由其他工作的最早完成时间决定。同时，应将该工作与虚拟工作（终点节点）用虚箭线相连。

（2）计算相邻两项工作之间的时间间隔。

1）搭接关系为结束到开始（FTS）时的时间间隔为

$$LAG_{i,j} = ES_j - EF_i - FTS_{i,j} \qquad (3.44)$$

2）搭接关系为开始到开始（STS）时的时间间隔为

$$LAG_{i,j} = ES_j - ES_i - STS_{i,j} \qquad (3.45)$$

3）搭接关系为结束到结束（FTF）时的时间间隔为

$$LAG_{i,j} = EF_j - EF_i - FTF_{i,j} \qquad (3.46)$$

4）搭接关系为开始到结束（STF）时的时间间隔为

$$LAG_{i,j} = EF_j - ES_i - STF_{i,j} \qquad (3.47)$$

5）搭接关系为混合搭接时，应分别计算时间间隔，然后取其中的最小值。

（3）计算工作的总时差和自由时差。

搭接网络计划中工作的总时差和自由时差仍用单代号求总时差和自由时差公式，即

$$TF_n = T_p - T_c \qquad (3.48)$$

$$TF_i = \min[LAG_{i,j} + TF_j] \qquad (3.49)$$

$$FF_n = T_p - EF_n \qquad (3.50)$$

$$FF_i = \min[LAG_{i,j}] \qquad (3.51)$$

（4）计算工作的最迟完成时间和最迟开始时间。计算工作的最迟完成时间和最迟开始时间仍用单代号求最迟完成时间和最迟开始时间公式，即

$$LF_i = EF_i + TF_i \qquad (3.52)$$

$$LS_i = ES_i + TF_i \qquad (3.53)$$

（5）确定关键线路。同单代号网络计划一样，可以利用相邻两项工作之间的时间间隔来判定关键线路。即从搭接网络计划的终点节点开始，逆着箭线方向依次找出相邻两项工作之间时间间隔为零的线路就是关键线路。

【例 3.20】　工程项目单代号搭接网络计划如图 3.44 所示，节点中下方数字为该工作的持续时间。试计算单代号搭接网络计划的时间参数并确定关键线路。

图 3.44　程项目单代号搭接网络计划图

解：对于这道题，要先根据已知条件，算出各工作的最早开始时间和最早完成时间，第二步计算相邻两项工作之间的时间间隔，第三步利用相邻两项工作之间的时间间隔来判定关键线路。

（1）参数计算：

1）计算各工作的最早开始时间和最早完成时间为：

a）$ES_A=0$，$EF_A=6$。

b）根据 $FTF=1$，$EF_B=EF_i+FTF_i$，$=6+1=7$，$ES_B=ES_j=EF_j-D_j=7-8=-1$，显然不合理。为此，应将工作 B 与虚拟工作 S（起点节点）相连，重新计算工作 B 的最早开始时间和最早完成时间得 $ES_B=0$，$EF_B=8$。

c）根据 $STF=14$，$EF_C=ES_i+STF_{i,j}=14$，$ES_C=EF_j-D_j=14-12=2$。

d）根据 $FTS=10$，$ES_D=EF_i+FTS_{i,j}=8+10=18$，$EF_D=ES_j+D_j=18+5=23$。

e）根据 $FTF=6$，$ES_E=20-7=13$，$EF_E=14+6=20$。

其次，根据 $STS=4$，$ES_E=4$，$EF_E=11$，所以取大值，$ES_E=13$，$EF_E=20$。

f）根据 $STS=4$，$ES_F=22$，$EF_F=26$。

其次，根据 $STF=6$，$ES_F=19-4=15$，$EF_F=13+6=19$，所以取大值 $ES_F=22$，$EF_F=26$，工期为 26。

2）计算相邻两项工作之间的时间间隔：

$LAG_{A,B}=EF_B-EF_A-1=8-6-1=1$

$LAG_{B,D}=ES_D-EF_B-10=18-8-10=0$

$LAG_{D,F}=ES_F-ES_D-4=22-18-4=0$，因为 B 工作是和 S 虚工作联的，所以 SB-DF 是一条关键线路。

$LAG_{B,E}=ES_E-ES_B-4=13-0-4=9$

$LAG_{A,C}=EF_C-ES_A-14=14-0-14=0$

$LAG_{C,E}=EF_E-EF_C-6=20-14-6=0$

$LAG_{E,F}=EF_F-ES_E-6=26-13-6=7$

（2）线路确定：工作 B 的最早开始时间为 0，所以它也是一个起始工作。根据"从搭接网络计划的终点开始，逆着箭线方向依次找出相邻两项工作之间时间间隔为零的线路就是关键线路。"其关键线路为 BDF，如图 3.45 所示。

3.2.5　网络计划的优化

网络计划的优化，是在满足既定约束条件下，按某一目标，通过不断改进网络计划寻求满意方案。网络计划优化包括工期优化、费用优化和资源优化。

3.2.5.1　工期优化

1. 概念

所谓工期优化是指网络计划的计算工期不满足要求工期时，通过压缩关键工作的持续时间以满足要求工期的过程，若仍不能满足要求，需调整方案或重新审定要求工期。

2. 优化原理

（1）压缩关键工作，压缩时间应保持其关键工作地位。

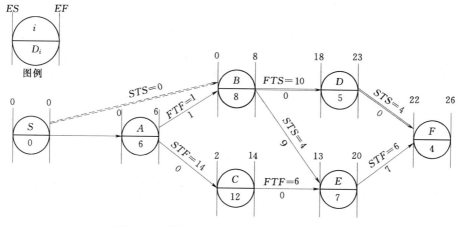

图 3.45 单代号搭接网络图见参数计算结果

（2）选择压缩的关键工作，应为压缩以后，投资费用少，不影响工程质量，又不造成资源供应紧张和保证安全施工的关键工作。

（3）多条关键线路要同时、同步压缩。

3. 优化步骤

（1）计算网络图，找出关键线路，计算工期 T_c 与要求工期 T_r 比较，当 $T_c > T_r$ 时，应压缩时间。

$$\Delta T = T_c - T_r \tag{3.54}$$

（2）选择压缩的关键工作，压缩到工作最短持续时间。

（3）重新计算网络图，检查关键工作是否超压（失去关键工作的位置），如超压则反弹，并重新计算网络图。

（4）比较 T_{c1} 与 T_r，如 $T_{c1} > T_r$ 则重复（1）～（3）步骤。

（5）如所有关键工作或部分关键工作都已压缩最短持续时间，仍不能满足要求，应对计划的原技术组织方案进行调整，或对工期重新审定。

【例 3.21】 已知某工程项目分部工程的网络计划如图 3.46 所示，箭杆下方括号外为正常持续时间，括号内为最短持续时间，箭线上方括号内的数字为优选系数。优选系数最小的工作应优先选择压缩。假定要求工期为 15d。试对该分部工程的网络计划进行工期优化。

图 3.46 某分部工程的初始网络计划

解：

（1）确定出关键线路及计算工期，如图 3.47 所示。

（2）应缩短时间为：

$$\Delta T = t_c - t_r = 19 - 15 = 4(\text{d})$$

（3）压缩关键线路上关键工作持续时间。

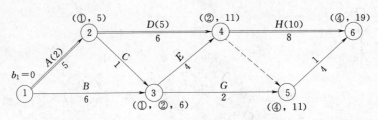

图 3.47　初始网络计划的关键线路

第一次压缩：关键线路 A、D、H 上 A 优选系数最小，先将 A 压缩至最短持续时间 3d，计算网络图，找出关键线路为 B、E、H ［图 3.48（a）］，故关键工作 A 超压。反弹 A 的持续时间至 4d，使之仍为关键工作 ［图 3.48（b）］，关键线路为 A、D、H 和 B、E、H。

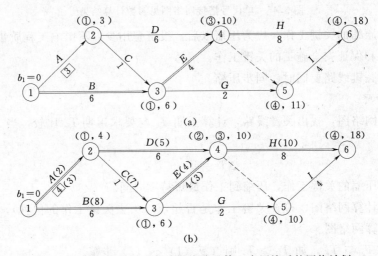

图 3.48　压缩至最短时的关键线路及第一次压缩后的网络计划

第二次压缩：因仍还需要压缩 3d，有以下 5 个压缩方案：①同时压缩工作 A 和 B，组合优选系数为 2+8=10；②同时压缩工作 A 和 E，组合优选系数为 2+4=6；③同时压缩工作 B 和 D，组合优选系数为 8+5=13；④同时压缩工作 D 和 E，组合优选系数为 5+4=9；⑤压缩工作 H，优选系数为 10。由于压缩工作 A 和 E，组合优选系数最小，故应选择压缩工作 A 和 E。将这两项工作的持续时间各压缩 1d，再用标号法计算工期和确定关键线路。

由于工作 A 和 E 持续时间已达最短，不能再压缩，它们的优选系数变为无穷大。第二次压缩后的网络计划如图 3.49 所示。

图 3.49　第二次压缩后的网络计划

第三次压缩：因仍还需要压缩 2 天，由于工作 A 和 E 已不能再压缩，有两个压缩方案：①同时压缩工作 B 和 D，组合优选系数为 8+5=13；②压缩工作 H，优选系数为 10。由于压缩工作 H 优选系数最小，故应选择压缩工作 H。将此工作的持续时间压缩 2d，再用标号法计算工期和确定关键线路。此时计算工期已等于要求工期。工期优化后的网络计划如图 3.50 所示。

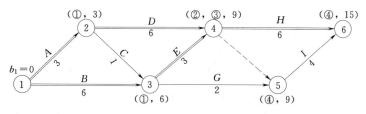

图 3.50　第三次压缩后的网络计划

3.2.5.2　费用优化

　　费用优化又叫时间成本优化，是寻求最低成本时的最短工期安排，或按要求工期寻求最低成本的计划安排过程。

　　1. 工程费用与工期的关系

　　工程成本由直接费和间接费组成。由于直接费随工期缩短而增加，间接费随工期缩短而减少，故必定有一个总费用最少的工期。这便是费用优化所寻求的目标。工程费用与工期的关系如图 3.51 所示，当确定一个合理的工期 T_0，就能使总费用达到最小。

　　2. 费用优化的基本思路

　　不断地在网络计划中找出直接费用率（或组合直接费用率）最小的关键工作，缩短

图 3.51　工程费用与工期的关系图

其持续时间，同时考虑间接费用随工期缩短而减少的数值，最后求得工程总成本最低时的最优工期安排或按要求工期求得最低成本的计划安排。

　　工作 $i-j$ 的直接费率 a_{i-j}^D 用式（3.55）计算

$$a_{i-j}^{D} = \frac{CC_{i-j} - CN_{i-j}}{DN_{i-j}DC_{i-j}} \tag{3.55}$$

式中　DN_{i-j}——工作 $i-j$ 的正常持续时间，即在合理的组织条件下，完成一项工作所需的时间；

　　　　DC_{i-j}——工作 $i-j$ 的最短持续时间，即不可能进一步缩短的工作持续时间，又称临界时间；

　　　　CN_{i-j}——工作 $i-j$ 的正常持续时间直接费，即按正常持续时间完成一项工作所需的直接费；

　　　　CC_{i-j}——工作的最短持续时间直接费，即按最短持续时间完成一项工作所需的直接费。

3. 费用优化步骤

（1）算出工程总直接费 $\sum c_{i-j}^D$。

（2）计算各项工作的直接费用率 a_{i-j}^D。

（3）按工作的正常持续时间确定计算工期和关键线路。

（4）算出计算工期为 t 的网络计划的总费用：

$$C_t^T = \sum c_{i-j}^D + a^{ID} t \tag{3.56}$$

式中　　a^{ID}——工程间接费率，即缩短或延长工期每一单位时间所需减少或增加的费用。

（5）选择缩短持续时间的对象。当只有一条关键线路时，应找出组合直接费用率最小的一项关键工作，作为缩短持续时间的对象；当有多条关键线路时，应找出组合直接费用率最小的一组关键工作，作为缩短持续时间的对象。

当需要缩短关键工作的持续时间时，其缩短值的确定必须符合下列两条原则：①缩短后工作的持续时间不能小于其最短持续时间；②缩短持续时间的工作不能变成非关键工作，若被压缩工作变成了非关键工作，则应将其持续时间延长，使之仍为关键工作。

（6）选定的压缩对象（一项关键工作或一组关键工作）压缩。检查被压缩的工作的直接费率或组合直接费率是否等于、小于或大于间接费率；如等于间接费率，则已得到优化方案；如小于间接费率，则需继续按上述方法进行压缩；如大于间接费率，则在此前一次的小于间接费率的方案即为优化方案。

在压缩过程中，关键工作可以被动地（即未经压缩）变成非关键工作，关键线路也可以因此变成非关键线路。

（7）计算优化后的工程总费用。用式（3.56）计算总费用或

　　　　优化后的总费用＝初始网络计划的总费用－费用减少合计的绝对值

（8）绘出优化网络计划。在箭线上方注明直接费，箭线下方注明持续时间。

【例 3.22】　已知某工程网络计划如图 3.52 所示，图中箭线下方为正常持续时间和括号内的最短持续时间，箭线上方为正常直接费（千元）和括号内的最短时间直接费（千元），间接费率为 0.8 千元/天。试对该工程的网络计划进行费用优化。

图 3.52　某工程初始网络计划

解：

（1）算出工程总直接费：

$\sum C_{i-j}^D = 3.0 + 5.0 + 1.5 + 1.7 + 4.0 + 4.0 + 1.0 + 3.5 + 2.5 = 26.2$（千元）

（2）算出各项工作的直接费率（单位：千元/d）：

$$a_{1-2}^D = \frac{CC_{1-2} - CN_{1-2}}{DN_{1-2} - DC_{1-2}} = \frac{3.4 - 3.0}{4 - 2} = 0.2$$

$$\alpha_{1-3}^D = \frac{7.0 - 5.0}{8 - 6} = 1.0$$

同理得 $\alpha_{2-3}^D = 0.3$；$\alpha_{2-4}^D = 0.5$；$\alpha_{3-4}^D = 0.2$；$\alpha_{3-5}^D = 0.8$；$\alpha_{4-5}^D = 0.7$；$\alpha_{4-6}^D = 0.5$；$\alpha_{5-6}^D = 0.2$。

（3）用标号法找出网络计划中的关键线路并求出计算工期。如图 3.53 所示，关键线路有两条关键线路 BEI 和 $BEHJ$，计算工期为 19d。图中箭线上方括号内为直接费率。

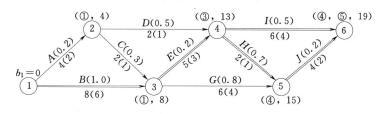

图 3.53 初始网络计划的关键线路

（4）算出工程总费用：

$$C_{19}^T = 26.2 + 0.8 \times 19 = 26.2 + 15.2 = 41.4（千元）$$

（5）进行压缩。

进行第一次压缩：两条关键线路 BEI 和 $BEHJ$ 上，直接费率最低的关键工作为 E，其直接费率为 0.2 千元/d（以下省略单位），小于间接费率 0.8，故需将其压缩。现将 E 压至 4（若压至最短持续时间 3，E 被压缩成了非关键工作），$BEHJ$ 和 BEI 仍为关键线路。第一次压缩后的网络计划如图 3.54 所示。

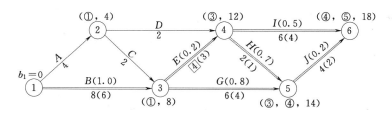

图 3.54 第一次压缩后的网络计划

进行第二次压缩：有三条关键线路：BEI、$BEHJ$、BGJ。共有 5 个压缩方案：

①压 B，直接费率为 1.0；

②压 E、G，组合直接费率为 0.2+0.8=1.0；

③压 E、J，组合直接费率为 0.2+0.2=0.4；

④压 I、J，组合直接费率为 0.5+0.2=0.7；

⑤压 I、H、G，组合直接费率为 0.5+0.7+0.8=2.0。决定采用诸方案中直接费率和组合直接费率最小的第③方案，即压 E、J，组合直接费率为 0.4，小于间接费率 0.8。

由于 E 只能压缩 1d，J 随之只可压缩 1d。压缩后，用标号法找出关键线路，此时只有两条关键线路：BEI、BGJ，H 未经压缩而被动地变成了非关键工作。第二次压缩后的网络计划如图 3.55 所示。

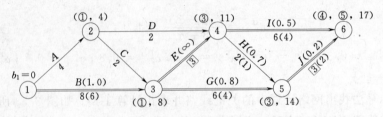

图 3.55　第二次压缩后的网络计划

进行第三次压缩：由于 E 压缩至最短持续时间，分析知可压缩 I、J，组合直接为 $0.5+0.2=0.7$，小于间接费率 0.8。

由于 J 只能压缩 1d，I 随之只可压缩 1d。压缩后关键线路用标号法判断未变化。如图 3.56 所示。

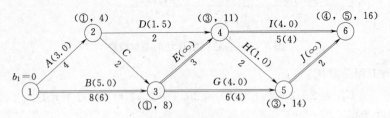

图 3.56　第三次压缩后的网络计划

进行第四次压缩：因 E、J 不能再缩短，故只能选用压缩 B 和压缩 G、I 组合。由于 B 的直接费率 1.0 大于间接费率 0.8，G、I、S 组合直接费率 1.3 大于间接费率 0.8，故已出现优化点。优化网络计划即为第三次压缩后的网络计划，如图 3.57 所示。

图 3.57　费用优化后的网络计划

（6）计算优化后的总费用。

图中被压缩工作被压缩后的直接费确定如下：

①工作 E 已压至最短持续时间，直接费为 4.4 千元；

②工作 I 压缩 1d，直接费为 $3.5+0.5\times1=4.0$（千元）；

③工作 J 已压至最短持续时间，直接费为 2.9 千元。

优化后的总费用为：

$$C_{16}^T = \sum C_{i-j}^D + \alpha^{ID} t$$

$$= (3.0+5.0+1.7+1.5+4.4+4.0+1.0+4.0+2.9)+0.8\times16$$

$$= 27.5+12.8 = 40.3（千元）$$

3.2.5.3　资源优化

1. 概念

资源是指完成一项计划任务所需投入的人力、材料、机械设备和资金等。不可能通过资源优化将完成一项工程任务所需要的资源量减少。资源优化的目的是通过改变工作的开始时间和完成时间，使资源按照时间分布符合优化目标。

2. 资源优化的前提条件

在优化过程中，除规定可中断的工作外，应保持其连续性；不改变网络计划中各项工作之间的逻辑关系；不改变网络计划中各项工作的持续时间；网络计划中各项工作的资源强度（单位时间所需资源数量）为常数，而且是合理的。

3. 资源优化的分类

在通常情况下，网络计划的资源优化分为两种，即"资源有限，工期最短"的优化和"工期固定、资源均衡"的优化。前者是通过调整计划安排，在满足资源限制条件下，使工期延长最小，后者是通过调整计划安排，在工期保持不变的条件下，使资源需用量尽可能均衡。

4. "资源有限—工期最短"的优化步骤

（1）按照各项工作的最早开始时间安排进度计划，并计算网络计划每个时间单位的资源需用量。

（2）从计划开始日期起，逐个检查每个时段（每个时间单位资源需用量相同的时间段）资源需用量 R_t 是否超过所能供应的资源限量 R_a。如果在整个工期范围内每个时段的资源需用量均能满足资源限量的要求，则该网络计划就符合优化要求；如发现 $R_t > R_a$，就停止检查而进行调整。

（3）$R_t > R_a$ 处的工作调整：方法是将该处的一项工作移在该处的另一项工作之后，以减少该处的资源需用量。如该处有两项工作 α、β，则有 α 移 β 后和 β 移 α 后两个调整方案。

计算调整后的工期增量。调整后的工期增量等于前面工作的最早完成时间减移在后面工作的最早开始时间再减移在后面的工作的总时差。

如 β 移 α 后，则其工期增量 $\Delta T_{a,\beta}$ 为

$$\Delta T_{a,\beta} = EF_a - ES_\beta - TF_\beta \qquad (3.57)$$

式中　　EF_a——工作 α 的最早完成时间；

ES_β——工作 β 的最早开始时间；

TF_β——工作 β 的工作的总时差。

这样，在有资源冲突的时段中，对平行作业的工作进行两两排序，即可得出若干个 $\Delta T_{a,\beta}$，选择其中最小的 $\Delta T_{a,\beta}$，将相应的工作 n 安排在工作 m 之后进行，既可降低该时段的资源需用量，又使网络计划的工期延长最短。

（4）对调整后的网络计划安排，重新计算每个时间单位的资源需用量。

（5）重复以上步骤，直至出现优化方案为止。

5. "工期固定—资源均衡"的优化

安排建设工程进度计划时，需要使资源需用量尽可能地均衡，使整个工程每单位时间的资源需用量不出现过多的高峰和低谷，这样不仅有利于工程建设的组织与管理，而且可以降低工程费用。

（1）衡量资源均衡的三种指标。

1）不均衡系数 K

$$K = \frac{R_{\max}}{R_m} \tag{3.58}$$

其中
$$R_m = \frac{1}{T}(R_1 + R_2 + \cdots + R_t) = \frac{1}{T}\sum_{t=1}^{T} R_t \tag{3.59}$$

式中　$R_{\max}$——最大的资源需用量；

R_m——资源需用量的平均值。

不均衡系数 K 愈接近于 1，资源需用量均衡性愈好。

2）极差值 ΔR：
$$\Delta R = \max[\,|R_t - R_m|\,] \tag{3.60}$$

资源需用量极差值愈小，资源需用量均衡性愈好。

3）均方差值 σ^2：
$$\sigma^2 = \frac{1}{T}\sum_{T=1}^{T} (R_t - R_m)^2 \tag{3.61}$$

将上式展开，由于工期 T 和资源需用量的平均值 R_m 均为常数，得均方差另一表达式
$$\sigma^2 = \frac{1}{T}\sum_{T=1}^{T} R_t^2 - R_m^2 \tag{3.62}$$

均方差愈小，资源需用量均衡性愈好。

（2）方差值最小的优化方法。利用非关键工作的自由时差，逐日调整非关键工作的开始时间，使调整后计划的资源需要量动态曲线能削峰填谷，达到降低方差的目的。

设有 $i-j$ 工作，从 m 天开始，第 n 天结束，日资源量需要量为 $r_{i,j}$。将 $i-j$ 工作向右移动一天，则该计划第 m 天的资源需要量 R_m 将减少 $r_{i,j}$，第（$n+1$）天的资源需要量 R_{n+1} 将增加 $r_{i,j}$。若第（$n+1$）天新的资源量值小于第 m 天的调整前的资源量值 R_m，则调整有效。即要求
$$R_{n+1} + r_{i,j} \leqslant R_m \tag{3.63}$$

（3）方差值最小的优化步骤：

1）按照各项工作的最早开始时间安排进度计划，确定计划的关键线路、非关键工作的总时差和自由时差。

2）确保工期固定、关键线路不作变动，对非关键工作由终点节点开始，按工作完成节点编号值从大到小的顺序依次进行调整。每次调整 1d，判断其右移的有效性，直至不能右移为止。若右移 1d，不能满足式（3.63）时，可在自由时差范围内，一次向右移动 2d 或 3d，直至自由时差用完为止。当某一节点同时作为多项工作的完成节点时，应先调整开始时间较迟的工作。

3）所有非关键工作都作了调整后，在新的网络计划中，再按上述步骤，进行第二次调整，以使方差进一步减小，直至所有工作不能再移动为止。

当所有工作均按上述顺序自右向左调整了一次之后，为使资源需用量更加均衡，再按上述顺序自右向左进行多次调整，直至所有工作既不能右移也不能左移为止。

【例 3.23】 已知某工程网络计划如图 3.58 所示。图中箭线上方为资源强度，箭线下

方为持续时间，资源限量 $R_a = 12$。试对该工程的网络计划进行"资源有限—工期最短"的优化。

解：

（1）计算资源需用量，如图 3.59 所示。至第 4d，$R_4 = 13 > R_a = 12$，故需进行调整。

图 3.58　某工程初始网络计划

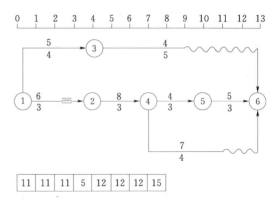

资源用量（动态表）

图 3.59　初始网络计划资源需用量

（2）第一次调整：

方案一：①→③移②→④后：$EF_{2-4} = 6$，$ES_{1-3} = 0$，$TF_{1-3} = 3$，则 $\Delta T_{2-4,1-3} = 6 - 0 - 3 = 3$。

方案二：②→④移①→③后：$EF_{1-3} = 4$，$ES_{2-4} = 3$，$TF_{2-4} = 0$，则 $\Delta T_{1-3,2-4} = 4 - 3 - 0 = 1$。

选择工期增量较小的第二方案，绘出调整后的网络计划，如图 3.60 所示。

（3）再次计算资源需用量至第 8d：$R_8 = 15 > R_a = 12$，故需进行第二次调整。

图 3.60　第一次调整后的网络计划

（4）第二次调整：被考虑调整的工作有③→⑥、④→⑤、④→⑥三项，现列出表 3.24，进行选择方案调整。

表 3.24　　　　　　　　　　第 二 次 调 整 计 算 表

方案编号 ①	前面工作 α ②	后面工作 β ③	EF_α ④	ES_β ⑤	TF_β ⑥	$\Delta T_{\alpha,\beta}$ ⑦=④−⑤−⑥	T ⑧
1	③→⑥	④→⑤	9	7	0	2	15
2	③→⑥	④→⑥	9	7	2	0	13
3	④→⑤	③→⑥	10	4	4	2	15

续表

方案编号 ①	前面工作 α ②	后面工作 β ③	EF_α ④	ES_β ⑤	TF_β ⑥	$\Delta T_{\alpha,\beta}$ ⑦=④-⑤-⑥	T ⑧
4	④→⑤	④→⑥	10	7	2	1	14
5	④→⑥	③→⑥	11	4	4	3	16
6	④→⑥	④→⑤	11	7	0	4	17

（5）决定选择工期增量最少的方案 2，绘出第二次调整的网络计划，如图 3.61 所示。从图中看出，自始至终皆是 $R_t \leqslant R_a$，故该方案为优选方案。

【例 3.24】　已知某工程网络计划如图 3.62 所示。图箭线上方为每日资源需要量，箭线下方为持续时间。试对该工程的网络计划进行"工期固定—资源均衡"的优化。

图 3.61　第二次调整后的网络计划　　　　图 3.62　某工程网络计划

解：

（1）绘制初始网络计划时标图，如图 3.63 所示。计算每日资源需要量，确定计划的关键线路、非关键工作的总时差和自由时差。

图 3.63　初始网络计划时标图

对照网络计划时标图，可算出每日资源需要量。见表 3.25。

表 3.25 每 日 资 源 需 要 量 表

1	2	3	4	5	6	7	8	9	10	11	12	13	14
13	13	19	19	21	9	13	13	13	13	10	6	4	4

不均衡系数 K 为

$$K = \frac{R_{max}}{R_m} = \frac{R_5}{R_m} = \frac{21}{\dfrac{13 \times 2 + 19 \times 2 + 21 + 9 + 13 \times 4 + 10 + 6 + 4 \times 2}{14}} = 1.7$$

（2）对初始网络计划进行第一次调整。

1）逆箭线调整以⑥节点为结束节点的④→⑥工作和③→⑥工作，由于④→⑥工作开始较晚，先调整此工作。

将④→⑥工作向右移动 1d，则 $R_{11} = 13$，原第 7d 资源量为 13，故可移动 1d；将④→⑥工作再向右移动 1d，则 $R_{12} = 6 + 3 = 9 < R_8 = 13$，故可移动 1d；同理④→⑥工作再向右移动 2d，故④→⑥工作可持续向右移动 4d，④→⑥工作调整后的时标图如图 3.64 所示。

图 3.64 工作④→⑥调整后的网络计划

2）调整③→⑥工作。将③→⑥工作向右移动 1d，则 $R_{12} = 9 + 4 = 13 < R_5 = 21$，可移动 1d；将③→⑥工作再向右移动 1d，则 $R_{12} = 7 + 4 = 11 > R_6 = 9$，右移无效；将③→⑥工作再向右移动 1d，则 $R_{14} = 7 + 4 = 11 > R_7 = 10$，右移无效。故③→⑥工作可持续向右移动 1d，③→⑥工作调整后的时标图如图 3.65 所示。

3）调整以⑤节点为结束节点的工作。将②→⑤工作向右移动 1d，则 $R_6 = 9 + 7 = 16 < R_3 = 19$，可移动 1d；将②→⑤工作再向右移动 1d，则 $R_7 = 10 + 7 = 17 < R_4 = 19$，可移动 1d；同理考察得可持续向右移动 3d，②→⑤工作调整后的时标图和移后资源需用量变化情况如图 3.66 所示。

4）调整以④节点为结束节点的工作。将①→④工作向右移动 1d，则 $R_6 = 16 + 5 = 21 > R_1 = 13$，右移无效。

图 3.65　工作③→⑥调整后的网络计划

图 3.66　工作②→⑤调整后的网络计划

（3）进行第二次调整。

1）再对以⑥节点为结束节点的工作进行调整。调整③→⑥工作，将③→⑥工作向右移动 1d，则 $R_{13}=7+4=11<R_6=16$，可移动 1d；将③→⑥工作再向右移动 1d，则 $R_{14}=7+4=11<R_7=17$，可移动 1d；故③→⑥工作可持续向右移动 2d，③→⑥工作调整后的时标图如图 3.67 所示。

2）再调整以⑤节点为结束节点的工作。将②→⑤工作向右移动 1d，则 $R_9=10+7=17>R_6=12$，右移无效；经考察，在保证②→⑤工作连续作业的条件下，②→⑤工作不能移动。同样，其他工作也不能移动，如图 3.67 所示网络图为资源优化后的网络计划。

优化后的网络计划，其资源不均衡系数 K 降低为

$$K=\cfrac{17}{\cfrac{13\times2+12\times2+10+12+13+17+10\times2+13\times2+11\times2}{14}}=1.4$$

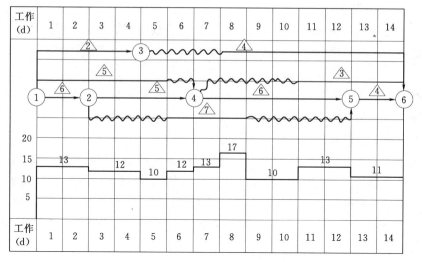

图 3.67　工作③→⑥调整后的网络计划

学习单元 3.3　进度计划的编制

3.3.1　进度计划的主要内容

工程项目的进度计划是对工程实施过程进行监理的前提，没有进度计划，也就谈不上对工程项目的进度进行监理。因此，在工程施工前，承包人应向监理工程师提供一份科学、合理的工程项目进度计划。工程进度计划的作用，对于监理工程师来说，其意义超出了对进度计划进行控制的需要。例如，监理工程师需要根据进度计划来确定监理工作实施方案和施工要求；督促承包人做好具体工程开工前的准备工作；根据进度计划的安排批复施工图纸以满足现场的要求；监理工程师还需要依据工程进度计划在项目的施工过程中，协调人力、物力，监督实际进度，评价由于各种管理失误、恶劣气候或由于业主的主观因素等变化而对工程进度的影响。

根据项目实施的不同阶段，承包商分别编制总体进度计划和年、月进度计划；对于起控制作用的重点工程项目应单独编制单位工程或单项工程进度计划。

3.3.1.1　总体进度计划的内容

工程项目的施工总进度计划是用来指导工程全局的，它是工程从开工一直到竣工为止，各个主要环节的总的进度安排，起着控制构成工程总体的各个单位工程或各个施工阶段工期的作用。

（1）工程项目的总工期，即合同工期。

（2）完成各单位工程及各施工阶段所需要的工期、最早开始和最迟结束的时间。

（3）各单位工程及各施工阶段需要完成的工程量及工程用款计划。

（4）各单位工程及各施工阶段所需要配备的人力和设备数量。

（5）各单位或分部工程的施工方案和施工方法（即施工组织设计）等。

（6）施工组织机构设置及质量保证体系，包括人员配备、实验室等。

3.3.1.2　年进度计划的内容

对于一个建设工程项目来说，仅有工程项目的总进度计划对于工程的进度控制是不够的，尤其是当工程项目比较大时，还需要编制年进度计划。年进度计划要受工程总进度计划的控制。

（1）本年计划完成的单位工程及施工阶段的工程项目内容、工程数量及投资指标。

（2）施工队伍和主要施工设备的转移顺序。

（3）不同季节及气温条件下各项工程的时间安排。

（4）在总体进度计划下对各单项工程进行局部调整或修改的详细说明等。

在年进度计划的安排过程中应重点突出组织顺序上的联系，如大型机械的转移顺序、主要施工队伍的转移顺序等。首先安排重点、大型、复杂、周期长、占劳动力和施工机械多的工程，优先安排主要工种或经常处于短线状态工种的施工任务，并使其连续作业。

3.3.1.3　月（季）进度计划的内容

月（季）进度计划受年进度计划的控制。月（季）进度计划是年进度计划实现的保证；而年进度计划的实现，又保证了总进度计划的实现。

（1）本月（季）进度计划完成的分项工程内容及顺序安排。

（2）完成本月（季）及各分项工程的工程数量及资料。

（3）在年进度计划下对各单位工程或分项工程进行局部调整或修改的详细说明等。

（4）对关键单位工程或分项工程，监理工程师认为有必要时，应制定旬计划。

3.3.1.4　单项工程进度计划的内容

单项工程进度计划，是指一个工程项目中具体某一项工程，如某一桥梁工程、隧道工程或立交工程的进度计划。由于某些重点单项工程的施工工期常常关系到整个工程项目施工总工期的长短，因此在施工进度计划的编制过程中将单独编制重点单项工程进度计划。单项工程进度计划必须服从工程的总进度计划，并且与其他单项工程按照一定的组织关系统一起来，否则，即使其他各项工程的计划都得以实现，只有一个单项工程没有按计划完成，则整个工程项目仍不能完成，不能实现全线通车，也就是说没有达到项目的总目标。

（1）本单项工程的具体施工方案和施工方法。

（2）本单项工程的总体进度计划及各道工序的控制日期。

（3）本单项工程的工程用款计划。

（4）本单项工程的施工准备及结束清场的时间安排。

（5）对总体进度计划及其他相关工程的控制、依赖关系和说明等。

3.3.2　进度计划的编制

施工总进度计划是施工现场各项施工活动在时间和空间上的体现。编制施工总进度计划是根据施工部署中施工方案和工程项目开展的程序，对整个工地的所有工程项目做出时间和空间上的安排。其作用在于确定各个建筑物及其主要工种、工程、准备工作和全工地性工程的施工期限及开、竣工的日期，从而确定建筑施工现场劳动力、材料、成品、半成品、施工机械的需要数量和调配情况，以及现场临时设施的数量、水电供应数量和能源、交通的需要数量等。因此，正确地编制施工总进度计划是保证各项目以及整个建设工程按期交付使用，充分发挥投资效益，降低建筑工程成本的重要条件。

编制施工总进度计划的基本要求是：保证拟建工程在规定的期限内完成，采用合理的施工方法保证施工的连续性和均衡性，发挥投资效益，节约施工费用。

根据施工部署中拟建工程分期分批投产的顺序，将每个系统的各项工程分别划出，在控制的期限内进行各项工程的具体安排。如建设项目的规模不大，各系统工程项目不多时，也可不按分期分批投产顺序安排，而直接安排总进度计划。

3.3.2.1 施工总进度计划的编制

施工总进度计划一般是建设工程项目的施工进度计划。它是用来确定建设工程项目中所包含的各单位工程的施工顺序、施工时间及相互衔接关系的计划。编制施工总进度计划的依据有：施工总方案、资源供应条件、各类定额资料、合同文件、工程项目建设总进度计划、工程动用时间目标、建设地区自然条件及有关技术经济资料等。

施工总进度计划的编制步骤和方法如下。

1. 收集编制依据

（1）初步设计、扩大初步设计等工程技术资料。

（2）项目总进度计划或施工合同文件（总承包单位编制施工总进度计划时以此为依据），以确定工程施工的开、竣工日期。

（3）有关定额和指标，如概算指标、扩大结构定额、万元指标或类似建筑所需消耗的劳动力材料和工期指标。

（4）施工中可能配备的人力、机具设备，以及施工准备工作中所取得的有关建设地点的自然条件和技术经济等资料，如有关气象、地质、水文、资源供应以及运输能力等。

施工总进度计划还应根据工艺关系、组织关系、搭接关系、起止关系、劳动计划、材料计划、机械计划以及其他保证性计划等因素综合确定。因此，在编制施工进度计划时，首先要收集和整理有关拟建工程项目施工进度计划编制的依据。

2. 施工进度控制目标

施工进度控制目标是编制施工进度计划的重要依据，也是施工进度计划顺利执行的前提。只有确定出科学合理的进度控制目标，提高施工进度计划的预见性和主动性，才能有效地控制施工进度。

3. 计算工程量

根据批准的工程项目一览表，按单位工程分别计算其主要实物工程量，不仅是为了编制施工总进度计划，而且还为了编制施工方案和选择施工、运输机械，初步规划主要施工过程的流水施工，以及计算人工、施工机械及建筑材料的需要量。因此，工程量只需粗略地计算即可。

工程量的计算可按初步设计（或扩大初步设计）图纸和有关定额手册或资料进行。常用的定额、资料有：

（1）每万元、每 10 万元投资工程量、劳动量及材料消耗扩大指标。

（2）概算指标和扩大结构定额。

（3）已建成的类似建筑物、构筑物的资料。

对于工业建设工程量来说，计算出的工程量应填入工程量汇总表，见表 3.26。

表 3. 26
工 程 量 汇 总 表

序号	工程量名称	单位	合计	生产车间			仓库运输			管 网				生活福利		大型临设		备注
				××车间	…	…	仓库	铁路	公路	供电	供水	排水	供热	宿舍	文化福利	生产	生活	

4. 确定各单位工程的施工期限

各单位工程的施工期限应根据合同工期确定,同时要考虑建筑类型、结构特征、施工方法、施工管理水平、施工机械化程度以及施工现场条件等因素。如果在编制施工总进度计划时没有合同工期,应保证计划工期不超过工期定额。

各单位工程的施工期限主要是由施工项目持续时间决定的。施工项目是包括一定内容的施工过程,是进度计划的基本组成单元。施工项目的持续时间应按正常情况确定,它的费用一般也是最低的。等编制出初始计划并经过计算后,再结合实际情况做必要的调整,这是避免因盲目抢工而造成浪费的有效办法。按实际施工条件来估算施工过程的持续时间是较为简便的方法,实际工作中也多采用这种方法。具体计算方法有经验估算法和定额计算法两种。

5. 确定各单位工程的开、竣工时间和相互搭接关系

在确定各单位工程的开、竣工时间和相互搭接关系时,应考虑以下几个方面:

(1) 同一时期开工的项目不宜过多,以免造成人力、物力过于分散的情况。

(2) 在组织施工时,应尽量做到均衡施工。不仅在时间的安排上,组织施工时还应使劳动力、施工机械和主要材料的供应在整个工期内达到均衡。

(3) 能够供工程施工使用的永久性工程,可尽量安排提前开工,这样可以节省临时工程费用。

(4) 急需和关键工程以及某些技术复杂、施工周期较长、施工难度较大的工程,应安排提前施工。

(5) 施工顺序必须与主要生产系统投入生产的先后次序一致。另外,对于配套工程的施工期限和开工时间也要安排好,保证建成的工程迅速投入生产或交付使用。

(6) 要考虑建设地区气候条件对施工的影响,施工季节不应导致工期延误或影响工程质量。

(7) 安排一部分附属工程或零星项目作为后备项目,用来调节主要项目的施工进度。

(8) 要使主要工种和主要施工机械能连续施工。

6. 编制初步施工总进度计划

施工总进度计划应安排全工地性的流水作业。全工地性的流水作业安排应以工程量大、工期长的单位工程为主导,组织若干条流水线,并以此带动其他工程。

施工总进度计划既可以用横道图表示,也可以用网络图表示,如果用横道图表示,则常用的格式见表 3.27。由于采用网络计划技术控制工程进度更加有效,所以人们开始更多地采用网络图来表示施工总进度计划。特别是电子计算机的广泛应用,为网络计划技术的推广和普及创造了更加有利的条件。

表 3.27 施 工 总 进 度 计 划 表

序号	单位工程名称	建筑面积（m²）	结构类型	工程造价（万）	施工时间（月）	施 工 进 度 计 划											
						第一年				第二年				第三年			
						一	二	三	四	一	二	三	四	一	二	三	四

7. 编制正式施工总进度计划

初步施工总进度计划编制完成后，还要对其进行检查。主要是检查各单项工程（或分部分项工程）的施工时间和施工顺序安排是否合理；总工期是否符合合同要求；资源是否均衡并分析资源供应是否得以保证；施工机械是否被充分利用等。经过检查，要对不符合要求的部分进行调整。通常的做法是改变某些工程的起止时间或调整主导工程的工期。如果是网络计划，则可以分别进行工期优化、费用优化和资源优化。如果必要，还可以改变施工方法和施工组织。

当初步施工总进度计划经过调整符合要求后，即可编制正式的施工总进度计划。施工总进度计划要与施工部署、施工方案、主导工程施工方案等互相联系、协调统一，不能冲突。在施工过程中，会因各种资源的供应及自然条件等因素的影响而打乱原计划，因此，计划的平衡是相对的。在计划实施过程中，应随时根据施工动态对计划进行检查和调整，使施工进度计划更趋于合理。

正式的施工总进度计划确定后，应以此为依据编制劳动力、物资、大型施工机械等资源的需用量计划，以便组织供应，保证施工总进度的实现。

3.3.2.2 单位工程施工进度计划的编制

单位工程是指具有独立设计，可以独立组织施工，但建成后不能独立发挥效益的工程。建筑群体或工业交通、公共设施建设项目或其单项工程中的每一单位工程、改扩建项目的独立单位工程，在开工前都必须编制详细的单位工程施工进度计划，作为落实施工总进度计划和具体指导工程施工的计划文件。

单位工程施工进度计划是在已经确定的施工方案的基础上，根据规定的工期和各种资源供应条件，按照组织施工的原则，对单位工程中的各分部分项工程的施工顺序、施工起止时间和搭接关系进行合理规划，并用图表表示的一种计划安排。

1. 单位工程施工进度计划的作用

单位工程施工进度计划对整个施工活动做出全面的统筹安排，其主要作用表现在：

（1）控制单位工程的施工进度，保证在规定时间内完成施工任务，并保证工程质量。

（2）确定各施工过程的施工顺序，施工持续时间及相互搭接、配合关系。

（3）为编制季度、月度施工作业计划提供依据。

（4）为确定劳动力和资源需用量计划及编制施工准备计划提供依据。

（5）指导施工现场的施工安排。

2. 单位工程施工进度计划的分类

根据施工项目划分的粗细程度不同，一般将单位工程施工进度计划分为指导性计划和控制性计划。

（1）指导性进度计划。指导性进度计划是按照分项工程或施工过程来划分施工项目的，其主要作用是确定各施工过程的施工顺序、施工持续时间及相互搭接、配合关系。适用于施工任务具体而明确、施工条件基本落实、各项资源供应正常、施工工期不太长的工程。

（2）控制性进度计划。控制性进度计划是按照分部工程来划分施工项目的，其主要作用是控制各分部工程的施工顺序、施工持续时间及相互搭接、配合关系。适用于工程结构较复杂、规模较大、工期较长而需跨年度施工的工程，也适用于工程规模不大或结构不复杂，但资源不落实的情况或因其他方面等可能变化的情况。

编制控制性施工进度计划的单位工程，在各分部工程的施工条件基本落实后，施工前仍需编制指导性施工进度计划，以指导施工。

3. 单位工程施工进度计划的编制依据

单位工程的施工进度计划宜依据下列资料编制：

（1）经过审批的建筑总平面图及单位工程全套施工图以及地质、地形图、工艺设计图、设备及其基础图、各种采用的标准图等图纸及技术资料。

（2）施工组织总设计对本单位工程的有关规定。

（3）施工工期要求及开、竣工日期。

（4）施工条件，劳动力、材料、构件及机械的供应条件，分包单位的情况等。

（5）确定的主要分部分项工程的施工方案，包括施工顺序、施工段划分、施工起点流向、施工方法、质量及安全措施等。

（6）劳动定额及机械台班定额。

（7）其他有关要求和资料，如工程合同。

4. 单位工程施工进度计划内容

单位工程施工进度计划的内容包括：

（1）编制说明。主要是对单位工程施工进度计划的编制依据、指导思想、计划目标、资源保证要求以及应重视的问题等做出说明。

（2）进度计划图。即表示施工进度计划的横道图或网络计划图。

（3）单位工程施工进度计划的风险分析及控制措施。风险分析应包括技术风险、经济风险、环境风险和社会风险的分析等。控制措施包括技术措施、组织措施、合同措施和经济措施等。

5. 单位工程施工进度计划的编制步骤和方法

（1）划分工作项目。工作项目是包括一定工作内容的施工过程，它是施工进度计划的基本组成单元。工作项目内容的多少，划分的粗细程度，应该根据计划的需要来决定。对于大型建设工程，经常需要编制控制性施工进度计划，此时工作项目可以划分得粗一些，一般只明确到分部工程即可，例如在装配式单层厂房控制性施工进度计划中，只列出土方工程、基础工程、预制工程、安装工程等各分部工程项目。如果编制实施性施工进度计划，工作项目就应划分得细一些。在一般情况下，单位工程施工进度计划中的工作项目应明确到分项工程或更具体，以满足指导施工作业、控制施工进度的要求。例如在装配式单层厂房实施性施工进度计划中，应将基础工程进一步划分为挖基础、做垫层、砌基础、回填土等分项工程。

由于单位工程中的工作项目较多，应在熟悉施工图纸的基础上，根据建筑结构特点及已确定的施工方案，按施工顺序逐项列出，以防止漏项或重项。凡是与工程对象施工直接有关的内容均应列入计划，而不属于直接施工的辅助性项目和服务性项目则不必列入。例如在多层混合结构住宅建筑工程施工进度计划中，应将主体工程中的搭脚手架、砌砖墙、现浇圈梁、大梁及混凝土板、安装预制楼板和灌缝等施工过程列入。而完成主体工程中的运输砖、砂浆及混凝土、搅拌混凝土和砂浆以及楼板的预制和运输等项目，既不是在建筑物上直接完成，也不占用工期，则不必列入计划之中。

另外，有些分项工程在施工顺序上和时间安排上是相互穿插进行的，或者由同一专业施工队完成的，为了简化进度计划的内容，应尽量将这些项目合并，以突出重点。例如防潮层施工可以合并在砌筑基础项目内，安装门窗框可以并入砌墙工程。

（2）确定施工顺序。确定施工顺序是为了按照施工的技术规律和合理的组织关系，解决各工作项目之间在时间上的先后顺序和搭接问题，以达到保证质量、安全施工、充分利用空间、争取时间、实现合理安排工期的目的。

（3）计算工程量。工程量的计算应根据施工图和工程量计算规则，针对所划分的每一个工作项目进行。当编制施工进度计划时已有预算文件，且工作项目的划分与施工进度计划一致时，可以直接套用施工预算的工程量，不必重新计算。若某些项目有出入，但出入不大时，应结合工程的实际情况进行某些必要的调整。计算工程量时应注意以下问题：

1）工程量的计算单位应与现行定额手册中所规定的计量单位相一致，以便计算劳动力、材料和机械数量时直接套用定额，而不必进行换算。

2）要结合具体的施工方法和安全技术要求计算工程量。例如计算柱基土方工程量时，应根据所采用的施工方法（单独基坑开挖、基槽开挖还是大开挖）和边坡稳定要求（放边坡还是加支撑）进行计算。

3）应结合施工组织的要求，按已划分的施工段分层分段进行计算。

（4）计算劳动量和机械台班数。当某工作项目是由若干个分项工程合并而成时，则应分别根据各分项工程的时间定额（或产量定额）及工程量，按式（3.64）计算出合并后的综合时间定额（或综合产量定额）。

$$H = \frac{Q_1 H_1 + Q_2 H_2 + \cdots + Q_i H_i + \cdots + Q_n H_n}{Q_1 + Q_2 + \cdots + Q_i + \cdots + Q_n} \qquad (3.64)$$

式中　H——综合时间定额，工日$/m^3$、工日$/m^3$、工日$/t$ 等；

　　　Q_i——工作项目中第 i 个分项工程的工程量；

　　　H_i——工作项目中第 i 个分项工程的时间定额。

根据工作项目的工作量和所采用的定额，即可按式（3.65）或式（3.66）计算出各工作项目所需要的劳动量和机械台班数。

$$P = QH \qquad (3.65)$$

或 $$P=Q/S \qquad\qquad (3.66)$$

式中　P——工作项目所需要的劳动量（工日）或机械台班数（台班）；

　　　Q——工作项目的工程量，（m^3、m^2、t、等）；

　　　S——工作项目所采用的人工产量定额（m^3/工日，m^3/工日，t/工日等）或机械台班产量定额（m^3/台班、m^3/台班、t/台班等）。

零星项目所需要的劳动量可结合实际情况，根据承包单位的经验进行估算。

由于水暖电卫等工程通常由专业施工单位施工，因此，在编制施工进度计划时，不计算其劳动量和机械台班数，仅安排其与土建施工相配合的进度。

（5）确定工作项目的持续时间。根据工作项目所需要的劳动量或机械台班数，以及该工作项目每天安排的工人数或配备的机械台班数，即可按式（3.67）计算出各工作项目的持续时间。

$$D = \frac{P}{RB} \qquad\qquad (3.67)$$

式中　D——完成工作项目所需要的时间，即持续时间，d；

　　　R——每班安排的工人数或施工机械台班数；

　　　B——每天工作班数。

在安排每班工人数和机械台班数时，应综合考虑以下问题：

1）要保证各个工作项目上工人班组中每一个工人拥有足够的工作面（不能少于最小工作面），以发挥高效率并保证施工安全。

2）要使各个工作项目上的工人数量不低于正常施工时所必需的最低限度（不能小于最小劳动组合），以达到最高的劳动生产率。

由此可见，最小工作面限定了每班安排人数的上限，而最小劳动组合限定了每班安排人数的下限。对于施工机械台数的确定也是如此。

每天的工作班数应根据工作项目施工的技术要求和组织要求来确定。例如浇筑大体积混凝土，要求不留施工缝连续浇筑时，就必须根据混凝土工程量决定采用双班制或三班制。

以上是根据安排的工人数和配备的机械台班数来确定工作项目的持续时间。但有时根据组织要求（如组织流水施工时），需要采用倒排的方式来安排进度，即先确定各个工作项目的持续时间，然后以此来确定所需要的工人数和机械台班数。此时，需要把式（3.67）变换成式（3.68）。利用该公式即可确定各工作项目所需要的工人数和机械台班数。

$$R = \frac{P}{DB} \qquad\qquad (3.68)$$

如果根据以上公式求得的工人数或机械台数已超过承包单位现有的人力、物力，除了寻求其他途径增加人力、物力外，承包单位应从技术上和施工组织上采取积极措施加以解决。

（6）绘制施工进度计划图。绘制施工进度计划图，首先应选择施工进度计划的表达形式。目前，用来表达建设工程施工进度计划的方法有横道图和网络图两种形式。横道图比较简单，而且非常直观，多年来被人们广泛地用于表达施工进度计划，并以此作为控制工程进度的主要依据。

但是，采用横道图控制工程进度具有一定的局限性。随着计算机的广泛应用，网络计划技术日益受到人们的青睐。

（7）施工进度计划的检查与调整。当施工进度计划初始方案编制好后，需要对其进行检查与调整，以便使进度计划更加合理，进度计划检查的主要内容包括：

1）各工作项目的施工顺序、平行搭接和技术间歇是否合理。

2）总工期是否满足合同规定。

3）主要工种的工人是否能满足连续、均衡施工的要求。

4）主要机具、材料等的利用是否均衡和充分。

在上述 4 个方面中，首要的是前两方面的检查，如果不满足要求，必须进行调整。只有在前两个方面均达到要求的前提下，才能进行后两个方面的检查与调整。前者是解决可行与否的问题，而后者是优化的问题。

进度计划的初始方案若是网络计划，则可分别进行工期优化、费用优化及资源优化。待优化结束后，还可将优化后的方案用时标网络计划表达出来，以便于有关人员更直观地了解进度计划。

学习单元 3.4　施工进度计划的控制

3.4.1　横道图比较法

横道图比较法是指将项目实施过程中检查实际进度收集到的数据，经加工整理后直接用横道线平行绘于原计划的横道线处，进行实际进度与计划进度的比较方法。采用横道图比较法，可以形象、直观地反映实际进度与计划进度的比较情况。

例如，某工程项目基础工程的计划进度和截至第 8 周末的实际进度如图 3.68 所示，其中双线条表示该工程计划进度，粗实线表示实际进度。从图中实际进度与计划进度的比较可以看出，到第 8 周末进行实际进度检查时，挖土方和做垫层两项工作已经完成；支模板按计划应该完成 75%，但实际只完成 50%，任务量拖欠 25%；绑钢筋按计划应该完成 40%，而实际只完成 20%，任务量拖欠 20%。

根据各项工作的进度偏差，进度控制者可以采取相应的纠偏措施对进度计划进行调整，以确保该工程按期完成。

图 3.68 所表达的比较方法仅适用于工程项目中的各项工作都是均匀进展的情况，即每项工作在单位时间内完成的任务量都相等的情况。事实上，工程项目中各项工作的进展不一定是匀速的。根据工程项目中各项工作的进展是否匀速，可分别采用以下两种方法进行实际进度与计划进度的比较。

3.4.1.1　匀速进展横道图比较法

匀速进展是指在工程项目中，每项工作在单位时间内完成的任务量都是相等的，即工作的进展速度是均匀的。此时，每项工作累计完成的任务量与时间呈线性关系，如图 3.69 所示。

工作名称	持续时间（周）	进度计划（周）														
		1	2	3	4	5	6	7	8	9	10	11	12	13	14	15	16
挖土方	6																
做垫层	3																
支模板	4																
绑钢筋	5																
混凝土	4																
回填土	5																

———— 计划进度

▬▬▬▬ 实际进度

▲ 检查日期

图 3.68　某基础工程实际进度与计划进度的比较图

完成的任务量可以用实物工程量、劳动消耗量或费用支出表示。为了便于比较，通常用上述物理量的百分比表示。

采用匀速进展横道图比较法时，其步骤如下：

（1）编制横道图进度计划。

（2）在进度计划上标出检查日期。

（3）将检查收集到的实际进度数据经加工整理后按比例用涂黑的粗线标于计划进度的下方，如图 3.70 所示。

图 3.69　工作匀速进展时其任务量与时间关系曲线

图 3.70　匀速进展横道图比较法

（4）对比分析实际进度与计划进度：

1）如果涂黑的粗线右端落在检查日期左侧，表明实际进度拖后。

2）如果涂黑的粗线右端落在检查日期右侧，表明实际进度超前。

3）如果涂黑的粗线右端与检查日期重合，表明实际进度与计划进度一致。

必须指出，该方法仅适用于工作从开始到结束的整个过程中，其进展速度均为固定不变的情况。如果工作的进展速度是变化的，则不能采用这种方法进行实际进度与计划进度的比较；否则，会得出错误的结论。

【例 3.25】　某工程的基坑按施工进度计划安排，需要 10d 时间完成，每天工作进度相同，在第 6d 检查时，工程实际完成 55％。试对此工程进行横道图比较。

解：

（1）编制横道图进度计划，如图 3.71 所示。

（2）在进度计划上标出检查日期。

（3）将前 6d 实际进度按比例用涂黑的粗线标于计划进度的下方，如图 3.71 所示。

（4）对比分析实际进度与计划进度：涂黑的粗线右端落在检查日期左侧，实际进度拖后。

图 3.71　本工程匀速进展横道图

3.4.1.2　非匀速进展横道路图比较法

当工作在不同单位时间里的进展速度不相等时，累计完成的任务量与时间的关系就不可能是线性关系。此时，应采用非匀速进展横道图比较法进行工作实际进度与计划进度的比较。

非匀速进展横道图比较法有双比例单侧横道图比较法和双比例双侧横道图比较法两种方法，但双比例双侧横道图比较法绘制和识别都较复杂，故本书所讲的非匀速进展横道图比较法指的只是双比例单侧横道图比较法，即在用涂黑粗线表示工作实际进度的同时，还要标出其对应时刻完成任务量的累计百分比，并将该百分比与其同时刻计划完成任务量的累计百分比相比较，判断工作实际进度与计划进度之间的关系。

采用非匀速进展横道图比较法时，其步骤如下：

（1）编制横道图进度计划。

（2）在横道线上方标出各主要时间工作的计划完成任务量累计百分比。

（3）在横道线下方标出相应时间工作的实际完成任务量累计百分比。

（4）用涂黑粗线标出工作的实际进度，从开始之日标起，同时反映出该工作在实施过程中的连续与间断情况。

（5）通过比较同一时刻实际完成任务量累计百分比和计划完成任务量累计百分比，判断工作实际进度与计划进度之间的关系：

1）如果同一时刻横道线上方累计百分比大于横道线下方累计百分比，表明实际进度拖后，拖欠的任务量为两者之差。

2）如果同一时刻横道线上方累计百分比小于横道线下方累计百分比，表明实际进度超前，超前的任务量为两者之差。

3）如果同一时刻横道线上下方两个累计百分比相等，表明实际进度与计划进度一致。

这种比较法，不仅适合于施工速度是变化情况下的进度比较，同时除找出检查日期进度比较情况外还能提供某一指定时间段实际进度与计划进度比较情况的信息。当然这就必须要求实施部门按规定的时间记录当时的完成情况。

值得指出：由于工作的施工速度是变化的，因此横道图中的进度横线，不管计划的还是实际的，都只表示工作的开始时间、持续天数和完成的时间，并不表示计划完成量和实际完成量，这两个量分别通过标注在横道线上方及下方的累计百分比数量表示。实际进度的涂黑粗线是从实际工程的开始日期划起，若工作实际施工间断，亦可在图中将涂黑粗线作相应的空白。

横道图比较法虽有记录和比较简单、形象直观、易于掌握、使用方便等优点，但由于其以横道计划为基础，因而带有局限性。由于工作进展速度是变化的，因此，在图中的横道线，无论是计划的还是实际的，只能表示工作的开始时间、完成时间和持续时间，并不表示计划完成的任务量和实际完成的任务量。横道计划不能够明确地反映各项工作之间的逻辑关系，关键工作和关键线路无法确定，一旦某些工作实际进度出现偏差时，难以预测其对后续工作和工程总工期的影响，也就难以确定相应的进度计划调整方法。因此，横道图比较法也不能用来确定关键工作和关键线路，这种方法主要用于工程项目中某些工作实际进度与计划进度的局部比较。

【例3.26】 某工程的绑扎钢筋工程按施工计划安排需要9天完成，工程每天计划完成任务的累计百分比分别为5%、10%、20%、35%、50%、65%、80%、90%、100%，第4d检查情况是：工作1d、2d、3d末和检查日期的实际完成任务的百分比，分别为6%、12%、22%、40%。试对此工程进行横道图比较。

解：

（1）编制横道图进度计划，如图3.72所示。

图3.72 某钢筋绑扎工程非匀速进展横道图比较

（2）在横道线上方标出钢筋工程每天计划完成任务的累计百分比分别为5%、10%、20%、35%、50%、65%、80%、90%、100%。

（3）在横道线的下方标出工作1d、2d、3d末和检查日期的实际完成任务的百分比，分别为6%、12%、22%、40%。

（4）用涂黑粗线标出实际进度线。

（5）比较实际进度与计划进度的偏差，从图中可以看出，该工作在第一天实际进度比计划进度提前1%，第2d实际进度比计划进度提前2%，第3d实际进度比计划进度提前2%，第4d实际进度比计划进度提前5%。

【例3.27】 某工作第4周之后的计划进度与实际进度如图3.73所示。从图中可获得哪些正确的信息？

图3.73 某工作的实际进度与计划进度比较图

解 分析此图可得到如下信息：

（1）原计划第 4 周至第 6 周为匀速进展。

（2）原计划第 8 周至第 10 周为匀速进展。

（3）实际第 6 周后半周末进行本工作。

（4）第 9 周末实际进度与计划进度相同。

3.4.2 S 曲线比较法

S 曲线比较法是以横坐标表示时间，纵坐标表示累计完成任务量，绘制一条按计划时间累计完成任务量的 S 曲线，然后将工程项目实施过程中各检查时间实际累计完成任务量的 S 曲线也绘制在同一坐标系中，进行实际进度与计划进度比较的一种方法。

从整个工程项目实际进展全过程看，单位时间投入的资源量一般是开始和结束时较少，中间阶段较多。与其相对应，单位时间完成的任务量也呈同样的变化规律。而随工程进展累计完成的任务量则应呈 S 形变化。由于其形似英文字母"S"，S 曲线因此而得名。

1. S 曲线的绘制步骤

S 曲线的绘制步骤如下：

（1）确定单位时间计划完成任务量。

（2）计算不同时间累计完成任务量。

（3）根据累计完成任务量绘制 S 曲线。

2. 实际进度与计划进度比较

同横道图比较法一样，S 曲线比较法也是在图上进行工程项目实际进度与计划进度的直观比较。在工程项目实施过程中，按照规定时间将检查收集到的实际累计完成任务量绘制在原计划 S 曲线图上，即可得到实际进度 S 曲线，如图 3.74 所示。

图 3.74 S 曲线比较图

通过比较实际进度 S 曲线和计划进度 S 曲线，可以获得如下信息：

（1）工程项目实际进展状况。如果工程实际进展点落在计划 S 曲线左侧，表明此时实际进度比计划进度超前，如图 3.74 中的 a 点；如果工程实际进展点落在 S 计划曲线右侧，表明此时实际进度拖后，如图 3.74 中的 b 点；如果工程实际进展点正好落在计划 S 曲线上，则表示此时实际进度与计划进度一致。

（2）工程项目实际进度超前或拖后的时间。在 S 曲线比较图中可以直接读出实际进度比计划进度超前或拖后的时间。如图 3.74 所示，Δt_a 表示 t_a 时刻实际进度超前的时间；Δt_b 表示 t_b 时刻实际进度拖后的时间。

（3）工程项目实际超额或拖欠的任务量。在 S 曲线比较图中也可直接读出实际进度比计划进度超额或拖欠的任务量。如图 3.74 所示，ΔQ_a 表示 t_a 时刻超额完成的任务量，ΔQ_b 表示 t_b 时刻拖欠的任务量。

（4）后期工程进度预测。如果后期工程按原计划速度进行，则可做出后期工程计划 S 曲线如图 3.74 中虚线所示，从而可以确定工期拖延预测值 Δt_c。

【例 3.28】 某土方工程总的开挖量为 2000m³，按照施工方案，计划 8d 完成，每天计划完成的土方开挖量如图 3.75 所示。试绘制该土方工程的计划 S 曲线。

解：

（1）确定单位时间计划完成任务量。将每天计划完成的土方开挖量列于表 3.28 中。

表 3.28　　　　　　　　　完 成 工 程 量 汇 总 表

时间（d）	1	2	3	4	5	6	7	8
每天完成量（m³）	80	160	280	320	400	320	280	160
累计完成量（m³）	80	240	520	840	1240	1560	1840	2000

（2）计算不同时间累计完成任务量。依次计算每天累计完成的工程量，结果列于表 3.27 中。

（3）根据累计完成任务量绘制 S 曲线。根据每天计划累计完成的土方开挖量绘制 S 曲线，如图 3.76 所示。

【例 3.29】 某土方工程的总开挖量为 10000m³，要求在 10d 内完成，不同时间计划土方开挖量和实际完成任务情况见表 3.29。试应用 S 形曲线对第 2d 和第 6d 的工程实际进度与计划进度进行比较分析。

表 3.29　　　　　　　　　土 方 开 挖 量　　　　　　　　　单位：m³

时间（d）	1	2	3	4	5	6	7	8	9	10
计划完成量	200	600	1000	1400	1800	1800	1400	1000	600	200
实际完成量	800	600	600	700	800	1000				

解：

（1）绘制出的计划和实际累计完成工程量 S 形曲线如图 3.77 所示。

（2）由 S 形曲线图可知：在第 2d 检查时实际完成工程量与计划完成工程量的偏差 $\Delta Q_2 = 600m³$，即实际超计划完成 600m³。在时间进度上提前 $\Delta t_2 = 1d$ 完成相应工程量。

（3）在第 6d 检查时，实际完成工程量与计划完成工程量的偏差 $\Delta Q_6 = -2300m³$，即实际比计划完成量少 2300m³。

图 3.75　每天完成工程量图

图 3.76　S 曲线图

图 3.77　S 形曲线比较图

①—计划累计完成量；②实际累计完成量

3.4.3　香蕉曲线比较法

香蕉曲线是由两条 S 曲线组合而成的闭合曲线。由 S 曲线比较法可知，工程项目累计完成的任务量与计划时间的关系，可以用一条 S 曲线表示。对于一个工程项目的网络计划来说，如果以其中各项工作的最早开始时间安排进度而绘制成的 S 曲线称为 ES 曲线；如果以其中各项工作的最迟开始时间安排进度而绘制成的 S 曲线称为 LS 曲线。两条 S 曲线具有相同的起点和终点，因此两条曲线是闭合的。在一般情况下，ES 曲线上的各点均落在 LS 曲线相应点的左侧，由于形似"香蕉"，故称为香蕉曲线，如图 3.78 所示。

图 3.78　香蕉曲线比较图

3.4.3.1　香蕉曲线的绘制

香蕉曲线的绘制方法与 S 曲线的绘制方法基

本相同，所不同的是香蕉曲线是按工作最早开始时间和最迟开始时间分别安排进度绘制成的两条 S 曲线组合而成的。其绘制步骤如下：

（1）以工程项目的网络计划为基础，分别绘制出各项工作按最早开始时间安排进度的时标网络图和按最迟开始时间安排进度的时标网络图。

（2）分别计算各项工作的最早开始时间和最迟开始时间。

（3）计算项目总任务量，即对所有工作在各单位时间计划完成的任务量累加求和。

（4）根据各项工作按最早开始时间安排的进度计划，确定各项工作在各单位时间的计划完成任务量，即将各项工作在某一单位时间计划完成的任务量累加求和，再确定不同的时间累计完成的任务量或任务量的百分比。

（5）根据各项工作按最迟开始时间安排的进度计划，确定各项工作在各单位时间的计划完成任务量，即将各项工作在某一单位时间计划完成的任务量累加求和，再确定不同的时间累计完成的任务量或任务量的百分比。

（6）绘制香蕉曲线。分别根据各项工作按最早开始时间、最迟开始时间安排的进度计划而确定的累计完成任务量或任务量的百分比描绘各点，并连接各点得到 ES 曲线和 LS 曲线，由 ES 曲线和 LS 曲线组成香蕉曲线。

3.4.3.2　香蕉曲线的作用

在工程项目实施过程中，根据检查得到的实际累计完成任务量，按同样的方法在原计划香蕉曲线上绘出实际进度曲线，便可以进行实际进度与计划进度的比较了。

在项目的实施中，进度控制的理想状态是任意时刻按实际进度描绘的点都落在香蕉形曲线的闭合区域内。利用香蕉曲线不但可以进行计划进度的合理安排，实际进度与计划进度的比较，还可以对后期工程进行预测。其主要作用有：

（1）合理安排工程项目进度计划。如果工程项目中的各项工作均按最早开始时间安排进度，将导致项目的投资加大；而如果各项工作都按最迟开始时间安排进度，则一旦工程进度受到影响因素的干扰，就将导致工期延期，使工程进度风险加大。因此，一个科学合理的进度计划优化曲线应处于香蕉曲线所包括的区域内，如图 3.78 中间那条曲线。

（2）定期比较工程项目的实际进度与计划进度。在工程项目的实施过程中，根据每次检查收集到的实际完成任务量，绘制出实际进度 S 曲线，便可以与计划进度进行比较。工程项目实际进度的理想状态是任一时刻工程实际进展点落在香蕉曲线的范围之内，如果工程实际进展点落在 ES 曲线的左侧，表明此刻实际进度比各项工作按最早开始时间安排的计划进度超前；如果在工程 LS 曲线的右侧，则表明此刻实际进度比各项工作按最迟开始时间安排的计划进度落后。

（3）预测后期工程进展趋势。利用香蕉曲线可以对后期工程的进展情况进行预测。如在图 3.79 中，该工程项目在检查日实际进度超前，检查日期之后的后期工程进度安排如图中虚线所示，预计该工程项目提前完成。

【例 3.30】　已知某施工项目网络如图 3.80 所示，图中箭线上方括号内的数字表示各项工作计划完成的任务量，以劳动消耗量表示，箭线下方的数字表示各项工作的持续时间。试绘制此工程的香蕉曲线。

3.79　工程进展趋势预测图

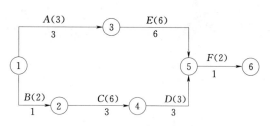

图 3.80　某工程项目网络计划图

解：

（1）以网络图为基础，计算各工作的最早开始时间和最迟开始时间，见表 3.30。

表 3.30　　　　　　　　　　　　各工作的有关时间参数

序号	工作编号	工作名称	$D_{i,j}$（d）	ES_i	LS_i
1	①→②	A	3	0	0
2	①→③	B	1	0	2
3	③→④	C	3	1	3
4	④—⑤	D	3	4	6
5	②→⑤	E	6	3	3
6	⑤→⑥	F	1	9	9

（2）假设各工作匀速进行，即各工作每天的劳动消耗量相同，确定每项工作每天的劳动消耗量。

工作 A：$3÷3=1$　　　工作 B：$2÷1=2$　　　工作 C：$6÷3=2$

工作 D：$3÷3=1$　　　工作 E：$6÷6=1$　　　工作 F：$2÷1=2$

1）计算工程项目劳动消耗总量 Q：

$$Q=3+2+6+6+3+2=22$$

2）根据各项工作按最早开始时间安排的进度计划，确定工程项目每天的计划劳动消耗量和累计劳动消耗量，如图 3.81 所示。

每天消耗的劳动量	3	3	3	3	2	2	2	1	1	2
累计消耗的劳动量	3	6	9	12	14	16	18	19	20	22

图 3.81　按各工作最早开始时间安排的进度计划及劳动消耗量

3）根据各项工作按最迟开始时间安排的进度计划，确定工程项目每天的计划劳动消耗量和累计劳动消耗量，如图 3.82 所示。

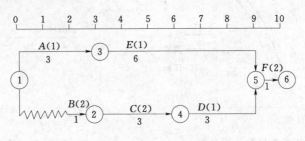

每天消耗的劳动量	1	1	3	3	3	3	2	2	2	2
累计消耗的劳动量	1	2	5	8	11	14	18	18	20	22

图 3.82　按各工作最迟开始时间安排的进度计划及劳动消耗量

（3）根据不同的累计劳动消耗量分别绘制 ES 曲线和 LS 曲线，便得到香蕉曲线，如图 3.83 所示。

图 3.83　本工程的香蕉曲线图

3.4.4　前锋线比较法

3.4.4.1　前锋线比较法的概念

前锋线比较法是通过绘制某检查时刻工程项目实际进度前锋线，进行工程实际进度与计划进度比较的方法，它主要适用于时标网络计划。所谓前锋线，是指在原时标网络计划上，从检查时刻的时标点出发，用点划线依次将各项工作实际进展位置点连接而成的折线。前锋线比较法就是通过实际进度前锋线与原进度计划中各工作箭线交点的位置来判断工作实际进度与计划进度的偏差，进而判定该偏差对后续工作及总工期影响程度的一种方法。

3.4.4.2　前锋线比较法的步骤

采用前锋线比较法进行实际进度与计划进度的比较，其步骤如下。

1. 绘制时标网络计划图

工程项目实际进度前锋线是在时标网络计划图上标示，为清楚起见，可在时标网络计划图的上方和下方各设一时间坐标。

2. 绘制实际进度前锋线

一般从时标网络计划图上方时间坐标的检查日期开始绘制，依次连接相邻工作的实际进展位置点，最后与时标网络计划图下方坐标的检查日期相连接。

工作实际进展位置点的标定方法有两种：

（1）按该工作已完任务量比例进行标定。假设工程项目中各项工作均为匀速进展，根据实际检查时刻该工作已完成任务量占计划完成任务量的比例，在工作箭线上从左至右按相同的比例标定其实际进展位置点。

（2）按尚需作业时间进行标定。当某些工作的持续时间难以按实物工程量来计算而只能凭经验估算时，可以先估算出检查时刻到该工作全部完成尚需作业的时间，然后在该工作箭线上从左至右逆向标定其实际进展位置点。

3. 进行实际进度与计划进度的比较

前锋线可以直观地反映出检查日期有关工作实际进度与计划进度之间的关系。对某项工作来说，其实际进度与计划进度之间的关系可能存在以下三种情况：

（1）工作实际进展位置点落在检查日期的左侧，表明该工作实际进度拖后，拖后的时间为两者之差。

（2）工作实际进展位置点与检查日期重合，表明该工作实际进度与计划进度一致。

（3）工作实际进展位置点落在检查日期的右侧，表明该工作实际进度超前，超前的时间为两者之差。

4. 预测进度偏差对后续工作及总工期的影响

通过实际进度与计划进度的比较确定进度偏差后，还可根据工作的自由时差和总时差预测该进度偏差对后续工作及项目总工期的影响。由此可见，前锋线比较法既适用于工作实际进度与计划进度之间的局部比较，又可用来分析和预测工程项目整体进度状况。

值得注意的是，以上比较是针对匀速进展的工作。对于非匀速进展的工作，比较方法较复杂，此处不赘述。

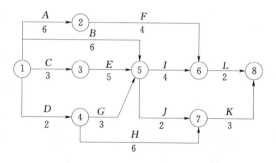

图 3.84　某工程双代号网络图

【例 3.31】　已知某工程双代号网络计划如图 3.84 所示，该项任务要求工期为 14d。第 5d 末检查发现：A 工作已完成 3d 工作量，B 工作已完成 1d 工作量，C 工作已全部完成，E 工作已完成 2d 工作量，D 工作已全部完成，G 工作已完成 1d 工作量，H 工作尚未开始，其他工作均未开始。试应用前锋线比较法分析工程实际进度与计划进度。

解：

（1）绘制前锋线比较图。将题示的网络进度计划图绘成时标网络图，如图 3.85 所示。再根据题示的有关工作的实际进度，在该时标网络图上绘出实际进度前锋线。

（2）实际进度与计划进度比较及预测。由图可见，工作 A 进度偏差 2d，不影响工期；工作 B 进度偏差 4d，影响工期 2d；工作 E 无进度偏差，正常；工作 G 进度偏差 2d，不影响工期；工作 H 进度偏差 3d，不影响工期。

【例 3.32】　某分部工程双代号时标网络计划执行到第 2 周末及第 8 周末时，检查实际进度后绘制的前锋线如图 3.86 所示。能从图中可获得哪些信息？

解：

（1）第 2 周末检查时，A 工作拖后 1 周，F 工作变为关键工作。

图 3.85 前锋线比较图

图 3.86 某工程前锋线图

（2）第 2 周末检查时，B 工作拖后 1 周，但不影响工期。

（3）第 2 周末检查时，C 工作正常。

（4）第 8 周末检查时，D 工作拖后 2 周，但不影响工期。

（5）第 8 周末检查时，E 工作拖后 1 周，并影响工期 1 周。

3.4.5 列表比较法

3.4.5.1 列表比较法的概念

当采用无时间坐标网络计划时也可以采用列表比较法。

列表比较法是通过将某一检查日期某项工作尚有总时差与原有总时差的计算结果列于表格之中进行比较，以判断工程实际与计划进度相比超前或滞后情况的方法。即是记录检查时正在进行的工作名称和已进行的天数，然后列表计算有关参数，根据原有总时差和尚有总时差判断实际进度与计划进度的比较方法。

3.4.5.2 列表比较法的步骤

（1）计算检查时正在进行的工作。

（2）计算工作最迟完成时间。

（3）计算工作时差。

（4）填表分析工作实际进度与计划进度的偏差。

具体结论可归纳如下：

1）若工作总时差大于原总时差，说明实际进度超前，且为两者之差。

2）若工作总时差等于原总时差，说明实际进度与计划一致。

3）若工作总时差小于原总时差但仍为非负值，说明实际进度落后但计划工期不受影响，此时滞后的天数为两者之差。

4）若工作总时差小于原总时差但为负值，说明实际进度落后且计划工期已受影响，此时滞后的天数为两者之差，而计划工期的延迟天数与工序尚有总时差相等，此时应当调整计划。

【例 3.33】 某工程进度计划如图 3.87 所示，第 5d 末检查发现：A 工作已完成 3d 工作量，B 工作已完成 1d 工作量，C 工作已全部完成，E 工作已完成 2d 工作量，D 工作已全部完成，G 工作已完成 1d 工作量，H 工作尚未开始，其他工作均未开始。试应用列表比较法分析工程实际进度与计划进度。

图 3.87　某工程进度计划图

解：应用列表比较法，检查分析结果见表 3.31。

表 3.31　　　　　　　　　　　列表比较法分析检查结果表

工作名称	检查计划时尚需作业天数	到计划最迟完成时尚余天数	原有总时差（d）	尚有总时差（d）	进度偏差（d）	影响工期	情况判断 影响紧后工作最早开始时间
A	6−3=3	8−5=3	2	3−3=0	2	否	影响 F 工作 2d
B	6−1=5	8−5=3	2	3−5=−2	4	影响工期 2d	影响 I、J 工作各 2d
E	5−2=3	8−5=3	0	3−3=0	0	否	否
G	3−1=2	8−5=3	3	3−2=1	2	否	否
H	6−0=6	11−5=6	3	6−6=0	3	否	影响 K 工作 1d

3.4.6　实际进度监测与调整方法

调整网络计划的依据信息在施工项目实施过程中，往往由于某些因素的干扰，造成实际进度与计划进度不能始终保持一致，恰如常言，进度计划不变只是相对的，变化是绝对的。因此，为保证按期实现进度目标，在项目实施过程中，就需要不断对实际进度进行监测，将其进展情况与计划进度比较。

3.4.6.1　建设工程进度监测的系统过程

在工程实施过程中，监理工程师应根据进度监测的系统过程（图3.88）经常地、定期地对进度计划的执行情况进行跟踪检查，发现问题后及时采取措施加以解决。

3.4.6.2　进度监测手段

为了全面、准确地掌握进度计划的执行情况，监理工程师应认真做好以下三方面的工作。

（1）定期收集进度报表资料。进度报表是反映工程实际进度的主要方式之一。进度计划执行单位应按照进度监理制度规定的时间和报表内容，定期填写进度报表。监理工程师通过收集进度报表资料掌握工程实际进展情况。

（2）现场实地检查工程进展情况。派监理人员常驻现场，随时检查进度计划的实际执行情况，这样可以加强进度监测工作，掌握工程实际进度的第一手资料，使获取的数据更加及时、准确。

（3）定期召开现场会议。定期召开现场会议，监理工程师通过与进度计划执行单位的有关人员面对面的交谈，既可以了解工程实际进度状况，同时也可以协调有关方面的进度关系。

3.4.6.3　进度调整的系统过程

在建设工程实施过程中，进度调整的系统过程如图3.89所示。

3.4.6.4　产生偏差的原因分析

（1）计划欠周密。

（2）工程实施条件发生变化。

（3）管理工作失误。具体包括：

1）计划部门与执行部门缺少信息沟通，从而导致进度失控。

2）施工承包企业进度控制水平较差。

3）对参建各方协调不力，使计划实施脱节。

4）对项目资源供应不及时，使进度严重偏离。

3.4.6.5　分析进度偏差结后续工作及总工期的影响

在工程项目实施过程中，当通过实际进度与计划进度的比较，发现有进度偏差时，需要分析该偏差对后续工作及总工期的影响，从而采取相应的调整措施对原进度计划进行调整，以确保工期目标的顺利实现。进度偏差的大小及其所处的位置不同，对后续工作和总工期的影响程度是不同的，分析时需要利用网络计划中工作总时差和自由时差的概念进行判断。分析步骤如下：

（1）分析出现进度偏差的工作是否为关键工作。如果出现进度偏差的工作位于关键线路上，即该工作为关键工作，则无论其偏差有多大，都将对后续工作和总工期产生影响，必须采取相应的调整措施；如果出现偏差的工作是非关键工作，则需要根据进度偏差值与总时差和自由时差的关系作进一步分析。

（2）分析进度偏差是否超过总时差。如果工作的进度偏差大于该工作的总时差，则此进度偏差必将影响其后续工作和总工期，必须采取相应的调整措施；如果工作的进度偏差

图 3.88　建设工程进度监测系统过程　　图 3.89　建设工程调整系统过程

未超过该工作的总时差，则此进度偏差不影响总工期。至于对后续工作的影响程度，还需要根据偏差值与其自由时差的关系作进一步分析。

（3）分析进度偏差是否超过自由时差。如果工作的进度偏差大于该工作的自由时差，则此进度偏差将对其后续工作产生影响，此时应根据后续工作的限制条件确定调整方法；如果工作的进度偏差未超过该工作的自由时差，则此进度偏差不影响后续工作，因此，原进度计划可以不作调整。

3.4.6.6　进度计划的调整方法

进度计划的调整方法主要有两种：

（1）改变某些工作间的逻辑关系。当工程项目实施中产生的进度偏差影响到总工期，且有关工作的逻辑关系允许改变时，可以改变关键线路和超过计划工期的非关键线路上有关工作之间的逻辑关系，达到缩短工期的目的。例如，将顺序进行的工作改为平行作业、搭接作业以及分段组织流水作业等，都可以有效地缩短工期。

（2）缩短某些工作的持续时间。这种方法是不改变工程项目中各项工作之间的逻辑关系，而通过采取增加资源投入、提高劳动效率等措施来缩短某些工作的持续时间，使工程进度加快，以保证按计划工期完成该工程项目。这些被压缩持续时间的工作是位于关键线路和超过计划工期的非关键线路上的工作。同时，这些工作又是其持续时间可被压缩的工作。这种调整方法通常可以在网络图上直接进行。

【例 3.34】　某开发商开发甲、乙、丙、丁四幢住宅楼，分别与监理单位和施工单位签订了监理合同和施工合同。地下室为混凝土箱形结构，一至六层为砖混结构。施工单位确定的基础工程进度安排见表 3.32。

表 3.32　　　　　　　　　　　　　基础工程进度安排表

施工过程	各幢住宅基础施工时间（周）			
	甲	乙	丙	丁
土方开挖	3	2	1	2
基础施工	4	5	2	5
基坑回填	2	2	1	2

请问：

（1）试根据表 3.31 的时间安排，以双代号网络图编制该工程的施工进度计划。

（2）从工期目标控制的角度来看，该工程的重点控制对象是哪些施工过程？工期为多长？

（3）在甲幢基坑土方开挖时发现土质不好，需在基坑一侧（临街）打护桩，致使甲幢基坑土方开挖时间增加 1 周；同时业主对乙、丁两幢地下室要求设计变更，将原来地下室改为地下车库。由于该变更将会使该两幢住宅每幢基坑土方开挖时间增加 0.5 周，基础施工时间均增加 1 周；甲、乙、丁每幢基坑回填时间增加 0.5 周。该工程的工期将变为多长？

（4）现要缩短工期，如何调整？

解：

（1）以双代号网络图的形式编制该工程的施工进度计划如图 3.90 所示。

图 3.90　双代号网络施工进度计划

（2）关键线路为：甲土→甲基→乙基→丙基→丁基→丁填，这些工作即为重点控制对象，工期 21 周。

（3）由于施工过程中的打护坡桩和设计变更等事项的发生，致使工期延长了 3.5 周，实际总工期为 24.5 周，如图 3.91 所示。

（4）可以采取压缩某些工作持续时间的方法，应考虑压缩关键线路上的施工过程的施工时间，即压缩甲基、乙基、丙基、丁基、丁填的施工时间。

【例 3.35】　某工程项目开工之前，承包方向监理工程师提交了施工进度计划如图 3.92 所示，该计划满足合同工期 100d 的要求。

在此施工进度计划中，由于工作 E 和工作 G 共用一台塔吊（塔吊原计划在开工第 25d 后进场投入使用）必须顺序施工，使用的先后顺序不受限制（其他工作不使用塔吊）。在施工过程中，由于业主要求变更设计图纸，使工作 E 停工 10d（其他工作持续时间不变），监理工程师及

图 3.91 变更后的施工进度计划

时向承包方发出通知，要求承包方调整进度计划，以保证该工程按合同工期完工。

承包方提出的调整方案为：将工作 J 的持续时间压缩 5d。

请问：

（1）如果在原计划中先安排工作 E，后安排工作 G 施工，塔吊应安排在第几天（上班时刻）进场投入使用较为合理？为什么？

（2）工作 E 停工 10d 后，承包方提出的进度计划调整方案是否合理？该计划如何调整更为合理？

图 3.92 某项目施工进度计划图

解：

（1）塔吊应安排在第 31d（上班时刻）进场投入使用。塔吊在工作 E 与工作 G 之间没有闲置。

（2）不合理。可以先进行工作 G，后进行工作 E，如图 3.93 所示，因为工作 E 的总时差为 30d，这样安排不影响合同工期。

图 3.93 调整后的施工进度计划

学习任务 4 单位工程施工组织设计

单位工程施工组织设计是对单位工程施工所做的全面安排，是规划和指导拟建工程从施工准备到竣工验收全过程施工活动的技术、经济组织的综合性文件。它是施工前的一项重要准备工作，也是施工企业实现生产科学管理的重要手段。它既要体现拟建工程的设计和使用要求，又要符合建筑施工的客观规律，对施工的全过程起战略部署或战术安排的作用。

1. 单位工程施工组织设计的编制依据

(1) 主管部门的批示文件及业主对工程的要求。

(2) 施工合同。包括工程范围和内容，工程开、竣工日期，工程质量保修期及保养条件，工程造价，工程价款的支付、结算及交工验收办法，设计文件及概预算和技术资料的提供日期，材料和设备的供应和进场期限，双方相互协作事项，违约责任等。

(3) 经过会审的施工图。包括单位工程的全部施工图纸、会审记录和标准图等有关设计资料。对于较复杂的工业厂房，还要有设备图纸，并了解设备安装对土建施工的要求及设计单位对新结构、新材料、新技术和新工艺的要求。

(4) 建设单位可能提供的条件。包括建设单位可能提供的临时房屋数量，水、电供应量，水压、电压能否满足施工要求等。

(5) 施工组织总设计。本工程若为整个建设项目中的一个项目，施工组织总设计对该工程的有关规定和安排应作为编制依据。

(6) 本工程的资源配备情况。包括施工中需要的劳动力情况，材料、预制构件和加工品来源及其供应情况，施工机械和设备的配备及其生产能力等。

(7) 施工现场的勘察资料、有关的参考资料及类似工程经验。包括施工现场的地形、地貌，地上与地下障碍物，工程地质和水文地质，气象资料，交通运输道路及场地面积等。

(8) 有关技术规程、规范、建筑法规等文件。包括施工及验收规范、质量评定标准及安全操作规程等。

2. 单位工程施工组织设计的内容

根据工程的性质、规模、结构特点、技术复杂程度和施工条件的不同，对其内容和深度、广度要求也不同，不强求一致，但内容必须简明扼要，使其真正能起到指导现场施工的作用。

单位工程施工组织设计的内容一般应包括：

(1) 工程概况。

(2) 施工方案。

(3) 施工进度计划。

（4）施工准备工作及各项资源需要量计划。

（5）施工平面图。

（6）保证工程质量、安全，降低成本，环境保护，文明施工和冬（雨）期施工的技术、组织措施。

（7）主要技术经济指标。

3. 单位工程施工组织设计的编制程序

单位工程施工组织设计的编制程序，如图 4.1 所示。

图 4.1 单位工程施工组织设计的编制程序

学习单元 4.1 工程概况和施工特点分析

4.1.1 工程概况

工程概况是对拟建工程的基本情况、施工条件及工程特点做概要性介绍和分析，是施工组织设计的第一项内容。其编写目的，一方面可使编制者进一步熟悉工程情况，做到心中有数，以便使设计切实可行、经济合理；另一方面可使审批者能较正确、全面地了解工程的设计与施工条件，从而判定施工方案、进度安排、平面布置及技术措施等是否合理可行。

工程概况的编写应力求简单明了，常以文字叙述或表格形式表现，并辅之以平、立、剖面简图。工程概况主要包括以下内容。

4.1.1.1　工程建设概况

主要包括拟建工程的名称，建造地点，建设单位，工程的性质、用途、资金来源及工程造价，开、竣工日期，设计单位，监理单位，施工总、分包单位；上级有关文件或要求；施工图纸情况（齐全否、会审情况等）；施工合同签订情况及其他应说明的情况等。

4.1.1.2　工程设计概况

主要包括建筑、结构、装饰、设备等设计特点及主要工作量。如建筑面积及层数、层高、总高、平面形状及尺寸、功能与特点；基础的种类与埋深、构造特点，结构的类型，构件的种类、材料、尺寸、重量、位置特点，结构的抗震设防情况等；内外装饰的材料、种类、特点；设备的系统构成、种类、数量等。

对新材料、新结构、新工艺及施工要求高、难度大的施工过程应着重说明。对主要的工作量、工程量应列出数量表，以明确工程施工的重点。

各专业设计简介应包括下列内容：

（1）建筑设计简介应依据建设单位提供的建筑设计文件进行描述，包括建筑规模、建筑功能、建筑特点、建筑耐火、防水及节能要求等，并应简单描述工程的主要装修做法。

（2）结构设计简介应依据建设单位提供的结构设计文件进行描述，包括结构形式、地基基础形式、结构安全等级、抗震设防类别、主要结构构件类型及要求等。

（3）机电及设备安装专业设计简介应依据建设单位提供的各相关专业设计文件进行描述，包括给水、排水及采暖系统、通风与空调系统、电气系统、智能化系统、电梯等各个专业系统的做法要求。

4.1.1.3　建设地点的特征

包括建设地点的位置、地形、周围环境，工程地质，不同深度的土壤分析，地下水位、水质；当地气温、主导风向、风力、雨量、冬雨期时间、冻结期与冻层厚度，地震烈度等。

4.1.1.4　施工条件

包括三通一平情况，材料、构件、加工品的供应情况，施工单位的建筑机械、运输工具、劳动力的投入能力，施工技术和管理水平等。

通过对工程特点、建设地点特征及施工条件等的分析，找出施工的重点、难点和关键问题，以便在选择施工方案、组织物资供应、配备技术力量及进行施工准备等方面采取有效措施。

4.1.2　工程施工特点的分析

主要说明工程施工的重点所在，以便突出重点，抓住关键，使施工顺利地进行，提高施工单位的经济效益和管理水平。

不同类型的建筑、不同条件下的工程施工，均有其不同的施工特点。如砖混结构住宅建筑的施工特点是：砌砖和抹灰工程量大，水平与垂直运输量大等。又如现浇钢筋混凝土高层建筑的施工特点主要有：结构和施工机具设备的稳定性要求高，钢材加工量大，混凝土浇筑难度大，脚手架搭设要进行设计计算，安全问题突出，要有高效率的垂直运输设备等。

学习单元 4.2 选择施工方案

施工方案是单位工程施工组织设计的核心。所确定的施工方案合理与否，不仅影响到施工进度计划的安排和施工平面图的布置，而且将直接关系到工程的施工效率、质量、工期和技术经济效果，因此，必须引起足够的重视。为了防止施工方案的片面性，必须对拟定的几个施工方案进行技术经济分析比较，使选定的施工方案施工上可行，技术上先进，经济上合理，而且符合施工现场的实际情况。

施工方案的选择一般包括：确定施工程序和施工流程，确定施工顺序，合理选择施工机械和施工方法，制定技术组织措施等。

4.2.1 单位工程的施工顺序

施工顺序是指单位工程中，各分部、分项工程之间进行施工的先后次序。它主要解决工序间在时间上的搭接问题，以充分利用空间、争取时间、缩短工期。选择合理的施工顺序是确定施工方案、编制施工进度计划时首先应考虑的问题，它对于施工组织能否顺利进行，对于保证工程的进度、工程的质量，都起着十分重要的作用。

施工顺序的宏观确定原则是：先红线外工程（包括上下水管线、电力、电信、煤气管道、热力管道、交通道路等），后红线内工程；红线内工程应先全场（包括场地平整、修筑临时道路、接通水电管线等）后单项。在宏观安排全部施工过程时，要注意主体工程与配套工程（如变电室、热力点、污水处理等）相适应，力争配套工程为主体施工服务，主体工程竣工时能立即投入使用。单位工程施工中应遵循先地下、后地上、先主体后围护、先结构后装修的原则。

（1）先地下后地上。地下埋设的管道、电缆等工程应首先完成，对地下工程也应按先深后浅的程序进行，以免造成施工返工或对上部工程的干扰。

（2）先土建后设备。不论是工业建筑还是民用建筑，一般土建施工应先于水暖电等建筑设备的施工。

（3）先结构后装饰。一般情况下先进行结构工程施工，后进行装饰装修工程，但有时为了压缩工期，也可以部分搭接施工。

（4）先安装主体设备，后安装配套设备；先安装重、高、大型设备，后安装中、小型设备；设备、工艺管线交叉作业；边安装设备，边单机试车。

以上施工顺序并非一成不变，由于影响施工的因素很多，故施工程序应视具体施工条件及要求作适当调整。特别是随着建筑工业化的不断发展，有些施工程序也将发生变化。

对于工业厂房，应合理安排土建施工与设备安装的施工程序。工业厂房的施工很复杂，除了要完成一般土建工程外，还要同时完成工艺设备和工业管道等安装工程。为早日投产，不仅要加快土建工程施工速度，为设备安装提供工作面，而且应该根据设备性质、安装方法、厂房用途等因素，合理安排土建工程与工艺设备安装工程之间的施工程序。一般有三种施工程序：

（1）封闭式施工。是指土建主体结构完成之后（或装饰工程完成之后），即可进行设备安装。它适用于一般机械工业厂房（如精密仪器厂房）。

封闭式施工的优点：由于工作面大，有利于预制构件现场就地预制、拼装和安装就位的布置，适合选择各种类型的起重机和便于布置开行路线，从而加快主体结构的施工速度；围护结构能及早完工，设备基础能在室内施工，不受气候影响，可以减少设备基础施工时的防雨、防寒设施费用；可利用厂房内的桥式吊车为设备基础施工服务。其缺点是：出现某些重复性工作，如部分柱基回填土的重复挖填和运输道路的重新铺设等；设备基础施工条件较差，场地拥挤，其基坑不宜采用机械挖土；当厂房土质不佳，而设备基础与柱基础又连成一片时，在设备基础基坑挖土过程中，易造成地基不稳定，须增加加固措施费用；不能提前为设备安装提供工作面，因此工期较长。

（2）敞开式施工。是指先施工设备基础、安装工艺设备，然后建造厂房。它适用于冶金、电站等工业的某些重型工业厂房（如冶金工业厂房中的高炉间）。

（3）设备安装与土建施工同时进行，这样土建施工可以为设备安装创造必要的条件，同时又可采取防止设备被砂浆、垃圾等污染的保护措施，从而加快了工程的进度。例如，在建造水泥厂时，经济效益最好的施工程序便是两者同时进行。

4.2.1.1　多层砖混结构房屋的施工顺序

多层砖混结构房屋的施工，一般可划分为基础工程、主体结构工程、屋面及装饰工程三个施工阶段。其基本施工顺序如图 4.2 所示。

图 4.2　四层砖混结构房屋施工顺序示意图

1. 基础工程的施工顺序

基础工程施工阶段是指室内地坪（±0.00）以下的所有工程施工阶段。其施工顺序一般是：挖土→垫层→基础→铺设防潮层→回填土。如果有地下障碍物、坟穴、防空洞、软弱地基等问题，需先进行处理；如有桩基础，应先进行桩基础施工；如有地下室，则应在基础完成后或完成一部分后，施工地下室墙，在做完防潮层后施工地下室顶板，最后回填土。

需注意的是，挖基槽（坑）和做垫层的施工搭接要紧凑，时间间隔不宜过长，以防雨后基槽（坑）内灌水，影响地基的承载力。垫层施工后要留有一定的技术间歇时间，使其具有一定强度后，再进行下一道工序。各种管沟的挖土、做管沟垫层、砌管沟墙、管道铺设等应尽可能与基础工程施工配合，平行搭接进行。回填土根据施工工艺的要求，可以在结构工程完工以后进行，也可在上部结构开始以前完成，施工中采用后者的较多，这样，一方面可以避免基槽遭雨水或施工用水浸泡，另一方面可以为后续工程创造良好的工作条件，提高生产效率。回填土原则上是一次分层夯填完毕。对零标高以下室内回填土（房心土），最好与基槽（坑）回填土同时进行，但要注意水、暖、电、卫、煤气管道沟的回填标高，如不能同时回填，也可在装饰工程之前，与主体结构施工同时交叉进行。

2. **主体结构工程的施工顺序**

主体结构工程施工阶段的工作，若圈梁、构造柱、楼板、楼梯为现浇时，其施工顺序应为立构造柱筋→砌墙→安柱模→浇筑混凝土→安梁、板、梯模板→安梁板、板、梯钢筋→浇梁、板、梯混凝土。若楼板为预制时，砌筑墙体和安装预制楼板工程量较大，因此砌墙和安装楼板是主体结构工程的主导施工过程，它们在各楼层之间的施工是先后交替进行，各层预制楼梯段的吊装应在砌墙、安装楼板的同时相继完成。在组织主体结构工程施工时，一方面应尽量使砌墙连续施工，另一方面应当重视现浇楼梯、厨房、卫生间现浇楼板的施工。现浇厨房、卫生间楼板的支模、绑筋可安排在墙体砌筑的最后一步插入，在浇筑构造柱、圈梁的同时浇筑厨房、卫生间楼板。特别是当采用现浇钢筋混凝土楼梯时，更应与楼层施工紧密配合，否则由于混凝土养护时间的需要，会使后续工程不能按计划投入而拖长工期。

3. **屋面和装饰工程的施工顺序**

这个阶段具有施工内容多、劳动消耗量大、手工操作多、需要时间长等特点。

屋面工程的施工顺序一般为：找平层→隔气层→保温层→找平层→冷底子油结合层→防水层或找平层→防水层→隔热层。

装饰工程可分为室内装饰（天棚、墙面、楼地面、楼梯等抹灰，门窗扇安装，门窗油漆、安玻璃，油墙裙，做踢脚线等）和室外装饰（外墙抹灰、勒脚、散水、台阶、明沟、水落管等）。室内外装饰工程的施工顺序通常有先内后外、先外后内、内外同时进行三种顺序，具体确定为哪种顺序应视施工条件和气候条件而定。通常室外装饰应避开冬季或雨季；当室内为水磨石楼面，为防止楼面施工时水的渗漏对外墙面的影响，应先完成水磨石的施工；如果为了加速脚手架的周转或要赶在冬、雨期到来之前完成室外装修，则应采取先外后内的顺序。

同一层的室内抹灰施工顺序有楼地面→天棚→墙面和天棚→墙面→楼地面两种。前一种顺序便于清理地面，地面质量易于保证，且便于收集墙面和天棚的落地灰，节省材料，但由于地面需要留养护时间及采取保护措施，使墙面和天棚抹灰时间推迟，影响工期。后一种顺序在做地面前必须将天棚和墙面上的落地灰和渣滓扫清洗净后再做面层，否则会影响楼面面层同预制楼板间的黏结，引起地面起鼓。

底层地面一般多是在各层天棚、墙面、楼面做好之后进行。楼梯间和踏步抹面，由于其在施工期间易损坏，通常是在其他抹灰工程完成后，自上而下统一施工。门窗扇安装可在抹灰之前或之后进行，视气候和施工条件而定。例如，室内装饰工程若是在冬季施工，为防止抹灰层冻结和加速干燥，门窗扇和玻璃均应在抹灰前安装完毕。门窗玻璃安装一般在门窗扇油漆之后进行。

室外装饰工程总是采取自上而下的流水施工方案。在自上而下每层装饰、水落管安装等分项工程全部完成后，即可拆除该层的脚手架，然后进行散水及台阶的施工。

4. 水、暖、电、卫等工程的施工顺序

水、暖、电、卫等工程不同于土建工程，可以分成几个明显的施工阶段，它一般与土建工程中有关的分部分项工程进行交叉施工，紧密配合。

（1）在基础工程施工时，先将相应的管道沟的垫层、地沟墙做好，然后回填土。

（2）在主体结构施工时，应在砌砖墙和现浇钢筋混凝土楼板的同时，预留出上下水管和暖气立管的孔洞、电线孔槽或预埋木砖和其他预埋件。

（3）在装饰工程施工前，安设相应的各种管道和电器照明用的附墙暗管、接线盒等。水、暖、电、卫安装一般在楼地面和墙面抹灰前或后穿插施工。若电线采用明线，则应在室内粉刷后进行。

室外外网工程的施工可以安排在土建工程施工之前或与土建工程施工同时进行。

4.2.1.2　多层现浇钢筋混凝土框架结构房屋的施工顺序

钢筋混凝土框架结构多用于多层民用房屋和工业厂房，也常用于高层建筑。这种房屋的施工一般可划分为基础工程、主体结构工程、围护工程和装饰工程等 4 个施工阶段。图 4.3 即为多层现浇钢筋混凝土框架结构房屋施工顺序示意图。

图 4.3　多层现浇钢筋混凝土框架结构房屋施工顺序示意图

（地下室一层、桩基础）

（注：主体二至九层的施工顺序同一层）

（1）±0.00 以下工程施工顺序。多层全现浇钢筋混凝土框架结构房屋的基础一般可分为有地下室和无地下室基础工程。若有地下室，且房屋建造在软土地基时，基础工程的施工顺序一般为：桩基→围护结构→土方开挖→垫层→地下室底板→地下室墙、柱（防水处理）→地下室顶板→回填。若无地下室，且房屋建造在土质较好的地区时，基础工程的施工顺序一般为：挖土→垫层→基础（扎筋、支模、浇混凝土、养护、拆模）→回填。

在多层框架结构房屋基础工程施工之前，和砖混结构房屋一样，也要先处理好基础下部的松软土、洞穴等，然后分段进行平面流水施工。施工时，应根据当地的气候条件，加强对垫层和基础混凝土的养护，在基础混凝土达到拆模要求时及时拆模，并提早回填土，从而为上部结构施工创造条件。

（2）主体结构工程的施工顺序（采用木模板）。现浇钢筋混凝土框架结构的主体结构的施工顺序为：绑柱钢筋→安柱、梁、板模板→浇筑混凝土→绑扎梁、板钢筋→浇梁、板混凝土。柱、梁、板的支模、绑筋、浇混凝土等施工过程的工程量大，耗用的劳动力和材料多，而且对工程质量和工期也起着决定性作用。故需把多层框架在竖向上分成层，在平面上分成段，即分成若干个施工段，组织平面上和竖向上的流水施工。

（3）围护工程的施工顺序。围护工程的施工包括墙体工程、安装门窗框和屋面工程。墙体工程包括砌筑用的脚手架的搭拆，内、外墙砌筑等分项工程。不同的分项工程之间可组织平行、搭接、立体交叉流水施工。屋面工程、墙体工程应密切配合，如在主体结构工程结束之后，先进行屋面保温层、找平层施工，待外墙砌筑到顶后，再进行屋面防水层的施工。脚手架应配合砌筑工程搭设，在室外装饰之后、做散水坡之前拆除。内墙的砌筑则应根据内墙的基础形式而定，有的需在地面工程完成后进行，有的则可在地面工程之前与外墙同时进行。

屋面工程的施工顺序与砖混结构居住房屋屋面工程的施工顺序相同。

（4）装饰工程的施工顺序。装饰工程的施工分为室内装饰和室外装饰。室内装饰包括天棚、墙面、楼地面、楼梯等抹灰，门窗扇安装，门窗油漆，安玻璃等；室外装饰包括外墙抹灰、勒脚、散水、台阶、明沟等施工。其施工顺序与混合结构居住房屋的施工顺序基本相同。

4.2.1.3 装配式钢筋混凝土单层工业厂房的施工顺序

单层工业厂房由于生产工艺的需要，无论在厂房类型、建筑平面、造型或结构构造上都与民用建筑有很大差别，具有设备基础和各种管网，因此，单层工业厂房的施工要比民用建筑复杂。装配式钢筋混凝土单层工业厂房的施工可分为基础工程、预制工程、结构安装工程、围护工程和装饰工程等 5 个施工阶段，图 4.4 即为装配式钢筋混凝土单层工业厂房施工顺序示意图。

1. 基础工程的施工顺序

单层工业厂房的柱基础一般为现浇钢筋混凝土杯形基础，宜采用平面流水施工。它的施工顺序与现浇钢筋混凝土框架结构的独立基础施工顺序相同。

对于厂房的设备基础，由于与其厂房柱基础施工顺序的不同，故常常会影响到主体结构的安装方法和设备安装投入的时间。因此，需根据具体情况决定其施工顺序。通常有两种方案：

（1）当厂房柱基础的埋置深度大于设备基础的埋置深度时，则采用"封闭式"施工，即厂房柱基础先施工，设备基础后施工。一般来说，当厂房施工处于冬季或雨季施工时，或设备基础不大，在厂房结构安装后对厂房结构的稳定性并无影响时，或对于较大、较深的设备基础采用了特殊的施工方法（如沉井）时，可采用"封闭式"施工。

图 4.4　装配式钢筋混凝土单层工业厂房施工顺序示意图

（2）当设备基础埋置深度大于厂房柱基础的埋置深度时，通常采用"开敞式"施工，即设备基础与厂房柱基础同时施工。如果设备基础与厂房柱基础埋置深度相同或接近，那么两种施工顺序均可随意选择。当设备基础较大、较深，其基坑的挖土范围已经与厂房柱基础的基坑挖土范围连成一片或深于厂房柱基础，以及厂房柱基础所在地土质不佳时，可以采用"开敞式"施工。

在单层工业厂房基础工程施工之前，和民用房屋一样，也要先处理好基础下部的松软土、洞穴等，然后分段进行平面流水施工。施工时，应根据当时的气候条件，加强对钢筋混凝土垫层和基础的养护，在基础混凝土达到拆模要求时及时拆模，并提早回填土，从而为现场预制工程创造条件。

2．预制工程的施工顺序

单层工业厂房结构构件的预制方式，一般可采用加工厂预制和现场预制相结合的方法。在具体确定预制方案时，应结合构件技术特征、当地加工厂的生产能力、工程的工期要求、现场施工及运输条件等因素，经过技术经济分析之后确定。通常，对于尺寸大、自重大的大型构件，因运输困难而带来较多问题，所以多采用在拟建厂房内部就地预制，如柱、托架梁、屋架、鱼腹式预应力吊车梁等；对于种类及规格繁多的异形构件，可在拟建厂房外部集中预制，如门窗过梁等；对于数量较多的中小型构件，可在加工厂预制，如大型屋面板等标准构件、木制品及钢结构构件等。加工厂生产的预制构件应随着厂房结构安装工程的进展陆续运往现场，以便安装。

单层工业厂房钢筋混凝土预制构件现场预制的施工顺序为：场地平整夯实→支模→扎筋（有时先扎筋后支模）→预留孔道→浇筑混凝土→养护→拆模→张拉预应力钢筋→锚固→灌浆。

现场内部就地预制的构件，一般来说，只要基础回填土、场地平整完成一部分以后就可以开始制作。但构件在平面上的布置、制作的流向和先后次序，主要取决于构件的安装方法、所选择起重机性能及构件的制作方法。制作的流向应与基础工程的施工流向一致。这样既能使构件早日开始制作，又能及早让出工作面，为结构安装工程提早开始创造条件。

（1）当预制构件采用分件安装方法时，预制构件的施工有三种方案：

1）若场地狭窄而工期又允许时。不同类型的构件可分别进行制作，首先制作柱和吊车梁，待柱和吊车梁安装完毕再进行屋架制作。

2）若场地宽敞时，可以依次安排柱、梁及屋架的连续制作。

3）若场地狭窄而工期要求又紧迫，可首先将柱和梁等构件在拟建厂房内部就地制作，接着或同时将屋架在拟建厂房外部进行制作。

（2）当预制构件采用综合安装方法时，由于是分节间安装完各种类型的所有构件，因此，构件需一次制作。这样在构件的平面布置等问题上，要比分件安装法困难得多，需视场地的具体情况确定出构件是全部在拟建厂房内就地预制，还是一部分在拟建厂房外预制。

3. 结构安装工程的施工顺序

结构安装工程的施工顺序取决于安装方法。当采用分件安装方法时，一般起重机分三次开行才安装完全部构件，其安装顺序是：第一次开行安装全部柱子，并对柱子进行校正与最后固定；待杯口内的混凝土强度达到设计强度的 70% 后，起重机第二次开行安装吊车梁、连系梁和基础梁；第三次开行安装屋盖系统。当采用综合吊装方法时，其安装顺序是：先安装第一节间的四根柱，迅速校正并灌浆固定，接着安装吊车梁、连系梁、基础梁及屋盖系统，如此依次逐个节间地进行所有构件安装，直至整个厂房全部安装完毕。抗风柱的安装顺序一般有两种：一是在安装柱的同时，先安装该跨一端的抗风柱，另一端的抗风柱则在屋盖系统安装完毕后进行；二是全部抗风柱的安装均待屋盖系统安装完毕后进行。

结构安装工程是装配式单层工业厂房的主导施工阶段，应单独编制结构安装工程的施工作业设计。其中，结构吊装的流向通常应与预制构件制作的流向一致。当厂房为多跨且有高低跨时，构件安装应从高低跨柱列开始，先安装高跨，后安装低跨，以适应安装工艺的要求。

4. 围护结构工程的施工顺序

单层工业厂房的围护结构工程的内容和施工顺序与现浇钢筋混凝土框架结构房屋的基本相同。

5. 装饰工程的施工顺序

装饰工程的施工分为室内装饰和室外装饰。室内装饰包括地面的平整、垫层、面层，门窗扇和玻璃安装，以及油漆、刷白等分项工程；室外装饰包括勾缝、抹灰、勒脚、散水坡等分项工程。

一般单层工业厂房的装饰工程施工是不占总工期的，常与其他施工过程穿插进行。如地面工程应在设备基础、墙体工程完成了地下部分和转入地下的管道及电缆、管道沟完成之后进行，或视具体情况穿插进行；钢门窗的安装一般与砌筑工程穿插进行，或在砌筑工程完成之后进行；门窗油漆可在内墙刷白后进行，或与设备安装同时进行；刷白应在墙面干燥和大型屋面板灌缝后进行，并在油漆开始前结束。

6. 水、暖、电、卫等工程的施工顺序

水、暖、电、卫等工程与砖混结构房屋水、暖、电、卫等工程的施工顺序基本相同，但应注意空调设备安装工程的安排。生产设备的安装，一般由专业公司承担，由于其专业性强、技术要求高，应遵照有关专业的生产顺序进行。

上面所述三种类型房屋的施工过程及其顺序，仅适用于一般情况。建筑施工是一个复杂的过程，建筑结构、现场条件、施工环境不同，均会对施工过程及其顺序的安排产生不同的影响。因此，对于每一个单位工程，必须根据其施工特点和具体情况，合理地确定施工顺序，最大限度地利用空间，争取时间。为此应组织立体交叉、平行流水施工，以期达到时间和空间的充分利用。

4.2.2　单位工程的施工起点流向

确定施工流向（流水方向）主要解决施工过程在平面上、空间上的施工顺序，是指导现场施工的主要环节。确定单位工程施工起点流向时，主要考虑下列因素：

（1）车间的生产工艺过程。先试车投产的段、跨先施工，按生产流程安排施工流向。

（2）建设单位的要求。建设单位对生产使用要求在先的部位应先施工。

（3）施工的难易程度。技术复杂、进度慢、工期长的部位或层段应先施工。

（4）构造合理、施工方便。如基础施工应"先深后浅"，抹灰施工应"先硬后软"，高低跨单层厂房的结构吊装应从并列处开始，屋面卷材防水层应由檐口铺向屋脊，有外运工的基坑开挖应从距大门的远端开始等。

（5）保证质量和工期。如室内装饰施工及室外装饰的面层施工一般宜自上而下进行（外墙石材除外），有利于成品保护，但工期较长；当工期极为紧张时，某些施工过程也可自下而上，但应与结构施工保持一层以上的安全间隔；对高层建筑，也可采取自中至下，自上至中的装饰施工流向，既可缩短工期，又易于保证质量和安全。自上至下的流向还应根据建筑物的类型、垂直运输设备及脚手架的布置等，选择水平向下或垂直向下的流向，如图 4.5 所示。

(a) 水平向下　　　　　　　　(b) 垂直向下

图 4.5　室内装饰装修工程自中而下再自上而中的流向

4.2.3　选择施工机械和施工方法

施工方法和施工机械的选择是施工方案中最重要的问题之一，它直接影响施工进度、质量、安全及工程成本。因此，编制施工组织设计时，必须根据建筑结构特点、抗震要求、工程量大小、工期长短、资源供应情况、施工现场情况和周围环境等因素，制定出多个可行方案，并进行技术经济分析比较，确定出最优方案。

4.2.3.1　选择施工方法

选择施工方法时，应重点考虑影响整个单位工程施工的分部分项工程的施工方法。主要是选择工程量大且在单位工程中占有重要地位的分部分项工程，施工技术复杂或采用新技术、新工艺及对工程质量起关键作用的分部分项工程，不熟悉的特殊结构工程，或由专业施工单位施工的特殊专业工程的施工方法，要求详细而具体，必要时应编制单独的分部分项工程的施工作业设计，提出质量要求及达到这些质量要求的技术措施，指出可能发生的问题并提出预防措施和必要的安全措施。而对于按照常规做法和工人熟悉的分项工程，则不必详细拟订，只提出应注意的一些特殊问题即可。通常，施工方法选择的内容如下。

1. 土方工程

（1）平整场地、基坑、基槽、地下室的挖土方法，放坡要求，所需人工、机械的型号及数量。

（2）余土外运方法，所需机械的型号及数量。

（3）地表水、地下水的排水方法，排水沟、集水井、轻型井点的布置，所需设备的型号及数量。

2. 钢筋混凝土工程

（1）模板工程：模板的类型、支模方法和支承方法（如钢、木立柱、桁架、钢制托具等）以及隔离剂的选用。

（2）钢筋工程：明确构件厂与现场加工的范围；钢筋调直、切断、弯曲、成型、焊接方法；钢筋运输及安装方法。

（3）混凝土工程：搅拌、供应（集中或分散）与输送方法；砂石筛洗、计量、上料方法；拌和料、外加剂的选用及掺量；搅拌、运输设备的型号及数量；浇筑顺序的安排，工作班次，分层浇筑厚度，振捣方法；施工缝的位置；养护制度。

3. 结构安装工程

（1）构件尺寸、自重、安装高度。

（2）选用吊装机械型号及吊装方法，塔吊回转半径的要求，吊装机械的位置或开行路线。

（3）吊装顺序，运输、装卸、堆放方法，所需设备型号及数量。

（4）吊装运输对道路的要求。

4. 垂直及水平运输

（1）标准层垂直运输量计算表。

（2）垂直运输方式的选择及其型号、数量、布置、服务范围、穿插班次。

（3）水平运输方式及设备的型号及数量。

（4）地面及楼面水平运输设备的行驶路线。

5. 装饰工程

（1）室内外装饰抹灰工艺的确定。

（2）施工工艺流程与流水施工的安排。

（3）装饰材料的场内运输，减少临时搬运的措施。

6. 特殊项目

（1）对四新（新结构、新工艺、新材料、新技术）项目，高耸、大跨、重型构件，水下、深基础、软弱地基，冬季施工等项目均应单独编制，单独编制的内容包括：工程平剖示意图、工程量、施工方法、工艺流程、劳动组织、施工进度、技术要求与质量、安全措施、材料、构件及机具设备需要量。

（2）对大型土方、打桩、构件吊装等硬目，无论内、外分包均应由分包单位提出单项施工方法与技术组织措施。

4.2.3.2　选择施工机械

选择施工方法必须涉及施工机械的选择问题。机械化施工是改变建筑工业生产落后面貌、实现建筑工业化的基础。因此，施工机械的选择是施工方法选择的中心环节。选择施工机械时应着重考虑以下几方面：

（1）选择施工机械时，应首先根据工程特点，选择适宜主导工程的施工机械。如在选择装配式单层工业厂房结构安装用的起重机类型时，当工程量较大且集中时，可以采用生产效率较高的塔式起重机；但当工程量较小或工程量虽大却相当分散时，则采用无轨自行式起重机较为经济。在选择起重机型号时，应使起重机在起重臂外伸长度一定的条件下，能适应起重量及安装高度的要求。

（2）各种辅助机械或运输工具应与主导机械的生产能力协调配套，以充分发挥主导机械的效率。如土方工程施工中采用汽车运土时，汽车的载重量应为挖土机斗容量的整数倍，汽车的数量应保证挖土机连续工作。

（3）在同一工地上，应力求建筑机械的种类和型号尽可能少一些，以利于机械管理。为此，工程量大且分散时，宜采用多用途机械施工，如挖土机既可用于挖土，又能用于装卸、起重和打桩。

（4）施工机械的选择还应考虑充分发挥施工单位现有机械的能力。当本单位的机械能力不能满足工程需要时，则应购置或租赁所需的新型机械或多用途机械。

4.2.4　施工方案的技术经济分析

4.2.4.1　技术经济分析的概念

每个工程和每道工序都可能采用不同的施工方法和多种不同的施工机械来完成，最后形成多种方案。我们应该根据工程实际条件，对几个可行的方案进行比较分析，选取条件许可、技术先进、经济合理的最优方案。

当前，建筑业普遍推行工程建设项目的招标、投标和工程总承包制度，建筑设计日渐复杂，新技术、新材料、新构件不断涌现，不可预见的价格上涨因素也在增多，因此，建筑技术的采用越来越离不开技术经济的分析。经济已成为制约技术的一个重要因素。同时，新技术的推广、应用，也会带来工期的加快、质量的提高及成本的降低。

施工方案的技术经济比较主要有定性和定量的分析。前者是结合实际的施工经验对方案的一般优缺点进行分析和比较。通常从以下几个方面考虑：施工操作上的难易程度和安全可靠性；为后续工程（或下道工序）提供有利施工条件的可能性；利用现有的施工机械和设备情况；对冬雨季施工带来困难的多少；能否为现场文明施工创造有利条件，等等。定量的技术经济分析一般是计算出不同施工方案的各项技术经济指标后进行分析比较。

4.2.4.2　建筑工程技术经济指标

1. 工期

当工程必须在短期内投入生产或使用时，选择方案就要在确保工程质量和安全施工的条件下，把缩短工期问题放在首位来考虑。

施工过程的持续时间＝工程总量/单位时间内完成的工程量

当两个方案的持续时间不同时，如果整个项目由于某一方案持续时间的缩短而提前交工，则应考虑间接费的节约及工程项目提前竣工所产生的经济效果。

2. 单位产品的劳动消耗量

它反映了施工的机械化程度与劳动生产率水平。在方案中劳动消耗越少，机械化程度和劳动生产率越高，也反映了重体力劳动的减轻和人力的节省。劳动消耗以工日计算。

单位产品劳动消耗量＝完成该产品的全部劳动工日数/工程总量

劳动工日数应包括主要工种用工、辅助用工和准备工作用工。

$$劳动生产率（工日/m^2）＝总用工量/总建筑面积 \tag{4.1}$$

$$综合机械化程度＝机械化完成的实物量/全部实物量×100\% \tag{4.2}$$

3. 降低成本率

$$降低成本率＝节约金额/预算造价×100\% \tag{4.3}$$

【例 4.1】　某工程的预算造价是 126.6 万元，由于在所选施工方案中采取了各项节约措施，累计节约水泥 57678kg，节约木材 10m^3，节约劳动力 89 工日，合计节约金额 43458 元，则其成本降低率为：

降低成本率＝节约金额/预算造价×100\%＝43458/1266000×100\%＝3.43\%

学习单元 4.3　施 工 进 度 计 划 编 制

4.3.1　施工进度计划的编制的程序

单位工程施工进度计划的编制程序如图 4.6 所示。

图 4.6　单位工程施工进度计划的编制程序

4.3.2　单位工程施工进度计划的编制

单位工程进度计划的编制方法与进度计划的调整在学习任务 3 已详细讲述，此处不再赘述。

学习单元 4.4　施工准备工作及劳动力和物资需要量计划

4.4.1　施工准备工作计划

施工准备工作既是单位工程的开工条件，也是施工中的一项重要内容，开工之前必须为开工创造条件，开工以后必须为作业创造条件，因此，它贯穿于施工过程的始终。施工准备工作应有计划地进行，为便于检查、监督施工准备工作的进展情况，使各项施工准备工作的内容有明确的分工，有专人负责，并规定期限，可编制施工准备工作计划，并拟在施工进度计划编制完成后进行。其表格形式可参见表 4.1。

表 4.1　　　　　　　　　　　　施工准备工作计划表

序号	准备工作项目	工程量		简要内容	负责单位或负责人	起止日期		备注
		单位	数量			日/月	日/月	

施工准备工作计划是编制单位工程施工组织设计时的一项重要内容，详见学习项目 2。在编制年度、季度、月度生产计划中应考虑并做好贯彻落实工作。

4.4.2　劳动力需要量计划

劳动力需要量计划，主要是作为安排劳动力的平衡、调配和衡量劳动力耗用指标、安排生活福利设施的依据，其编制方法是将施工进度计划表内所列各施工过程每天（或旬、月）所需工人人数按工种汇总而得。其表格形式见表 4.2。

表 4.2　　　　　　　　　　　　劳动力需要量计划表

序号	工种名称	人数	月			月			备注
			上旬	中旬	下旬	上旬	中旬	下旬	

4.4.3　施工机械需要量计划

施工机械需要量计划主要用于确定施工机械的类型、数量、进场时间，可据此落实施工机械来源，组织进场。其编制方法为：将单位工程施工进度计划表中的每一个施工过程每天所需的机械类型、数量和施工日期进行汇总，即得施工机械需要量计划。其表格形式见表 4.3。

表 4.3　　　　　　　　　　　　施工机械需要量计划

序号	机械名称	类型、型号	需要量		货源	使用起止时间	备注
			单位	数量			

4.4.4　主要材料及构件需要量计划

主要材料需要量计划，是备料、供料和确定仓库、堆场面积及组织运输的依据，其编制方法是将施工进度计划表中各施工过程的工程量，按材料名称、规格、数量、使用时间计算汇总而得。其表格形式见表 4.4。

对于某分部分项工程是由多种材料组成时，应按各种材料分类计算，如混凝土工程应换算成水泥、砂、石、外加剂和水的数量列入表格。

表 4.4　　　　　　　　　　　　　　　　主要材料需要量计划

序号	材料名称	规格	需 要 量		供应时间	备　注
			单位	数量		

建筑结构构件、配件和其他加工半成品的需要量计划主要用于落实加工订货单位，并按照所需规格、数量、时间，组织加工、运输和确定仓库或堆场，可根据施工图和施工进度计划编制，其表格形式见表 4.5。

表 4.5　　　　　　　　　　　　　　　　构件和半成品需要量计划

序号	构件、半成品名称	规格	图号、型号	需 要 量		使用部位	加工单位	供应日期	备注
				单位	数量				

学习单元 4.5　施工平面图设计

单位工程施工平面图是对拟建工程的施工现场所作的平面布置图。施工平面图既是布置施工现场的依据，也是施工准备工作的一项重要依据，它是实现文明施工、节约并合理利用土地、减少临时设施费用的先决条件。因此，它是施工组织设计的重要组成部分。施工平面图不但要在设计时考虑周密，而且还要认真贯彻执行，这样才会使施工现场井然有序，施工顺利进行，保证施工进度，提高效率和经济效果。

一般单位工程施工平面图的绘制比例为 1∶200～1∶500。

4.5.1　单位工程施工平面图设计内容

（1）已建和拟建的地上地下的一切建筑物、构筑物及其他设施（道路和各种管线等）的位置和尺寸。

（2）测量放线标桩位置、地形等高线和土方取弃场地。

（3）自行式起重机的开行路线、轨道式起重机的轨道布置和固定式垂直运输设备位置。

（4）各种搅拌站、加工厂以及材料、构件、机具的仓库或堆场。

（5）生产和生活用临时设施的布置。

（6）一切安全及防火设施的位置。

4.5.2　单位工程施工平面图的设计依据

(1) 建筑总平面图，包括等高线的地形图、建筑场地的原有地下沟管位置、地下水位、可供使用的排水沟管。

(2) 建设地点的交通运输道路，河流，水源，电源，建材运输方式，当地生活设施，弃土、取土地点及现场可供施工的用地。

(3) 各种建筑材料、预制构件、半成品、建筑机械的现场存储量及进场时间。

(4) 单位工程施工进度计划及主要施工过程的施工方法。

(5) 建设单位可提供的房屋及生活设施，包括临时建筑物、仓库、水电设施、食堂、宿舍、锅炉房、浴室等。

(6) 一切已建及拟建的房屋和地下管道，以便考虑在施工中利用或影响施工的则提前拆除。

(7) 建筑区域的竖向设计和土方调配图。

(8) 如该单位工程属于建筑群中的一个工程，则尚需全工地性施工总平面图。

4.5.3　单位工程施工平面图的设计原则

(1) 在保证施工顺利进行的前提下，现场布置紧凑，占地要省，不占或少占农田。

(2) 在满足施工顺利进行的条件下，尽可能减少临时设施，减少施工用的管线，尽可能利用施工现场附近的原有建筑物作为施工临时用房，并利用永久性道路供施工使用。

(3) 最大限度地减少场内运输，减少场内材料、构件的二次搬运；各种材料按计划分期分批进场，充分利用场地；各种材料堆放的位置，根据使用时间的要求，尽量靠近使用地点，节约搬运劳动力和减少材料多次转运中的损耗。

(4) 临时设施的布置，应便利于施工管理及工人生产和生活。办公用房应靠近施工现场，福利设施应在生活区范围之内。

(5) 施工平面布置要符合劳动保护、保安、防火的要求。

施工现场的一切设施都要有利于生产，保证安全施工。要求场内道路畅通，机械设备的钢丝绳、电缆、缆风等不得妨碍交通，如必须横过道路时，应采取措施。有碍工人健康的设施（如熬沥青、化石灰等）及易燃的设施（如木工棚、易燃物品仓库）应布置在下风向，离生活区远一些。工地内应布置消防设备，出入口设门卫。山区建设中还要考虑防洪泄洪等特殊要求。

根据以上基本原则并结合现场实际情况，施工平面图可布置几个方案，选其技术上最合理、费用上最经济的方案。可以从如下几个方面进行定量的比较：施工用地面积；施工用临时道路、管线长度；场内材料搬运量；临时用房面积等。

4.5.4　单位工程施工平面图设计步骤

单位工程施工平面图的设计步骤如图 4.7 所示。

4.5.4.1　起重运输机械的布置

起重运输机械的位置直接影响搅拌站、加工厂及各种材料、构件的堆场或仓库等位置和道路、临时设施及水、电管线的布置等，因此，它是施工现场全局的中心环节，应首先确定。由于各种起重机械的性能不同，其布置位置亦不相同。

图 4.7 单位工程施工平面图的设计步骤

1. 固定式垂直运输机械的位置

固定式垂直运输机械有井架、龙门架、桅杆等，这类设备的布置主要根据机械性能、建筑物的平面形状和尺寸、施工段划分的情况、材料来向和已有运输道路情况而定。其布置原则是，充分发挥起重机械的能力，并使地面和楼面的水平运距最小。布置时应考虑以下几个方面：

（1）当建筑物各部位的高度相同时，应布置在施工段的分界线附近；当建筑物各部位的高度不同时，应布置在高低分界线较高部位一侧，以使楼面上各施工段的水平运输互不干扰。

（2）井架、龙门架的位置以布置在窗口处为宜，以避免砌墙留槎和减少井架拆除后的修补工作。

（3）井架、龙门架的数量要根据施工进度、垂直提升构件和材料的数量、台班工作效率等因素计算确定，其服务范围一般为 50～60m。

（4）卷扬机的位置不应距离起重机械过近，以便司机的视线能够看到整个升降过程，一般要求此距离大于建筑物的高度，水平距外脚手架 3m 以上。

2. 塔式起重机的布置

塔式起重机是集起重、垂直提升、水平输送三种功能为一体的机械设备。按其在工地上使用架设的要求不同可分为固定式、轨行式、附着式、内爬式 4 种。

布置塔式起重的位置要根据现场建筑物四周的施工场地的条件及吊装工艺确定。如在起重臂操作范围内，使起重机的起重幅度能将材料和构件运至任何施工地点，避免出现"死角"。在高空有高压电线通过时，高压线必须高出起重机，并留有安全距离。如果不符合上述条件，则高压线应搬迁。在搬迁高压线有困难时，则要采取安全措施。

有轨式起重机的轨道一般沿建筑物的长向布置，其位置和尺寸取决于建筑物的平面形状和尺寸、构件自重、起重机的性能及四周施工场地的条件。通常轨道布置方式有三种：单侧布置、双侧布置和环状布置，如图 4.8 所示。当建筑物宽度较小、构件自重不大时，可采用单侧布置方式；当建筑物宽度较大、构件自重较大时，应采用双侧布置或环形布置方式。

轨道布置完成后，应绘制出塔式起重机的服务范围。它是以轨道两端有效端端点的轨道中点为圆心，以最大回转半径为半径画出两个半圆，连接两个半圆，即为塔式起重机服务范围，如图 4.9 所示。

(a)单侧布置   (b)双侧布置

(c)跨内单行布置   (d)跨内环形布置

图 4.8 塔式起重机布置方案

图 4.9 塔吊服务范围示意图   图 4.10 塔吊、龙门架示意图

在确定塔式起重机服务范围时，尽可能避免死角，如果确实难以避免，则要求死角范围越小越好，同时在死角上不出现吊装最重、最高的构件，并且在确定吊装方案时，提出具体的安全技术措施，以保证死角范围内的构件顺利安装。为了解决这一问题，有时还将塔吊与井架或龙门架同时使用，如图 4.10 所示，但要确保塔吊回转时无碰撞的可能，以保证施工安全。另一方面，在确定塔式起重机服务范围时，还应考虑有较宽敞的施工用地，以便安排构件堆放及搅拌出料进入料斗后能直接挂钩起吊。主要临时道路也宜安排在塔吊服务范围之内。

3. 无轨自行式起重机的开行路线

无轨自行式起重机械分为履带式、轮胎式、汽车式三种起重机。它一般不用作水平运输和垂直运输，专用作构件的装卸和起吊。吊装时的开行路线及停机位置主要取决于建筑物的平面布置、构件自重、吊装高度和吊装方法等。

4.5.4.2 搅拌站、加工厂及各种材料、构件的堆场或仓库的布置

搅拌站、各种材料、构件的堆场或仓库的位置应尽量靠近使用地点或在塔式起重机服务范围之内，并考虑到运输和装卸的方便。

（1）当起重机布置位置确定后，再布置材料、构件的堆场及搅拌站。材料堆放应尽量靠近使用地点，减少或避免二次搬运，并考虑运输及卸料方便。基础施工时使用的各种材

料可堆放在基础四周,但不宜距基坑(槽)边缘太近,以防压塌土壁。

(2)当采用固定式垂直运输设备,则材料、构件堆场应尽量靠近垂直运输设备,以缩短地面水平运距;当采用轨道式塔式起重机时,材料、构件堆场以及搅拌站出料口等均应布置在塔式起重机有效起吊服务范围之内;当采用无轨自行式起重机时,材料、构件堆场及搅拌站的位置,应沿着起重机的开行路线布置,且应在起重臂的最大起重半径范围之内。

(3)预制构件的堆放位置要考虑到吊装顺序。先吊的放在上面,后吊的放在下面,预制构件的进场时间应与吊装就位密切配合,力求直接卸到其就位位置,避免二次搬运。

(4)搅拌站的位置应尽量靠近使用地点或靠近垂直运输设备。有时在浇筑大型混凝土基础时,为了减少混凝土运输,可将混凝土搅拌站直接设在基础边缘,待基础混凝土浇完后再转移。砂、石堆场及水泥仓库应紧靠搅拌站布置。同时,搅拌站的位置还应考虑到使这些大型材料的运输和装卸较为方便。

(5)加工厂(如木工棚、钢筋加工棚)的位置,宜布置在建筑物四周稍远位置,且应有一定的材料、成品的堆放场地;石灰仓库、淋灰池的位置应靠近搅拌站,并设在下风向;沥青堆放场及熬制锅的位置应远离易燃物品,也应设在下风向。

4.5.4.3 现场运输道路的布置

场内道路的布置,主要是满足材料构件的运输和消防的要求。这样就应使道路通到各材料及构件堆放场地,并离它越近越好,以便装卸。消防对道路的要求,除了消防车能直接开到消火栓处之外,还应使道路靠近建筑物、木料场,以便消防车能直接进行灭火抢救。

布置道路时还应考虑下列几方面要求:

(1)尽量使道路布置成直线,以提高运输车辆的行车速度,并应使道路形成循环,以提高车辆的通过能力。

(2)应考虑第二期开工的建筑物位置和地下管线的布置,要与后期施工结合起来考虑,以免临时改道或道路被切断影响运输。

(3)布置道路应尽量把临时道路与永久道路相结合,即可先修永久性道路的路基,作为临时道路使用,尤其是需修建场外临时道路时,要着重考虑这一点,可节约大量投资。在有条件的地方,把永久性道路路面也事先修建好,这更有利于运输。

(4)道路两侧一般应结合地形设置排水沟,沟深不小于0.4m,底宽不小于0.3m。

道路的布置还应满足一定的技术要求,如路面的宽度,最小转弯半径等,可参考表4.6,施工临时道路的路面种类和厚度参见表4.7。

表 4.6 施工现场最小道路宽度及转弯半径

车辆、道路类别	道路宽度(m)	最小转弯半径(m)
汽车单行道	≥3.5	9
汽车双行道	≥6.0	9
平板拖车单行道	≥4.0	12
平板拖车双行道	≥8.0	12

表 4.7 临时道路路面种类和厚度

路面种类	特点及其使用条件	路基土壤	路面厚度（cm）	材料配合比
混凝土路面	强度高，适宜通行各种车辆	一般土壤	10～15	≥C15
石路面	雨天照常通车，可通行较多车辆，但材料级配要求严格	砂质土	10～15	体积比：黏土：砂：石子＝1：0.7：3.5
		黏质土或黄土	14～18	
碎（砾）石路面	雨天照常通车，碎（砾）石本身含土较多，不加砂	砂质土	10～13	碎（砾）石＞65％，当地土壤含量≤35％
		砂质土或黄土	15～20	
碎砖路面	可维持雨天通车，通行车辆较少	砂质土	13～15	垫层：砂或炉渣4～5cm 底层：7～10cm碎砖 面层：2～5cm碎砖
炉渣或矿渣路面	可维持雨天通车，通行车辆较少，当附近有此材料可利用时	一般土壤	10～15	炉渣或矿渣75％，当地土壤25％
		较松软时	15～30	
砂土路面	雨天停车，通行车辆较少，附近不产石料而只有砂时	砂质土	15～20	粗砂50％，细砂、粉砂和黏质土50％
		黏质土	15～30	
风化石屑路面	雨天不通车，通车行辆较少，附近有石屑可利用	一般土壤	10～15	石屑90％，黏土10％
石灰土路面	雨天停车，通行车辆少，附近产石灰时	一般土壤	10～13	石灰10％，当地土壤90％

4.5.4.4 行政管理、文化、生活、福利用临时设施的布置

这类临时设施包括：各种生产管理办公用房、会议室、警卫传达室、宿舍、食堂、开水房、医务、浴室、文化文娱室、福利性用房等。在能满足生产和生活的基本需求下，尽可能减少。如有可能，尽量利用已有设施或正式工程，以节约临时设施费用。必须修建时应经过计算确定面积。

布置临时设施时，应保证使用方便，不妨碍施工，并符合防火及安全的要求。通常，办公室的布置应靠近施工现场，宜设在工地出入口处；工人休息室应设在工人作业区；宿舍应布置在安全的上风向；门卫、收发室宜布置在工地出入口处。行政管理、临时宿舍、生活福利用临时房屋面积参考表4.8。

表 4.8 行政管理、文化、生活、福利用临时设施的布置

序号	临时房屋名称	单 位	参考面积
1	办公室	m²／人	3.5
2	单层宿舍（双层床）	m²／人	2.6～2.8
3	食堂兼礼堂	m²／人	0.9

序号	临时房屋名称	单位	参考面积
4	医务室	m²／人	0.06（≥30m²）
5	浴室	m²／人	0.10
6	俱乐部	m²／人	0.10
7	门卫、收发室	m²／人	6～8

4.5.4.5　水电管网布置

1. 施工供水管网的布置

施工供水管网首先要经过计算、设计，然后进行设置，其中包括水源选择、用水量计算（包括生产用水、机械用水、生活用水、消防用水等）、取水设施、储水设施、配水布置、管径的计算等。

（1）单位工程施工组织设计的供水计算和设计可以简化或根据经验进行安排，一般 5000～10000m² 的建筑物，施工用水的总管径为 100mm，支管径为 40mm 或 25mm。

（2）消防用水一般利用城市或建设单位的永久消防设施。如自行安排，应按有关规定设置，消防水管线的直径不小于 100m，消火栓间距不大于 120m，布置应靠近十字路口或道边，距道边应不大于 2m，距建筑物外墙不应小于 5m，也不应大于 25m，且应设有明显的标志，周围 3m 以内不准堆放建筑材料。

（3）高层建筑的施工用水应设置蓄水池和加压泵，以满足高空用水的需要。

（4）管线布置应使线路长度短，消防水管和生产、生活用水管可以合并设置。

（5）为了排除地表水和地下水，应及时修通下水道，并最好与永久性排水系统相结合，同时，根据现场地形，在建筑物周围设置排除地表水和地下水的排水沟。

2. 施工用电线网的布置

施工用电的设计应包括用电量计算、电源选择、电力系统选择和配置。用电量包括电动机用电量、电焊机用电量、室内和室外照明容量。如果是扩建的单位工程，可计算出施工用电总数供建设单位解决，不另设变压器；单独的单位工程施工，要计算出现场施工用电和照明用电的数量，选择变压器和导线的截面及类型。变压器应布置在现场边缘高压线接入处，距地面高度应大于 30cm，在 2m 以外四周用高度大于 1.7m 的铁丝网围住，以确保安全，但不宜布置在交通要道口处。

必须指出，建筑施工是一个复杂多变的生产过程，各种施工材料、构件、机械等随着工程的进展而逐渐进场，又随着工程的进展而不断消耗、变动，因此，在整个施工生产过程中，现场的实际布置情况是在随时变动着的。因此，对于大型工程、施工期限较长的工程或现场较为狭窄的工程，就需要按不同的施工阶段来分别布置几张施工平面图，以便能把在不同的施工阶段内现场的合理布置情况全面地反映出来。图 4.11 为一工程实例的平面布置图。

图 4.11　单位工程施工平面图设计实例

学习单元 4.6 主要技术组织措施

技术组织措施是指在技术和组织方面对保证工程质量、安全、节约和文明施工所采用的方法。制定这些方法是施工组织设计编制者为确保工程安全、按时、高质、低耗完成工程项目的必要措施，是一项创造性的工作。

4.6.1 保证工程质量措施

保证工程质量的关键是对施工组织设计的工程对象经常发生的质量通病制订防治措施，可以按照各主要分部分项工程提出的质量要求，也可以按照各工种工程提出的质量要求。保证工程质量的措施可以从以下各方面考虑：

（1）确保拟建工程定位、放线、轴线尺寸、标高测量等准确无误的措施。

（2）为了确保地基土壤承载能力符合设计规定的要求而应采取的有关技术组织措施。

（3）各种基础、地下结构、地下防水施工的质量措施。

（4）确保主体承重结构各主要施工过程的质量要求；各种预制承重构件检查验收的措施；各种材料、半成品、砂浆、混凝土等检验及使用要求。

（5）对新结构、新工艺、新材料、新技术的施工操作提出质量措施或要求。

（6）冬、雨期施工的质量措施。

（7）屋面防水施工、各种抹灰及装饰操作中，确保施工质量的技术措施。

（8）解决质量通病措施。

（9）执行施工质量的检查、验收制度。

（10）提出各分部工程的质量评定的目标计划等。

4.6.2 安全施工措施

安全施工措施应贯彻安全操作规程，对施工中可能发生的安全问题进行预测，有针对性地提出预防措施，以杜绝施工中伤亡事故的发生。安全施工措施主要包括：

（1）提出安全施工宣传、教育的具体措施；对新工人进场上岗前必须作安全教育及安全操作的培训。

（2）针对拟建工程地形、环境、自然气候、气象等情况，提出可能突然发生自然灾害时有关施工安全方面的若干措施及其具体的办法，以便减少损失，避免伤亡。

（3）提出易燃、易爆品严格管理及使用的安全技术措施。

（4）防火、消防措施；高温、有毒、有尘、有害气体环境下操作人员的安全要求和措施。

（5）土方、深坑施工，高空、高架操作，结构吊装、上下垂直平行施工时的安全要求和措施。

（6）各种机械、机具安全操作要求；交通、车辆的安全管理。

（7）各处电器设备的安全管理及安全使用措施。

（8）狂风、暴雨、雷电等各种特殊天气发生前后的安全检查措施及安全维护制度。

4.6.3 降低成本措施

降低成本措施的制定应以施工预算为尺度，以企业（或基层施工单位）年度、季度降低成本计划和技术组织措施计划为依据进行编制。要针对工程施工中降低成本潜力大的（工程量大、有采取措施的可能性及有条件的）项目，充分开动脑筋，把措施提出来，并计算出经济效益和指标，加以评价、决策。这些措施必须是不影响质量且能保证安全的，它应考虑以下几方面：

（1）生产力水平是先进的。

（2）能有精心施工的领导班子来合理组织施工生产活动。

（3）有合理的劳动组织，以保证劳动生产率的提高，减少总的用工数。

（4）物资管理的计划性，从采购、运输、现场管理及竣工材料回收等方面，最大限度地降低原材料、成品和半成品的成本。

（5）采用新技术、新工艺，以提高工效，降低材料耗用量，节约施工总费用。

（6）保证工程质量，减少返工损失。

（7）保证安全生产，减少事故频率，避免意外工伤事故带来的损失。

（8）提高机械利用率，减少机械费用的开支。

（9）增收节支，减少施工管理费的支出。

（10）工程建设提前完工，以节省各项费用开支。

降低成本措施应包括节约劳动力、材料费、机械设备费用、工具费、间接费及临时设施费等措施。一定要正确处理降低成本、提高质量和缩短工期三者的关系，对措施要计算经济效果。

4.6.4 现场文明施工措施

现场场容管理措施主要包括以下几个方面：

（1）施工现场的围挡与标牌，出入口与交通安全，道路畅通，场地平整。

（2）暂设工程的规划与搭设，办公室、更衣室、食堂、厕所的安排与环境卫生。

（3）各种材料、半成品、构件的堆放与管理。

（4）散碎材料、施工垃圾运输，以及其他各处环境污染，如搅拌机冲洗废水、油漆废液、灰浆水等施工废水污染，运输土方与垃圾、白灰堆放、散装材料运输等粉尘污染，熬制沥青、熟化石灰等废气污染，打桩、搅拌混凝土、振捣混凝土等噪声污染。

（5）成品保护。

（6）施工机械保养与安全使用。

（7）安全与消防。

4.6.5 施工组织设计技术经济分析

技术经济分析的目的是，论证施工组织设计在技术上是否可行，在经济上是否合算，通过科学的计算和分析比较，选择技术经济效果最佳的方案，为不断改进和提高施工组织设计水平提供依据，为寻求增产节约途径和提高经济效益提供信息。技术经济分析既是单位工程施工组织设计的内容之一，也是必要的设计手段。

4.6.5.1 技术经济分析的基本要求

（1）全面分析。要对施工的技术方法、组织方法及经济效果进行分析，对需要与可能进行分析，对施工的具体环节及全过程进行分析。

（2）作技术经济分析时应抓住施工方案、施工进度计划和施工平面图三大重点，并据此建立技术经济分析指标体系。

（3）在作技术经济分析时，要灵活运用定性方法和有针对性地应用定量方法。在作定量分析时，应对主要指标、辅助指标和综合指标区别对待。

（4）技术经济分析应以设计方案的要求、有关的国家规定及工程的实际需要为依据。

4.6.5.2　单位工程施工组织设计技术经济分析的指标体系

单位工程施工组织设计中技术经济指标应包括：工期指标、劳动生产率指标、质量指标、安全指标、成本率、主要工程工种机械化程度、三大材料节约指标等。这些指标应在单位工程施工组织设计基本完成后进行计算，并反映在施工组织设计文件中，作为考核的依据。

施工组织设计技术经济分析指标可在图 4.12 所列的指标体系中选用。其中，主要的指标是：

（1）总工期指标：即从破土动工至竣工的全部日历天数。

（2）质量优良品率：它是在施工组织设计中确定的控制目标，主要通过保证质量措施实现，可分别对单位工程、分部分项工程进行确定。

（3）单方用工：它反映劳动的使用和消耗水平，不同建筑物的单方用工之间有可比性。

$$单方用工 = 总用工量（工日）/建筑面积（m^2） \tag{4.4}$$

（4）主要材料节约指标：主要材料节约情况随工程不同而不同，靠材料节约措施实现。可分别计算主要材料节约量、主要材料节约额或主要材料节约率。

$$主要材料节约量 = 技术组织措施节约量 \tag{4.5}$$

或 $$主要材料节约量 = 预算用量 - 施工组织设计计划用量 \tag{4.6}$$

$$主要材料节约率 = 主要材料计划节约额（元）/主要材料预算金额（元）×100\% \tag{4.7}$$

或 $$主要材料节约率 = 主要材料节约量/主要材料预算用量×100\% \tag{4.8}$$

（5）大型机械耗用台班数及费用。

$$大型机械单方耗用台班数 = 耗用总台班（台班）/建筑面积（m^2） \tag{4.9}$$

$$单方大型机械费 = 计划大型机械台班费（元）/建筑面积（m^2） \tag{4.10}$$

（6）降低成本指标。

$$降低成本额 = 预算成本 - 施工组织设计计划成本 \tag{4.11}$$

$$降低成本率 = 降低成本额（元）/预算成本（元）×100\% \tag{4.12}$$

4.6.5.3　单位工程施工组织设计技术经济分析的重点

技术经济分析应围绕质量、工期、成本三个主要方面。选用某一方案的原则是，在质量能达到优良的前提下，工期合理，成本节约。

对于单位工程施工组织设计，不同的设计内容，应有不同的技术经济分析重点。

（1）基础工程应以土方工程、现浇混凝土、打桩、排水和防水、运输进度与工期为重点。

图 4.12　单位工程施工组织设计技术经济分析指标体系

（2）结构工程应以垂直运输机械选择、流水段划分、劳动组织、现浇钢筋混凝土支模、绑扎钢筋、混凝土浇筑与运输、脚手架选择、特殊分项工程施工方案和各项技术组织措施为重点。

（3）装饰工程应以施工顺序、质量保证措施、劳动组织、分工协作配合、节约材料及技术组织措施为重点。

单位工程施工组织设计的技术经济分析重点是：工期、质量、成本，劳动力使用，场地占用和利用，临时设施，协作配合，材料节约，新技术、新设备、新材料、新工艺的采用。

4.6.5.4　技术经济分析方法

1. 定性分析方法

定性分析法是根据经验对单位工程施工组织设计的优劣进行分析。例如，工期是否适当，可按一般规律或施工定额进行分析；选择的施工机械是否适当，主要看它能否满足使用要求、机械提供的可能性等；流水段的划分是否适当，主要看它是否给流水施工带来方便；施工平面图设计是否合理，主要看场地是否合理利用，临时设施费用是否适当。定性分析法比较方便，但不精确，不能优化，决策易受主观因素制约。

2. 定量分析方法

（1）多指标比较法。该方法简便实用，也用得较多。比较时要选用适当的指标，注意可比性。有两种情况要区别对待：

1）一个方案的各项指标明显地优于另一个方案，可直接进行分析比较。

2）几个方案的指标优劣有穿插，互有优势，则应以各项指标为基础，将各项指标的值按照一定的计算方法进行综合后得到一个综合指标进行分析比较。

通常的方法是：首先根据多指标中各项指标在技术经济分析中的重要性的相对程度，分别定出权值 W_i 再用同一指标依据其在各方案中的优劣程度定出其相应的分值 $C_{i,j}$，假设有 m 个方案和 n 种指标，则第 j 方案的综合指标值 A_j 为：

$$A_j = \sum_{i=1}^{n} C_{i,j} W_i \qquad (4.13)$$

式中，$j = 1,2,3,\cdots,m$，$i = 1,2,3,\cdots,n$，其中综合指标值最大者为最优方案。

（2）单指标比较法。该方法多用于建筑设计方案的分析比较。

学习任务 5 单位工程施工组织设计训练

学习单元 5.1 建筑工程施工组织设计训练

5.1.1 工程概况

某职业学院教学楼工程，位于该学院内。总建筑面积 16701m²，总长 123m，宽 25.30m，占地面积 2578.86m²，建筑层数 7 层、局部 8 层，建筑总高度 30.85m。本工程立面左右对称，外墙面采用釉面砖；外窗采用铝合金双层窗，局部玻璃幕墙；主入口 1～2 层为共享大厅；楼梯、走廊楼地面材料均采用花岗岩石材；教室均为水磨石楼地面，吊顶材料大部分采用轻钢龙骨吊矿棉吸声板；卫生间采用木龙骨 PVC 塑料板，墙地面采用瓷砖粘贴；屋面及卫生间防水材料采用 SBS 聚酯毡胎改性沥青卷材防水。

本工程场地位于洪河右岸一级阶地之上，场区地势平坦，高程变化不大。该场区除局部表层为人工堆积的填土外，主要为冲洪积而成的黏性土、砂土、碎石土。

本工程结构体系为框架—剪力墙结构，抗震按设计烈度Ⅷ度设防。基础形式为人工挖孔桩；外墙填充采用黏土空心砖夹 60mm 厚苯板墙体；内墙填充采用 180mm 厚黏土空心砖；电梯井道、楼板、楼梯采用 C30 现浇钢筋混凝土。本工程建筑结构设计使用年限 50 年，二类建筑物。

本工程计划开工日期为 2012 年 5 月 21 日，竣工日期为 2012 年 11 月 20 日，总工期为 6 个月。

5.1.2 组建项目经理部

（1）组织机构。为了使工程优质高效地按期施工，发扬整体协作优势，根据工程特点，组建一个对施工管理有较高专业水平和具有全面面协调能力的工程项目部，其组织结构如图 5.1 所示。

（2）专业分工。总体施工各专业之间的衔接，以及施工程序控制，均由项目经理统一协调管理，各专业施工队应在现场项目部领导下，完成各自的施工任务。

图 5.1 施工组织结构图

现场零散材料及各种配件供应、劳动力调配、施工机械设备组织进出场由项目经理部解决。水、电专业的配合，根据各专业要求按土建施工形象进度合理穿插配合施工，尽量不单独占用工期。施工现场临时水、电均由水电专业施工队负责。

5.1.3 施工方案

根据本工程的特点，将其划分为 4 个施工阶段：地下工程、主体结构工程、围护结构工程和装饰工程，按施工工艺进行施工。

5.1.4 施工方法及施工机械

5.1.4.1 土方工程

1. 土方施工方法

土方施工方法采用机械挖土、人工挖孔桩的方法。机械挖土挖至承台底标高,局部如有杂填土须全部挖除。挖出的土除留够回填用土外,其余全部运走。土方机械选择见表 5.1。

表 5.1 土 方 机 械 表

名 称	容 量 (m³)	效 率 (m³/h)	备 注
挖土机	1.0~1.2	90~100	挖土与装土
自卸汽车	(15t) 8.0	20	运土

2. 人工挖孔桩的钎探

钎探工艺流程:根据钎探布置图测量定点→就位打钎→拔钎盖孔→记录→建设、设计、监理、勘察单位验槽。

钎探点按梅花形布置,请专业公司负责此项工作,认真做好钎探记录,如发现异常通知有关部门。探完后,会同建设、设计、监理和勘察等部门共同验槽,分析钎探记录,确定符合设计要求后,方可进行下一步施工。

3. 土方回填

土方回填时,土的含水量和最大干密度必须符合要求,灰土必须按设计要求配料拌匀,采用蛙式打夯机分层压实,每层虚铺厚度不大于 250mm,灰土回填和土方回填必须按规定分层夯实,打夯应一夯压半夯,夯夯相连,纵横交叉,每层填土用环刀取样,测定其干密度和压实系数,满足要求后方可进行下一步施工。

5.1.4.2 钢筋工程

钢筋进场后按要求进行原材料复试,严禁不合格钢材用于工程中,钢筋厂家和品牌提前向建设、监理单位报批。

1. 钢筋除锈、调直、切断

钢筋在下料前应先除锈,将钢筋表面的油渍、漆渍及浮皮、铁锈等清除干净,以免影响其与混凝土的黏接效果。盘圆钢筋除锈通过其冷拉调直过程来实现,螺纹钢筋除锈使用电动除锈机,并装设排尘罩及排尘管道,以免对环境造成污染。钢筋调直采用卷扬机,其调直冷拉率应符合相关要求。经过调直工艺后,钢筋应平直,无局部曲折。钢筋切断时根据其直径及钢筋级别等因素,确定使用钢筋切断机或手动液压切断机进行操作。切断时要将同规格钢筋根据不同长度长短搭配,统筹排料,先断长料,后断短料,减少短头,减少损耗。断料时长料不用短尺量,防止产生累积误差,工作台上应标出尺寸刻度线并设置控制短料尺寸用的挡板,切断过程中,如发现钢筋有劈裂、缩头或严重弯头等必须切除,硬度与钢种不符时,必须及时通知技术人员。钢筋断口有马蹄形或起弯现象时必须重新切断。切断长度允许误差为±5mm。

2. 钢筋加工

施工现场设钢筋加工场,钢筋加工场配备先进的钢筋加工设备,并有严格的质量检验程序和有力的质量保证措施，确保钢筋的加工质量。现场建立严格的钢筋加工、安全管理制度，并制定节约措施，降低材料损耗。

钢筋加工成型后，严格按规格、长度分别挂牌堆放，不得混淆。

存放钢筋的场地要进行平整夯实，并设排水坡度。堆放时，钢筋下面要垫木方，离地面不少于200mm，以防钢筋锈蚀和污染。钢筋要分部、分层、分段、按编号顺序堆放，同一部位或同一构件的钢筋要放在一处，并有明显标识。标识上注明构件名称、部位、钢筋型号、尺寸、直径、根数。

3. 钢筋绑扎

钢筋绑扎前先熟悉施工图纸及规范，核对钢筋配料表及料牌。钢筋绑扎严格按照设计和相关规范、图集要求执行。钢筋搭接长度、锚固长度、钢筋的保护层、钢筋接头位置严格按照设计图纸和规范要求施工。

绑扎形式复杂的结构部位时，应先研究逐根钢筋的穿插就位顺序，减少绑扎困难，避免返工，加快进度。钢筋过密时，先进行放样，采取相关措施。

在施工前对作业班组进行详细的技术交底，把施工图纸消化透，明确绑扎顺序，并加强现场质量控制，严格规范化操作。

4. 钢筋的连接方式

框架柱内竖向钢筋采用电渣压力焊连接，同一截面钢筋接头面积不能大于钢筋截面面积的50%。梁主筋采用搭接连接。相邻钢筋接头位置错开$40d$，下端接头位置在支座1/3范围内。剪力墙钢筋采用绑扎搭接，搭接长度$35d$，竖向钢筋相邻钢筋接头相互错开一个搭接长度，横向钢筋相邻钢筋接头错开500mm。

5. 梁钢筋

梁的弯钩长度及平直长度按设计及规范要求。在主、次梁或次梁间相交处，按图纸要求对加密区设附加箍筋。

次梁上下主筋应置于主梁上下主筋之上，纵向框架梁的上部主筋应置于横向框架梁上部主筋之上，当两者梁高相同时，纵向框架连梁的下部主筋应置于横向框架梁下部主筋之上；当梁与柱或墙侧面相平时，梁该侧主筋应置于柱或墙竖向纵筋之内。

6. 柱钢筋

柱钢筋按要求设置后，在其底板上口增设一道限位筋，保证柱钢筋的定位，柱钢筋上口设置一钢筋定位片，保证柱钢筋位置准确。

柱上、下两端箍筋加密，加密区长度及箍筋的间距均应符合设计要求。

7. 楼板钢筋

清扫模板杂物，表面刷涂脱模剂后放出轴线及上部结构定位边线，在模板上划好主筋和分布筋间距，用墨线弹出每根主筋的线，依线绑筋。按所弹间距线先摆受力主筋，后摆分布筋。预埋件、电线管、预留孔等及时配合安装。

楼板短跨方向上部主筋应置于长跨方向上部主筋之上，短跨方向下部主筋应置于长跨方向下部主筋之下。

绑扎板钢筋时，用顺扣或八字扣，除外围两根钢筋的相交点全部绑扎外，其他各点可交错绑扎。板钢筋为双层双向，为确保上部钢筋的位置，在两层钢筋间加设马凳，马凳用Φ12钢筋加工而成。

8. 钢筋定位及保护层控制措施

所有钢筋必须绑扎到位，从放线开始检查，从审图放样开始计算。梁、柱节点处钢筋密集，接头多，钢筋绑扎时必须首先保证柱子立筋位置再安排梁主筋位置，箍筋相应调整，才能确保钢筋到位，箍筋贴牢受力筋。针对钢筋混凝土结构施工中钢筋位移，混凝土保护层厚度不均等质量通病，本工程在结构施工阶段墙、柱钢筋绑扎时，上口设置钢筋定距框，以控制墙、柱主筋全部到位，保证混凝土保护层完全正确。采用混凝土保护层专用定位塑料片具代替传统砂浆垫块，保证钢筋在结构中的位置和混凝土保护层的厚度。

9. 电渣压力焊操作要点

为防止轴线偏移，焊接时必须正确安装夹具和钢筋，并矫直钢筋端部。焊后不能过快拆卸夹具，防止钢筋弯折。

如果出现咬边现象，应适当减小焊接电流，缩短焊接时间。

应按要求烘焙焊剂，清除钢筋焊接部位的铁锈，并确保接缝在焊剂中合适的埋入深度，防止产生气孔。

电渣压力焊接头必须检查其外观质量，焊包突出表面高度满足规范要求。

5.1.4.3　模板工程

1. 一般要求

模板是混凝土施工的关键，模板支设必须牢固、严密，决不允许在浇筑混凝土时发生胀模和漏浆现象。

模板尽量选用大块板；加强背楞刚度，加大拉杆直径，以增强模板刚度；拉通线全过程监控、校正；所有模板侧向应刨平整，以保证拼缝紧密；模板厚薄应挑选一致，确实无法挑选应在背面加垫片。

2. 支撑体系

框架支模采用木支撑，因框架梁自重较大，故木支撑间距确定为600mm。水平方向钉拉结板，离楼地面500mm设一道，以上每隔2.0m设一道，纵、横方向均设，每层至少两道。

浇筑柱混凝土时，必须采用工具式独立操作平台施工。混凝土输送泵管道托架严禁与柱模板及连续梁模板的支撑体系连接，以防外力使控制坐标网和模板位移。

3. 柱模板

柱使用木胶合板模板，每面配成一块，合模后用40mm×80mm方钢或钢管配合螺栓加固。模板背龙骨用90mm×90mm方木，龙骨间距簧不大于300mm。柱箍间距500mm。柱子支撑使用φ8×3.5钢管或可调拉杆，每面设生根支撑（或拉杆），上下各两道。

柱模校正采用经纬仪或垂球，通过可调拉杆、纵横坐标钢丝，调整柱模拉杆螺栓，达到轴线位置准确，对角线相等，随后上紧柱箍扣件。在楼板混凝土施工时，事先预埋好校正模板的预埋铁件，模板根部预埋短钢筋。

4. 梁、板模板

支梁底模时要校核起拱高度（起拱高度为2‰），随时检查梁底平整度。大梁侧模板由对拉螺栓连接固定，竖向各设两排拉杆，横向间距 0.6m，侧模板组装要在梁两端拉线，以保证梁侧面的平整度，侧模外用木方作横肋，以保证大梁平直度，大梁间设水平支顶。

调整顶板支柱高度，调平大龙骨后，铺设楼板模板。平台模板支完后，用水平仪检测模板高度，并调整模板的平整度。

规范规定大于跨度 8m 的梁，底模拆除时混凝土强度必须达到 100％设计强度，因此，模板占用期较长，影响工程进度。为使混凝土强度达 75％便能拆模，必须缩短梁的跨度，故采用活络脱模法。在主、次梁交接处将支撑加强。这部分梁底模板在混凝土强度到 100％后再拆除，其余部分可提前拆除。

梁底支撑必须确保有足够的强度和刚度。一层梁板的顶撑要支在结实、平整，并有排水措施的基层上，并铺碎石，顶撑下垫 50mm 厚跳板通长设置。

5. 阳角、垂直度处理

阳角处理方法：主要是柱阳角。为保证角方正、垂直和不漏浆，主要采用拉杆和 90mm×90mm 方木作竖压杆，用槽钢或钢管作横拉杆。梁、板模板支设前应先将梁、柱交界处的柱头模板支设好，然后再支主、次梁模板。

垂直度：柱模垂直度可用拉杆加斜撑加固和控制。拉通线全过程监控，一排柱拉上、中、下三道通线，柱模安装后全面检查纠正，浇筑混凝土时随时校正，浇筑后 1h 内再复查。

6. 模板拆除

拆模时间必须按规范要求进行，不得提早拆模。底模板拆除时的混凝土强度要求参见混凝土工程施工技术规范。

5.1.4.4　混凝土工程

1. 混凝土的拌制

混凝土搅拌站根据现场所选用的水泥品种、砂石级配、粒径和外加剂等进行商品混凝土预配，优化配合比。试配结果通过项目部审核后，提前报送监理单位审查合格后，方可施工。塔吊要保证施工材料的运输，在施工安排时要合理穿插。

2. 人工挖孔灌注桩混凝土浇筑

（1）护带混凝土工程。本工程护带掘进过程中逐段在竖井内捣制，在较稳定的土层中，护带的前段高度取 900mm，当桩出现流砂的情况时，可在钢筋处塞稻草以挡泥砂流出，若遇严重情况时，可在护带位置的四周打入 Φ4@100 的 Ⅱ级钢筋，不至于造成桩孔的四周塌方。上下护壁预埋纵向钢筋加以连接，使之成为整体。

（2）桩芯混凝土工程。当挖孔桩至设计要求的土质后，将井底残渣清除干净，由质监、建设、设计、监理和勘察等部门组织桩孔验收，达到设计要求后，再进行下道工序绑扎钢筋，浇筑桩芯混凝土。

（3）浇筑桩芯混凝土前的准备工作。溜斗、溜槽和串筒的准备。混凝土经过串筒面达到浇筑面，其自上落下的高度不宜大于 2m，否则会造成混凝土的分层和不均匀，影响混凝土的质量。桩芯混凝土的浇筑由操作人员用插入式振捣器分层捣实混凝土，前层厚度不超过 500mm，插入形式为垂直式。插点间距约 200～500mm，并且做到"快插慢拔"。每个桩的桩芯混凝土必须一次连续浇捣完毕，不留设施工缝，交接班间隙不超过 2h。注意控制桩芯混凝土的浇筑高度，以免造成桩芯混凝土浇筑过高（但必须高出设计桩顶标高30mm 左右，在上部结构混凝土施工前把桩顶浮浆淘掉）。如桩顶浮浆过多时，必须将浆淘掉，并用坍落度小的混凝土浇筑，以不存在浮浆为宜。每一根桩芯混凝土做试件一组。

3. 墙、柱混凝土浇筑

墙、柱及电梯井壁混凝土浇筑到梁板底，浇筑时要控制混凝土自上落下高度和浇筑厚度，防止离析、漏振。混凝土振捣采用赶浆法，新老混凝土施工缝处理应符合规范要求。严格控制下灰厚度及振捣时间，不得振动钢筋及模板，以保证混凝土质量。加强梁、柱接头及柱根部的振捣。防止漏振造成根部结合不良。

因本工程楼层较高，为了避免发生离析现象，混凝土自高处倾落时，其自由倾落高度不宜超过 2m，如高度超过 2m，应设置串筒，或在柱模板上侧面留孔进行浇筑，为了保证混凝土结构良好的整体性，不留施工缝，混凝土应连续浇筑，如必须间歇时，间歇时间应尽量缩短，并应在下一层混凝土初凝前将上层混凝土浇筑完毕。

浇筑柱子时，为避免柱脚出现蜂窝，在底部先铺一层 50mm 厚同混凝土配比无石砂浆，以保证接缝质量。

4. 梁、板混凝土浇筑

（1）施工组织。混凝土浇筑施工采取全过程控制、全方位质量管理方法，从搅拌、运输、入模、振捣到养护，每一环节均派专人负责、专人管理，达到在中间过程控制以确保最终结果控制的目的。

（2）浇筑前准备。现场临水、临电已接至施工操作面。

混凝土输送泵泵管沿外围护脚手架接至楼板向上布置，泵管架设于马凳上，泵管接头处必须铺设两块竹胶板，以防堵管时管内的混凝土直接倒在顶板上，难以清除。

楼板板面抄测标高，用短钢筋焊在板筋上，钢筋上涂红油漆或粘贴红胶带，标明高度位置，短钢筋的纵横间距不大于 3m，浇筑混凝土时，拉线控制混凝土高度，刮杠找平。

混凝土班组人员安排应分工明确，有序进行，每个混凝土班组应配备一名专职电工，三名木工和两名钢筋工，跟班组作业，以保障施工正常进行。

浇筑混凝土前，各工种详细检查钢筋、模板、预埋件是否符合设计要求，并办理隐蔽、预检手续。用水冲洗干净模板内遗留尘土及混凝土残渣，保持模板板面湿润、无积水。

根据混凝土浇筑路线铺设脚手板通道，防止已绑完钢筋在浇筑过程中被踩踏弯曲变形。

（3）浇筑顺序。混凝土浇筑顺序遵循先浇低部位、后浇高部位，先浇高强度、后浇低强度的原则。先浇混凝土与后浇混凝土之间的时间间隔不允许超过混凝土初凝时间。

（4）浇筑过程中注意事项。使用插入式振捣器应快插慢拔，插点要排列均匀，逐点移动，顺序进行，不得遗漏，移动间距为 300～400mm。

浇筑混凝土应连续进行，如必须间歇，在下层混凝土初凝前必须将上层混凝土浇筑完毕。

混凝土浇筑过程中应经常观察模板、钢筋、预留孔洞、预埋件和插筋等是否移动、变形或堵塞，发现问题及时处理，并应在混凝土初凝前修整完毕。

柱头、梁端钢筋密集，下料困难时，浇筑混凝土应离开梁端下料，用振捣棒送至端部和柱头，对此部位应采用小直径振捣棒仔细振捣，保证做到不漏振、不过振，振捣不得触动钢筋和预埋件，振捣后检查梁端及柱头混凝土是否密实，不密实处人工捣实。

梁板混凝土浇筑时从一端开始用赶浆法连续向前进行。

梁板混凝土浇筑时，混凝土虚铺厚度可略大于板厚，用铁扒将泵管口处堆积混凝土及时扒开，摊平。

混凝土浇筑过程中，要加强成品保护意识，施工操作面铺设走道，不得直接踩踏钢筋，不得碰动预埋铁件和插筋。

混凝土泵管必须用马凳支撑，不得直接放在钢筋上，浇完混凝土后，及时将马凳移走并用振捣棒补振密实。

为防止向楼层输送混凝土时重力作用面使泵管内混凝土产生逆流现象，在混凝土出料口附近的输送泵管上加止流阀。

混凝土振捣完毕，用刮杠及时刮平。混凝土初凝后用木抹子搓毛、压实两遍，消除表面微裂缝。柱插筋上污染的水泥浆要清除干净，柱根混凝土表面在混凝土初凝后终凝前清除浮浆。

5. 混凝土的养护

混凝土浇筑完成后覆盖并进行养护，采用洒水养护法。气温较高时，楼板混凝土在浇筑完终凝后立即覆盖一层塑料薄膜，天气炎热时上面洒水降温。

5.1.4.5 砌筑工程

1. 砖墙砌筑

在砌筑前要弹好墙轴线，并立好皮数杆。砖提前一天浇水湿润，砌砖时，采用"三一"砌砖法，即一铲灰、一块砖、一挤揉。砌砖一定要跟线，做到"上跟线，下跟棱，左右相邻要对平"。水平灰缝厚度和竖向灰缝宽度一般为10mm，但不应小于8mm，也不应大于12mm。

2. 工艺流程

基层清理→放线→焊接绑扎构造柱钢筋→钢筋验收→管线预留→排砖摆底→砌筑→窗下混凝土带（钢筋、模板、混凝土）→门窗洞顶混凝土过梁模板、钢筋→过梁以下构造柱模板→混凝土浇筑→过梁以上墙体砌筑→砌体验收。

3. 材料准备

材料进场后按规范规定取样试验，经试验合格、外观合格的材料方可用于本工程。

施工中所用的砂浆由试验室试配确定配合比，必须按照配合比进行搅拌施工，所用的水泥必须有出厂合格证或检验报告，并按规范要求复验合格后方可使用。

4. 施工要点

结构施工期间根据设计要求及图集构造要求绘制构造柱分布图，用以指导结构施工期间构造柱预埋铁件施工，除上述规定位置需要留设构造柱预埋铁外，在异形交叉点等难以砌筑或难以保证砌体搭接要求的部位，按构造柱要求浇筑混凝土。

砌体填充墙上有固定支架、洁具等部位，要求浇筑混凝土时，浇筑部位事前应与各专业协调后确定。

各专业预留管道、管线密切配合砌筑，及时穿插作业，施工前制定详细施工计划，明确施工部位、时间，并发至各相关专业。

隔墙与楼板交接处用实心砖斜砌实，砂浆要饱满。

砌筑时每跨均立皮数杆，单一面柱线，随着砌体的增高随时用靠尺校正平整度、垂直度。

施工前先施工样板，经认可后方可大面积施工，施工期间专职质检员随时检查监督。室内地面有防水要求的房间，砌筑时底部 300mm 采用普通黏土砖，下边 300mm 高度墙体宜比上部墙收进 15～20mm，以利于防水收尾施工，施工完成后同大墙面平。

及时做好砂浆及混凝土试块的留置工作，并收集整理好技术资料。

外墙高处施工作业应遵守 JGJ 80—91《建筑施工高处作业安全规范》有关规定。

5.1.4.6　防水工程

1. 材料要求

防水材料必须有产品质量认证书、卷材出厂合格证、材质证明书。材料进场后要按要求抽样检验，合格后方可施工。

2. 工艺流程

基层清理→刷底油→施工附加层→卷材铺贴→质量检查→质量验收→保护层施工。

3. 施工要点

屋面找平层必须平整干燥，基层处理剂涂刷均匀。

按弹好标准线的位置，在卷材一端用喷灯火焰将卷材涂层熔融，随即固定在找平层表面，用喷灯火焰对卷材和基层表面的夹角，边熔融涂盖层边跟随熔融范围缓慢地滚铺卷材，将卷材与找平层黏结牢固。卷材的长短边搭接不小于 80mm。

女儿墙、落水口、管根、檐口、阴阳角等细部先做附加层，附加层做成圆角。

卷材铺贴完毕后，采用黏结剂将末端黏结封严，防止张嘴翘边。

卫生间防水层施工完成后，应及时做好防水保护层。

5.1.4.7　垂直运输和脚手架

1. 垂直运输

结构施工阶段，在现场北侧布置一台吊车，主要解决钢筋、模板、架子管的垂直运输。混凝土运输主要采用混凝土输送泵。装饰工程施工阶段布置两座龙门架解决装饰材料运输。

2. 脚手架工程

本工程外脚手架采用钢管脚手架，操作层满铺脚手板，外挂安全网。脚手架下基土夯实，垫层高于室外地坪且有排水措施，立杆下垫垫木。脚手架所用各种材料要有足够的强度和刚度。按规定脚手架立杆纵距为 1.2m，立杆横距为 0.9m，横杆步距为 1.5m，脚手架逐层与主体结构拉结，脚手架外侧设两道护身栏杆和一道 180mm 高的挡脚板，防护高度为 1.2m。

5.1.4.8　施工机具设备

主要施工机具见表 5.2。

表 5.2   工程主要施工机械设备表

序号	机械或设备名称	型号规格	数量	产地	制造年份	额定功率（kW）	生产能力	备注
1	钢筋切断机	CJ40A	2	沈阳	2000	5.5		
2	钢筋弯曲机	GMT7-40	2	沈阳	2001	3.0		
3	钢筋调直机	G763-9	2	沈阳	2001	5.5		
4	电焊机	DN-25	6	沈阳	2000	24	25kW	
5	吊车	TQ315	1	北京	2001			
6	混凝土振捣器	ZJ50	15	沈阳	2001	1.1		
7	水泵	32VG	4	沈阳	1998	5.5	50m	
8	经纬仪	BJ2	2	北京	2001			
9	水准仪	S6	2	北京	2000			
10	卷扬机	JD-11.4	3	沈阳	1998	11.4		
11	拌和机	JS-350	3	天津	1997	5.5	350m³	
12	电锯		4	沈阳	1997	4.0		
13	电钻		6	沈阳	2000	1.1		
14	电锤		4	沈阳	1998	1.1		

5.1.4.9 主要材料需要计划

主要材料需要计划见表 5.3。

表 5.3   主要材料需求计划表

序号	名 称	型 号	数 量	进场时间
1	砂子		1987m³	5 月 10 日起陆续进场
2	胶合木模板		7937m²	5 月 20 日起陆续进场
3	木方		756m³	5 月 20 日起陆续进场
4	钢模板		603m³	5 月 20 日起陆续进场
5	木支撑		570m³	5 月 20 日起陆续进场
6	钢管		105t	5 月 20 日起陆续进场
7	安全网		7531m²	6 月 10 日起陆续进场
8	钢筋	φ10	253t	6 月 1 日起陆续进场
9	钢筋	φ8	116t	6 月 1 日起陆续进场
10	钢筋	φ6.5，φ12	51t	6 月 1 日起陆续进场
11	钢筋	φ25	447t	6 月 1 日起陆续进场
12	钢筋	φ22	94t	6 月 1 日起陆续进场
13	钢筋	φ20，φ18，φ16	86t	6 月 1 日起陆续进场
14	商品混凝土	C30	3746m³	5 月 20 日起陆续进场
15	商品混凝土	C40	1992m³	6 月 1 日起陆续进场
16	水泥	32.5	857t	5 月 10 日起陆续进场
17	水泥	425	61t	5 月 10 日起陆续进场

序号	名　称	型　号	数　量	进 场 时 间
18	空心砖	240×175×115	430 千块	6 月 20 日起陆续进场
19	实心砖	240×115×53	464 千块	5 月 10 日起陆续进场
20	彩轴砖	45×195 等	10771m²	8 月 16 日起陆续进场
21	矿棉板	300×600 等	11075m²	9 月 28 日起陆续进场
22	花岗岩板		5337m²	8 月 16 日起陆续进场

5.1.4.10　劳动力需求计划

劳动力需求计划是以每班 8 小时工作制为基础，劳动力需求计划见表 5.4。

表 5.4　　　　　　　　　　　主要材料需求计划表　　　　　　　　　　单位：人

工种	5 月	6 月	7 月	8 月	9 月	10 月	11 月
钢筋工		30	30	15			
混凝土		21	24	21			
木工		50	50	50	25	25	10
力工	50	55	55	55	20	20	10
架子工		8	8	8	8	8	
电焊工		4	4	4	3	3	
瓦工			12	30	20	3	2
防水工					10		
抹灰工				40	40	40	2
机械工				9	9	9	
吊车		6	6	6			
油工				15	15	15	2
电工	6	10	10	15	15	15	20
水暖工	3	5	5	15	15	20	20
合计	59	189	201	283	180	158	66

5.1.5　主要管理措施

5.1.5.1　安全施工措施

1. 挖孔桩及临边防护措施

挖孔桩及楼层临边要设置防护栏杆，防护栏杆由上、下两道横杆及栏杆柱组成，上杆距地面高度为 1.2m，下杆离地高度为 0.5m，并立柱安全网进行防护。

2. 洞口防护措施

进行洞口作业以及因工程和工序需要而产生的、使人或物有坠落危险或危及人身安全的其他洞口进行高空作业时，必须设置防护措施。边长小于 500mm 的洞口必须加设盖板，盖板须能保持四周均衡，并有固定其位置的措施。楼板上的预留洞在施工过程中可保留钢筋网片，暂不割断，起到安全防护作用。边长大于 1500mm 的洞口，四周除设防护栏杆外，还要在洞口下边设水平安全网。

3. 脚手架安全防护

各类施工脚手架严格按照脚手架安全技术防护标准和搭设规范搭设，脚手架立网统一采用绿色密目网防护，密目网应绷拉平直，封闭严密。钢管脚手架不得使用严重锈蚀、弯曲、压扁或有裂纹的钢管，脚手架不得钢木混搭。

脚手架必须与主体结构拉接牢固，拉接点垂直距离不得超过 4m，水平距离不得超过 6m。拉接所用的材料强度不得低于双股 8 号镀锌铁丝的强度，高大脚手架不得使用柔性材料进行拉接，在拉接点处设可靠支顶。

脚手架的操作面必须满铺脚手板，离墙面不得大于 200mm，不得有空隙和探头板，施工层脚手板下一步架处兜设水平网。操作面外侧应设两道护身栏杆和一道挡脚板，防护高度为 1.2m。立挂安全网，下口封严。

4. 临时用电

建立现场临时用电检查制度，按照现场临时用电管理规定对现场的各种线路和设施进行定期检查和不定期抽查，并将检查、抽查记录存档。

独立的配电系统必须按采用二相五线制的接零保护系统，非独立系统可根据现场的实际情况采取相应的接零或接地保护方式，各种电气设备和电力施工机械的金属外壳、金属支架和底座必须按规定采取可靠的接零或接地保护。

在采用接地或接零保护方式的同时，必须设两级漏电保护装置，实行分级保护，形成完整的保护系统，漏电保护装置的选择应符合规定。

各种高大设施必须按规定装设避雷装置。

电动工具的使用应符合国家有关规定和标准，工具的电源线、插头和插座应完好，电源线不得任意接长和调换，工具的外绝缘应完好无损，维修和保管由专人负责。

5.1.5.2　消防管理措施

(1) 氧气瓶不得曝晒、倒置、平放使用，瓶口处禁止沾油。氧气瓶和乙炔瓶工作间距不得小于 5m，两瓶同焊接的距离不得小于 10m。

(2) 严格遵守有关消防方面的法令、法规，配备专、兼职消防人员，制定有关消防管理制度，完善消防设施，消除事故隐患。

(3) 现场设有消防管道、消防栓，楼层内设有消防灭火器材，并有专人负责，定期检查，保证完好备用。

(4) 现场实行用火审批制度，电、气焊工作时要有灭火器材，操作岗位上禁止吸烟，对易燃、易爆物品的使用要按规定执行，指定专人设库存放、分类管理。

(5) 新工人进场要和安全教育一起进行防火教育，重点工作设消防保卫人员，施工现场值勤人员昼夜值班。

5.1.5.3　文明施工措施

(1) 按建设单位审定的平面规划图布置临时设施及施工机具、材料堆放场地，确定临时进出场线路。

(2) 严格按计划和施工程序组织施工，以正确的施工程序协调、平衡各专业的工作安排，确保工程顺利进行。

（3）现场实行划区负责，分片包干。机具材料堆放整齐，每天须清运施工废料和垃圾到总包指定地点，保持场容场貌整洁卫生。

（4）进入施工现场人员按要求配置劳动保护用品，着装统一，佩戴胸牌。

（5）厉行节约，严禁长流水，长明灯。经常保持施工场地平整及道路排水畅通，做到无路障、无积水。

（6）加强检查监督，经常性地开展检查活动，及时制止不文明施工行为。

5.1.6 冬、雨期施工措施

1. 雨期施工措施

（1）应做好施工人员的雨期施工培训工作，组织相关人员进行一次施工现场准备工作的全面检查，包括临时设施、临电、机械设备防护等项工作。

（2）检查施工现场及生产、生活基地的排水设施，疏通各种排水渠道，清理雨水排水口，保证雨天排水通畅。

（3）检查脚手架，立杆底脚必须设置垫木或混凝土垫块，并加设扫地杆，同时保证排水良好，避免积水浸泡。所有马道、斜梯均应钉防滑条。

（4）在雨期到来前要对避雷装置作一次全面检查，确保防雷安全。

（5）工地使用的各种机械设备：如钢筋对焊机、钢筋弯曲机、卷扬机、搅拌机等应提前做好防雨措施，搭防护棚，机械安置场地高于自然地面，并做好场地排水。

（6）为保证雨期施工安全，工地临时用电的各种电线、电缆应随时检查是否漏电，如有漏电应及时处理，各种电缆该埋设的埋设，该架空的架空，不能随地放置，更不能和钢筋混在一起，以防电线受潮漏电。

2. 冬期施工措施

（1）施工前，对有关人员进行系统专业知识的培训和思想教育，使其增加对有关冬期施工重要性的认识，根据具体施工项目的情况编制冬期施工方案，根据冬期施工项目的需要，备齐冬期施工所需物资。

（2）现场施工用水管道、消防水管接口要进行保温，防止冻坏。

（3）安装的取暖炉必须符合要求，经安全检查合格后方能投入使用。

（4）通道、马道等要采取防滑措施，要及时清扫通道、马道、爬梯上的霜冻及积雪，防止滑倒出现意外事故。

5.1.7 施工进度计划

确定本工程开工日期为 2012 年 5 月 21 日，竣工日期为 2012 年 11 月 20 日，施工的总日历天数为 180d。施工进度计划表见表 5.5。

5.1.8 施工平面布置图

为了便于管理，现场办公室、宿舍、伙房、木工作业场、钢筋作业场及砂、石、水泥库均集中在北面布置，塔吊布置在中间，龙门架布置在建筑物两端，施工用临水、临电布置在场地四周。施工平面布置如图 5.2 所示。

表 5.5 施工进度计划表（2012 年 5～11 月）

序号	主要施工过程	5月 21日	6月 1日	11日	21日	7月 1日	11日	21日	8月 1日	11日	21日	9月 1日	11日	21日	10月 1日	11日	21日	11月 1日	11日
1	施工准备工作																		
2	测量放线																		
3	挖孔桩工程																		
4	承台、地梁																		
5	回填夯实																		
6	一层框架结构																		
7	二层框架结构																		
8	三层框架结构																		
9	四层框架结构																		
10	五层框架结构																		
11	六层框架结构																		
12	七层框架结构																		
13	八层框架结构																		
14	砌筑工程																		
15	屋面工程																		
16	门窗工程																		
17	外饰面工程																		
18	内饰面工程																		
19	楼地面工程																		
20	台阶、散水																		
21	水、电安装																		
22	清理、竣工																		

图 5.2 施工平面布置图

学习单元 5.2　道路工程施工组织设计训练

5.2.1　工程概况

5.2.1.1　工程概况

　　某高速公路起点位于××县××村，顺接规划的某高速公路，全长 45.961km。本合同段起讫桩号为 K37＋000～K43＋560，全长 6.56km。路线沿王卫大堰及其上游的水库布设，后在 K38＋500 跨越××市规划区东城大道，又跨越 S215，在 S215 南侧预留互通立交桥八里亭互通立交建设条件，沿山体布设至 K41＋400，后又在两山间的沟谷布设直至 K43＋560；平曲线最小半径 2700m，最大纵坡 2.97%。

　　全线采用高速公路标准建设，全封闭、全立交，设计时速 120km/h。其中：K39＋975.141～K43＋963.865 段与规划的扬州至绩溪高速公路共线，采用双向六车道，路基宽 34.5m；其余路段均为双向四车道，路基宽 28m。全线桥涵设计汽车荷载等级采用公路－Ⅰ级，路面面层类型为沥青混凝土。

　　建设单位：×××省高速公路控股集团有限公司；

　　设计单位：××交通规划设计研究院；

　　监理单位：××工程监理有限公司。

5.2.1.2　地形、地质条件及水文、气象条件

　　本项目处于皖南山区与沿江平原，西南部及东南部地势较高，中部和北部为丘陵和平原。微地貌单元可分为河漫滩、一级阶地、二级阶地、岗地、低丘、高丘 6 个微地貌形态类型。本合同段位于低丘地貌。本项目区属北亚热带湿润季风性气候区，具有以下特点：季风明显，四季分明；光温同步，雨热同季；气候湿润，雨量充沛：全区年平均温度为 15.7～15.9℃，年降水量在 1200～1300mm；梅雨显著，夏雨集中，平均梅雨量 200～350mm，一般约占全年雨量的 1/4。夏雨集中是季风气候的特征之一，一般夏季降水 500～600mm，占全年降水量的 40% 左右。

5.2.1.3　水、电力、交通及通信条件

　　本标段工程位于山岭丘陵区，用水基本能满足施工要求；施工用电采用接地方用电干线（需经地方电力部门批准），辅以自发电；进场道路条件一般，主要有东城大道和 S215，路线在 K38＋500 处与东城大道斜交，该市政道路状况良好，可作为施工运输的主要道路，与后期的施工便道形成施工运输网络；另外，从 S215 经施工便道可进入路基，经 K37＋150 处村村通（为 3.5m 宽的泥结碎石路面）能够到达本标段的五高路大桥。该地区通信网络发达，通信条件良好。

　　本合同段根据路线走向及路基实际的地形、水系特点，施工便道 K37＋000 至 K38＋600 沿路基右侧布设，可由 K38＋530 处路基与东城大道的交叉处进入。在 K37＋025、K37＋150、K37＋430、K37＋922、K38＋005 及 K38＋520 等路基涵洞通道的便道处，分别埋设圆管涵，圆管涵直径为 1.5m，涵洞两侧用砌石进行防护。

5.2.1.4　工程重点及难点

　　（1）本标段填挖结合部较多，结合部的处理是路基施工控制的一个重点。

（2）本标段高边坡共计 4 处，共计 903m，分别为 K37＋680～K37＋910 左侧、K38＋020～K38＋300 右侧、K40＋610～K40＋900 右侧、K43＋187～K43＋290 左侧，其中 K43＋187～K43＋290 左侧最大边坡高度达 29m，施工难度大，填挖结合处的台阶衔接及高边坡开挖及防护是本项工程的关键。

（3）本标段的桥梁工程施工是影响本项目总体工期、质量的主要因素，桥梁工程施工作为本工程的重点。

5.2.2　施工组织机构及职责分工

项目经理部的项目领导层设项目经理 1 人、项目总工 1 人、项目副经理 3 人、项目书记 1 人；项目部驻地设在 K38＋500 路基右侧与××市东城大道交叉处，距 S215 省道 91km 处约 500m；下设"六部二室"的项目职能管理层，即工程技术部、安全环保部、物资设备部、综合管理部、计划合同部、财务部、中心试验室、资料档案室，"六区一站一场"的项目施工作业层，即六区：路基一工区、路基二工区、路基三工区及桥梁一工区、桥梁二工区、桥梁三工区，每个路基工区设土方施工、石方爆破施工、涵洞施工及防护排水综合施工队。由此形成作业工区管点、职能部室管线、项目班子管面的点线面立体管理格局，横向到边，纵向到底，不留管理死角。施工机构组织图如图 5.3 所示。

图 5.3　施工机构组织图

5.2.3　施工总体布署

5.2.3.1　施工总平面部置

本标段平面布置遵循设计图纸和现场实际情况要求，因地制宜，有利生产，方便生活，易于管理，经济合理并符合文明施工的原则，考虑沿线工程量的分配、施工区段的划分，结合现有进场道路，依据交通便利要求进行布置。

项目部位于 K38＋500 路基右侧，此处紧邻开发区大道及 215 省道，交通便利。项目办公用房 24 间，建筑面积 480m²；停车场 670m²；会议室面积为 100m²；档案资料室面积为 20m²，内设资料架，保持通风干燥、配有灭火器；试验室分为办公室、化学室、土工室、集料室、力学室、水泥室、混凝土室及标准养护室各一间，建筑面积为 160m²；活动室一间，并配备相应的健身器材和娱乐设施；篮球场一处；办公区及生活区内砌筑花池进行绿化。宿舍区内有宿舍 24 间，建筑面积 580m²；食堂及餐厅建筑面积 90m²；男、女浴室及洗衣间建筑面积 70m²。项目经理部内场地进行硬化处理，部分绿化，排水设施完善，区内标志牌醒目、简洁、美观并排列有序。

5.2.3.2　人员、设备、材料组织动员周期

1. 人员

根据本合同段的工程量和工程特点，公司选派精明强干的项目经理，选聘懂技术、懂业务、懂管理的各类业务、技术人员，选择精干的施工队伍，建立有效的施工组织机构，保质保量地完成好本合同段工程的施工任务。

项目经理部人员构成：项目经理 1 人，项目总工程师 1 人，工程技术部 12 人，合同计划部 2 人，物资设备部 4 人，安全环保部 4 人，综合管理部 2 人，试验室 10 人。

2. 设备

根据本合同段的施工任务和有效施工工期，以高标准高质量配足、配齐与本工程特点相适应的机械设备。所需设备全为自有，对于自有设备，统一维修；及时对机械设备操作手进行培训，使机械设备操作手熟悉本机的构造、性能及保养规程，做到"三懂四会"，即懂原理、懂性能、懂用途，会操作、会保养、会检查、会排除常见故障。所有主要机械设备于 2010 年 3 月 15 日前进场结束，同时建立机械设备操作手的岗位责任制。

5.2.3.3　施工总体安排

1. 施工总体安排

进场后，已组织专业测量人员对导线点和水准点进行复核、联测、加密，征地边线的复核及原地面测量的工作正在进行；料场的取样及试验工作正在有计划进行。本合同段工程施工大致分为 4 个阶段：

第一阶段（筹备、磨合阶段）：起讫时间为 2010 年 1 月 8 日至 2010 年 4 月 20 日，主要工作有：临时驻地建设，人员、设备组织进场，材料选定并签合同，开工前试验、测量技术准备及与业主、监理、地方关系沟通、协调，拌和站的选点及筹建、设备安装调试，便道修筑，具备全面施工条件。施工准备工作计划分工职责见表 5.6。

表 5.6　　　　　　　　　　　施工准备工作计划分工职责表

序号	准备项目	简明内容	负责人
一	技术准备		项目总工
1	图纸会审	建立会审制度，审阅施工图是否规范，发现图纸问题，了解设计意图	项目总工

续表

序号	准 备 项 目	简 明 内 容	负责人
2	施工组织设计编制、审批	编制施工组织设计，按公司规定上报审批	项目总工
3	施工预算编制	计算工程量，提供详细人工、材料、机械需用计划	核算员
4	技术培训	对运用场内机动车辆、电工、焊工等特殊工种进行上岗培训	项目副经理
5	配合比、土工试验	对现场配合比进行设计试配，提供配合比，提供土工试验数据	试验员
6	技术交底	施工组织设计交底，各分部分项工程交底以及新工艺交底	项目总工
二	物资条件准备		
1	组织材料进场	对各种供材进行验收、试验	材料员、试验员
2	半成品加工	附属件加工	施工员
3	施工机械保养和维修	组织设备进场、安装，对易损件订货采购	设备员
三	施工组织准备		项目经理
1	组建项目管理机构	建立项目部，配备各岗位管理人员，建立健全组织体系	项目经理
2	调整组建劳动力	组织劳动力进场，主要工种要满足施工需要	项目副经理
3	签订合同	签订与业主的合同、与作业班组的合同	项目经理
四	现场准备		
1	场容清理		项目副经理
2	"三通一平"	按总平面图布设施工用水管、电路和施工便道	项目副经理
3	测量定位放线	标高、轴线交接，布设高程、轴线控制桩	项目总工
4	临时设施	按总平面图布置生产、生活用房和材料堆场	项目副经理

　　第二阶段（路基、桥梁、涵洞工程大干阶段）：起讫时间为 2010 年 4 月 20 日至 2011 年 6 月 30 日，主要工作有：全线清理现场、清淤换填、基础处理，路基挖方（含石方爆破）及填筑、桥梁、涵洞等同时施工，按工序平行流水、立体交叉作业，全线呈现出大干局面。

　　第三阶段（冲刺阶段）：起讫时间为 2011 年 7 月 1 日至 2011 年 10 月 15 日，主要工作有：全线剩余填方的填筑及多余土方的挖弃、桥面系、防护与排水及其他工程施工，平行流水、立体交叉作业，全线形成工程收尾前冲刺阶段。

　　第四阶段（收尾、竣工阶段）：起讫时间为 2011 年 10 月 16 日至 2011 年 11 月 25 日，主要工作有：现场收尾，零星工程施工、质量检查及验收，竣工资料整理，人、机、材撤场等。

　　2. 路基施工方法

　　（1）路基施工采用机械化施工。路基填筑严格按施工规范进行，施工时按就地取土填筑、短距离运土填筑、远距离运土填筑及就地弃土及短距离弃土等原则予以配置。填筑采用水平分层填筑法施工，路基填筑采用推土机整平辅以人工配合、振动压路机压实。

　　（2）填石路堤是山区公路路基的重要结构形式，施工中选用较大功率的振动压实机具，并在施工前进行现场试验，确定能使填石路堤达到最大密实度的施工参数，据此作为填石路堤的质量控制标准，并在施工中依照 JTG F10—2006《公路路基工程施工技术规范》严格遵照执行。

（3）结构物台背填筑施工中配备大于 1t 的小型振动压路机和冲击夯，并保证至路床底 80cm 内均要达到 96％以上。

（4）路堑开挖先将不适用的表植土进行清除，而后按自上而下逐级开挖的原则进行开挖，土方路堑采用横挖法或纵挖法方式进行，边坡采用挖掘机和人工分层修刮平整；石方开挖时对软石和强风化岩石能用机械直接开挖的均采用机械开挖，凡不能使用机械直接开挖的石方则采用爆破法进行开挖。石方段爆破时严格控制药量，采用中小型爆破法施工，先靠近边坡开挖时采用光面爆破或预裂爆破。

（5）施工中加强管理协调工作，合理安排工序，做到有机统一。加强技术工作，专业技术人员现场指导施工，及时发现、解决问题。强调安全管理工作，严格控制危险物品；安全员跟班作业，加强巡查，做好高边坡的观测工作，尤其注意爆破施工的安全防范，使整个工程建设顺利进行。

5.2.4　工程总进度计划及工期保证措施

5.2.4.1　工程总进度计划及阶段性控制计划

开工日期：2010 年 3 月 26 日（具体以为业主下发的开工令日期为准）。

竣工日期：2011 年 11 月 25 日。

总工期：20 个月（607 个日历天）。

5.2.4.2　施工总进度计划

施工总进度计划横道图如图 5.4 所示。

主要工程项目 \ 年度 月份	2010										2011									
	3	4	5	6	7	8	9	10	11	12	1	2	3	4	5	6	7	8	9	10	11
1 施工准备																				
2 路基处理																				
3 路基填筑																				
4 涵洞																				
5 通道																				
6 防护排水																				
7 桥梁工程																				
（1）基础工程																				
（2）墩台工程																				
（3）梁体工程																				
（4）梁体安装																				
（5）桥面及附属工程																				
8 路面垫层																				
9 其他																				

说明：计划开工日期为 2010 年 3 月 26 日（暂定），计划竣工日期为 2011 年 11 月 25 日（暂定），工期为 20 月。

图 5.4　施工进度计划横道图

5.2.4.3　施工总进度计划网络图

施工总进度计划网络图如图 5.5 所示。

图 5.5 施工总进度计划网络图

5.2.4.4　主要分部分项工程节点计划

施工准备工作于 2010 年 4 月 15 日结束，涵洞通道工程于 2010 年 8 月底基本完成，路基工程于 2011 年 8 底完工，防护与路基同步施工，路基、排水工程于 2011 年 10 月中旬完工，桥梁桩基工程于 2010 年 9 月底全部结束，下部结构于 2011 年 3 月底全部完工，上部结构和桥面系于 2011 年 10 月中旬完工，于 2011 年 11 月 25 日完成合同内全部工作内容。

主要分部分项工程节点计划见表 5.7。

表 5.7　　　　主要分部分项工程节点计划见计划表

序　号	主 要 工 程 项 目	施工起迄日期（年．月．日）	日历天（d）
1	施工准备	2010.3.26～2010.4.15	21
2	路基处理	2010.4.16～2010.7.31	107
3	路基填筑	2010.5.1～2011.8.31	488
4	涵洞	2010.5.1～2010.8.31	395
5	通道	2010.5.1～2010.8.31	123
6	桥梁工程	2009.9.1～2011.4.30	607
	A、基础工程	2010.4.1～2010.9.30	183
	B、墩台工程	2010.6.1～2011.3.31	314
	C、梁体工程	2010.7.1～2011.6.30	365
	D、梁体安装	2010.8.1～2011.8.31	396
	E、现浇箱梁	2010.11.15～2011.7.30	259
	F、桥面及附属	2010.6.1～2011.4.30	198
7	防护与排水施工	2010.6.1～2011.10.15	502
8	收尾及竣工验收	2011.10.15～2011.11.25	41

5.2.4.5　工期保证措施

1. 组织保证

（1）成立了精干、高效、务实、专业的项目经理部，组成施工经验丰富、统一指挥且协调能力强的项目管理班子和业务精、技术熟、诚实敬业的施工人员对本合同工程全过程、全方位、按流程计划实施，使工程施工每个环节均在受控之中。

（2）成立了工期预控小组（交通公司工作协调组），对工程施工组织、设备配套、施工工艺、技术、质量、外部环境进行预测、监控，提供超前决策依据，使各分项工程工期目标始终处于受控状态。

（3）成立专职的地方协调组，选派有地方工作经验的同志，由项目书记亲自负责，发扬"敬业、诚信、创新、拼搏"的企业精神，本着"大事讲原则、小事讲风格"的原则，充分发挥我公司在类似公路工程施工中地方关系协调的成功经验，处理好地方关系，减少工程干扰，保证工程施工正常运行。

（4）成立劳动竞赛组，开展强大的劳动竞赛，通过有效激励，形成"比学赶超"的热潮，与此同时加大行政管理力度、经济奖罚力度，开发人力资源，全面调动人的积极性和创造性，确保工期按预定计划进行。

（5）强化管理，健全内部经济承包责任制，利用经济杠杆作用，来促进项目管理，对指挥不力、消极怠工者，从严处理。

2. 物质保证

（1）充分利用我公司已完工程中的闲置材料、设备，缩短调遣时间。

（2）充分利用我公司在公路系统及道路工程中多年的施工经验及在该地区良好稳定的材料供应关系，加大运料、备料力度，保证工程所需材料及时、保质保量供应。

（3）配备足够数量、性能良好的机械设备。所有施工进场设备均由设备器材部门统一调配，同时作出机械保养、调试工作计划，对调用的各种机械设备，提出机械运输路线计划，保证机械能按时到场。所有机械定期进行高速调试或保养，使之随时处于良好状态，保证机械使用率和完好率不小于90%。

（4）运用充足的新制大块钢模板（单块面积大于 $1.5m^2$ 、钢板厚 6mm 以上），加快混凝土工程立模速度，采用全电脑计量控制强制式混凝土搅拌机拌和混凝土。

（5）根据工程需要，工地现场配备临时试验室，负责对工地的检验、试验。

3. 资金保证

项目资金专款专用，就近存放，制定科学合理的资金使用计划，确保施工资金充足。资金使用计划表见表5.8。

表5.8　　　　　　　　　　　　　资 金 使 用 计 划 表

年　度	月　份	从开工月算起的时间 　　　（期数）	资金使用计划			
			分期		累计	
			金额（元）	%	金额（元）	%
2010	2	1（第一次开工预付款）	1414030	1.3	1414030	1.3
	3	2（第二次开工预付款）	2000000	1.8	3414030	3.1
	4	3（第二次开工预付款）	6000000	5.3	9414030	8.4
	5	4	5000000	4.4	14414030	12.8
	6	5	5400000	4.8	19814030	17.6
	7	6	6553519	5.8	26367549	23.4
	8	7	7408362	6.6	33775911	30
	9	8	7428167	6.6	41204078	36.6
	10	9	7253519	6.5	48457597	43.1
	11	10	6883941	6.1	55341538	49.2
	12	11	5062030	4.5	60403568	53.7

年 度	月 份	从开工月算起的时间 （期数）	资 金 使 用 计 划			
			分期		累计	
			金额（元）	%	金额（元）	%
2011	1	12	3463660	3.1	63867228	56.8
	2	13	3463660	3.1	67330888	59.9
	3	14	4463660	4	71794548	63.9
	4	15	5043378	4.5	76837926	68.4
	5	16	5300000	4.7	82137926	73.1
	6	17	5792674	5.1	87930600	78.2
	7	18	5673800	5	93604400	83.2
	8	19	3941971	3.5	97546371	86.7
	9	20	3562252	3.2	101108623	89.9
	10	21	2755071	2.5	103863694	92.4
	11	22	2941971	2.6	106805665	95
缺陷责任期			5621351	5	112427016	100
小 计			112427016	100	112427016	100
合 同 价			112427016 元			
备 注			合同价中未含暂定金额 1000 万元			

4. 技术保证

（1）优化施工方案。充分运用我单位以往山区高速公路施工的经验，对各分部分项工程施工方案等进行超前分析、比较择优，确保施工方案的科学性、先进性、合理性，从而加快施工进程。

（2）推行施工节点管理，合理筹划工序、流水线，确保主要节点目标按期完成。

（3）加强计划管理。制定严格的工期总目标及阶段性目标，落实责任制，并结合工程实际进展情况及时调整，确保施工节点计划做到以日保旬、以旬保月、以月保年。

（4）以质量保工期。严格按照设计图纸、技术规范、合同条款及监理程序施工，推行全面质量管理，使施工过程各生产要素始终处于受控状态，使产品一次性达到合格标准，杜绝返工，走以质量保工期之路。

（5）充分开展 QC 小组活动。推广新技术、新材料，探讨研究新方案、新工艺，切实缩短单项工程施工周期，加快工程建设。

（6）以安全促工期。制定切实可行的安全生产预防措施，确保生产安全，走安全保工期之路。

（7）制定严密的冬、雨、高温季节施工技术措施，在保证质量的前提下力争冬、雨、高温季节不中断施工，并加强施工便道的维护、保养，确保便道在雨雪天气正常贯通。

（8）紧急状态措施。一旦本工程出现异常情况或业主、监理对现场提出要求时，我公司将在接到项目部请示后 36h 内无条件按要求、高标准协调到位，确保工期。

（9）加强人员培训工作，对分部、分项工程施工技术、方案进行全面交底。工程全过程、全方位旁站监控，杜绝出现质量隐患及返工现象。

5. 农忙、节假期保证

（1）根据总施工进度安排，逐季逐月作出劳动力使用计划，保证劳动力充足。

（2）农忙、节假期施工时人力保证。由于本工程施工主要劳动力为单位职工和长期承建制的民工班组，在农忙、节假期对家住农村的小部分职工和民工班组采取经济补助政策，帮助家庭困难的农村职工和民工，使其安心在现场施工，从而保证生产不受影响。

（3）农忙、节假日材料供应。提前采取备料手段，以保证在此期间材料供应不受影响。

（4）节假日期间，所有领导坚守岗位，并以身作则，加大管理力度，确保生产正常进行。

5.2.5 主要工程项目施工方案、施工方法

5.2.5.1 工程测量

本工程测量专门设置测量组，归工程技术部管理，配备 1 名专业测量工程师，2 名长期从事公路测量的助理工程师，4 名测量员，负责本合同工程的施工控制测量、放样及相关技术资料的整编工作。

5.2.5.2 路基工程施工

本标段路基工程主要数量：挖土石方 91.07 万 m^3，土石方填筑 93.05 万 m^3。施工时分成三个工区，各工区投入相应施工力量，均衡生产，在项目部统一指挥下，各自开展工作面，同时施工；每个区段根据流水作业形成若干施工流水面，每个流水面长度以桥涵为界，按大约 200m 左右的施工段组织施工。施工时按就地取料填筑、短距离运料填筑、远距离运料填筑及就地弃料及短距离弃料等原则予以配置。路基施工前将地表腐殖土、草皮、树根等不合格料清除干净，填方地段在清表完成后将其整平压实到规定的要求再进行填方作业，填筑采用水平分层填筑法施工，路基填筑采用推土机整平辅以平地机、人工配合、光轮、振动压路机压实。

1. 路基放样

路基开工前先进行路基复测工作，其内容包括导线、中线、水准点复测、横断面检查与补勘、增设水准点等，施工测量的精度按交通部颁布的 JTG F10—2006《路基工程施工技术规范》的要求进行。

路基施工前，根据恢复的路线中桩、设计图表、施工工艺和有关规定钉出路基用地界桩和路堤坡脚、路堑堑顶、边沟等具体位置桩，并在距路中心一定安全距离处设立控制桩，其间隔不宜大于 50m。桩上标明桩号与路中心填挖高。用（＋）表示填方，用（－）表示挖方。在放完边桩后，进行边坡放样，测定其标高及宽度，以控制边坡的大小。并在边桩处设立明显的填挖标志，在施工中发现桩被碰倒或丢失时及时对其补上。

2. 挖方路基施工

（1）土方开挖。土方开挖采用挖掘机开挖作业，开挖时采用横挖法或纵挖法自上而下

分台阶进行，在部分路段可采用混合式开挖法。开挖时每层台阶控制在 2～3m 以内，并在台阶面设置 2％纵横坡以避免雨季积水。当运距在 100m 以内时，直接采用推土机推运或装载机挖运。运距在 100m 以外时用挖掘机和装载机配合自卸汽车施工。对于零星土方可用推土机推土堆积再用装载机或挖掘机配合自卸汽车运土。在施工中要根据边坡桩及时刷坡，避免超欠挖。

（2）石方开挖。对于软石和强风化岩石，能用机械直接开挖的均采用挖掘机开挖，凡不能使用机械开挖的则采取爆破法开挖。石方爆破前先对地下物和空中物以及周围建筑物进行调查，对地下物和空中物要拆迁的及时上报监理、业主，调查后制定爆破方案以确保安全。爆破选用中小炮爆破并采取风钻或潜孔钻打孔，对开挖风化较严重、节理发育或岩层产状对边坡稳定不利的石方采用小型排炮微差爆破，在距离设计坡面 1～2m 时应采用光面或预裂爆破。钻孔时孔向采用与坡面线的角度一致。在施爆可能影响建筑物地基时，在开挖层边界设计坡面打预裂爆破孔，孔深同炮孔深度，孔内不装炸药和其他爆破材料，孔的距离不大于炮孔纵向间距的 1/2。在无法保证建筑物安全时，将报请监理、设计、业主变更审批采用控制爆破或人工开凿方式进行。

（3）填方路基施工。路基填筑时，根据设计断面，分层填筑、分层压实，采用自卸汽车（远距）和推土机运土，推土机摊铺，光轮和振动压路机压实。路基填筑采用水平分层填筑法施工，即按照横断面全宽分成水平层次逐层向上填筑。按照系统分析的原则，将整个土石方填筑过程划分为 3 阶段、4 区段、8 流程，有序、标准地进行作业，充分发挥大型机械设备的效率，合理地利用空间和时间。采用灌砂法进行压实度监控检测，对路基施工的基底处理及不同填料条件下分层填的路基密实度进行全面测试控制，保证路基密实度满足设计要求。利用方和借土填方同时进行时，严禁混合填筑，需要分开区段和分层施工。

1）施工程序。土石方填筑的工艺标准程序为三阶段、四区段、八流程。三阶段为：准备阶段→施工阶段→竣工阶段；四区段为：填筑区→整平区→碾压区→检验区；八流程为：施工准备→基底处理→分层填筑→摊铺整平→洒水或晾晒→机械碾压→检验签证→路堤整修。

2）路基填筑。填筑前按 JTG F10—2006《公路路基工程施工技术规范》及设计要求，施工前对道路范围内的垃圾、杂填土进行彻底清除，清除的垃圾、杂填土用汽车运至弃土场内堆放。场地清理完毕后，进行整平碾压，使其密实度达到规定的要求（不小于 90％）。然后按路基填筑程序进行填筑施工。路堤填料运距在 100m 以内时，以推土机作业为主，100m 以外用挖掘机、装载机配自卸汽车运输。

每层填筑前，在两侧先填筑按预定的厚度的土路埂，以控制每层填筑厚度。

路堤填土宽度每侧比填层设计宽度大 30cm，确保压实宽度不小于设计宽度，填筑到位后进行边坡防护土。

路基填筑采用水平分层填筑法施工。即按照水平层次逐层向上填筑，土料松铺厚度不大于 30cm，石料松铺厚度不大于 50cm。当原地面不平时，从最低处分层填起，每填一层，经过压实符合规定要求后再填上一层。在原地面纵坡大于 12％的地段，采用纵向分层法施工，沿纵坡分层，逐层填压密实。在地面横坡陡于 1：5 的路段，填筑前将原地面挖成宽度不小于 2m 的台阶，台阶作成内倾 4％的坡度。

路基填筑采用自卸汽车将填料运输到所需的场地，按一定间距进行卸料，以免堆土间距太密导致填土厚度超过要求。

整平工艺采用推土机推平辅以平地机或人工方式进行。推土机在已堆好土的区域进行推平，推平过程中要做到工作面形成 1.5％左右的横坡，以确保压实后该层面不积水；推土机推平后，用平地机或人工将其填筑面凹凸不平处挖填整平。整平后进行碾压。

压实采用振动压路机进行碾压。碾压时，第一遍先不开振动静压，以保证填土表面平整度，然后先慢后快，由弱振至强振。碾压时直线段压路机由两边向中间、曲线段由内侧向外侧，纵向进退式进行。压路机行驶最大速度不宜超过 4km/h。压实中，横向重叠 0.4～0.5m，纵向重叠 1.0～1.5m，使之达到无漏压、无死角，确保碾压均匀。振动碾压后采用光轮再一次碾压。为了消除工后沉降，按填筑的规定厚度进行冲击碾压补强处理。

作业段交接处的填筑，不在同一时间填筑时，先填地段按 1：1 坡度分层留台阶；若两地段同时填，则要分层相互交叠衔接，其搭接长度要大于 2m。

路堤填筑至路床顶面时，路床顶面以下 30cm 范围内的填料最大粒径要控制在 15cm 以内；最后一层的最小压实厚度要大于 8cm，以免起皮剥离，影响路面基层质量。

路堤填高达到设计高程，检测合格后，恢复中线，测设路基面边线，按照设计坡度进行挂线整修边坡。边坡整修由人工作业，严禁超挖后补土，保证边坡密实。

在填方和挖方结合部的纵向按设计要求设置过渡段，过渡段设在挖方内，在路槽底反挖 0.4～0.8m，然后与填方一起分层填筑分层碾压，达到要求的密实度；在填方和挖方结合部的横向按设计要求加强结合部之间的整体性，在填方的边坡上挖成宽 2m 阶面呈 4％向内倾斜的台阶，在挖填方的交界处设置盲沟，在挖方路基路槽下挖深 0.4～0.8m，然后与填方段一起分层填筑，分层碾压，达到要求的密度。

3）路基施工的质量安全措施：

a）加强现场施工人员的质量安全教育。

b）加大碾压前含水量检测频率，确保碾压一次性合格。

c）严格按 JTG E40—2007《公路土工试验规程》的要求进行取样操作、试验。

d）路基两侧各加宽 50cm，确保边坡处压实合格。

e）每 10m 间距用石灰撒成方格网，严格控制土料松铺厚度。

f）增加压实度取样试验的频率及碾压遍数。

g）严格对试验仪器、测量仪器、计量仪器实行定期标定检验制度，确保所测数据和结果的准确性。

h）切实安排好土方施工机械、车辆的运行秩序，做到不抢道、不占道，既要保证正常交通，又要做到施工有序，避免发生意外事故。

i）施工机械操作做到专人专机，对于车况较差、驾驶人员思想不稳定的车辆清理出施工现场。

j）施工便道要安排洒水车经常洒水，保持施工便道不扬尘。

5.2.6　各主要分部分项工程的施工顺序

5.2.6.1　总体施工顺序

在本工程施工前，要统筹计划，合理地组织安排；进场后，首先要做好施工前的准备工作：如项目驻地建设，导线点、水准点复测、联测、加密，原地面的测量，各种原材料的试验、配合比试验、土工试验，施工方案的编制、交底，施工便道的修筑等；其次，进入实质性施工阶段，如土方工程：清表、原基处理、沟塘清淤回填、土方开挖、路基分层填筑，涵洞工程：施工放样、基坑开挖、基底承载力试验、涵洞施工，桥梁工程：按桩基础、系梁（承台）、墩柱（桥台）、盖（帽）梁、梁板预制、安装、桥面系等工序形成流水作业面，连续施工。防护及排水工程的施工与路基桥梁工程同时进行；施工时做好各工序间的衔接，使各工序之间形成立体交叉流水作业。

5.2.6.2　各主工分项工程施工顺序

本标段主要分项工程施工顺序及工艺流程如下。

1. 路基填筑施工顺序

（1）路基挖土方：开工报告及批复→恢复定线→路基放样→地表清理→土方挖运→整修边坡→平整路拱→标准击实试验→监理审批→路槽压实→复核测量→自检→监理检查→报请验收。

（2）路基挖石方：开工报告及批复→施工放样测量→清理表层覆盖土及危石→爆破组织设计→监理审批→测量布孔→钻孔→警戒、装药、填塞→防护警戒、起爆→危石、瞎炮处理→石方清运→二次爆破→路槽开挖与填筑→整修边坡→平整路拱及碾压→复核测量→自检→监理检查→报请验收。

（3）路基填方工程：开工报告及批复→修建便道→清除表土及特殊路基处理→测量放样→路基填筑→摊铺→整平、碾压→检验合格→下一层填土。

2. 涵洞通道施工顺序

盖板式涵洞通道施工：施工材料试验及设计配合比审批→开工报告及批复→测量放样→基坑开挖→地基承载力试验→模板安装→基础混凝土浇筑→模板安装→墙身混凝土浇筑→盖板安装（盖板预制）→洞口八字墙浇筑→出入口铺砌等附属工程施工→检查验收。

3. 桥梁工程施工顺序

测量放线→桩基施工→系梁（承台）施工→墩柱（台身）施工→盖（帽）梁施工→梁板预制、安装 →（绞缝）湿接缝施工→护栏施工→桥面铺装施工→桥头搭板。

（1）桩基施工顺序：搭设工作平台→测量放样→护筒导向架就位→护筒下沉→孔位校核→钻机就位→钻孔→终孔前检查→终孔检查→钢筋笼入孔→导管下放→灌注水下混凝土→拔卸导管→清理灌注现场。

（2）桥墩施工顺序：凿桩头→测量放样→绑扎并焊接钢筋→支立柱模→浇筑混凝土→养护→拆模。

（3）盖梁施工顺序：测量放样→抱箍及工字钢安放→底模板铺装→钢筋骨架安装就位（可整体吊装就位）→侧模支立→预埋筋安装→盖梁顶高程测放→浇筑混凝土→养护→拆模。

（4）板梁施工顺序：平整场地→制作底模→绑扎钢筋及预埋波纹管→安装侧模（安装

内模）和端模→浇筑混凝土→养生→拆模→强度检测→张拉压浆→移梁存放。

（5）梁、板安装施工作业顺序：开工报告及批复→施工放样→架桥机拼装调试→橡胶支座安装→龙门吊车起吊将梁板放至运梁车上→运梁板至架桥机后端→架桥机将梁板架设就位。

4. 排水防护施工顺序

（1）排水工程：施工材料试验及设计配合比审批→施工放样→开工报告及批复→开挖基坑→自检→监理检测→铺设垫层→沟身砌筑（盖板安装）→自检→监理检验→报请验收。

（2）防护工程：施工材料试验及设计配合比审批→施工放样→开工报告及批复→临时排水措施→坑壁支护→基坑开挖→自检→监理检验→放样定位、沉降缝分段→碎石垫层→基础、墙身砌筑→墙身及墙背排（泄）水孔处理→墙身砌筑→墙身外露勾缝→墙顶处理→监理检验→墙背分层回填夯实→报请验收。

5.2.7　材料、设备和劳动力供应计划

5.2.7.1　材料供应计划

1. 材料供应原则

经详细调查，项目部已基本掌握了本地区材料的整体情况，将严格控制砂石的材料数量、质量，确保因材料数量、质量等影响工程施工的整体进度。项目部在工程开工前做好材料需求的详细、周密计划，并根据施工进度安排好供应计划，备足材料，确保施工有序不间断进行。在材料运输方面根据计划安排，组织强有力的运输力量，及时将材料运至料场堆放，确保施工要求。

2. 材料供应计划

本标段的石质挖方段较多，石方利用较为方便，砂料运距较远，但运输条件较好，碎石运输较近。水泥、钢材、锚具等在指定厂家范围内选购，送货到指定地点。

（1）细集料。砂场：砂质优良，产量较大，规格齐全，不足之处路程较远，但交通状况较好，上路运距约为 150km。

（2）粗集料。粗集料取自宁国江南化工集团两处石料场，通过前期对其粗集料的取样试验，两料场的集料的各项指标符合规范要求。石料场位于 S104 省道附近，生产产品采用反击式方法破碎，路程较近，交通方便，上路运距约为 60km。

（3）水。本段工程用水主要取地下井水，水质较好，无污染。

（4）水泥、钢材。根据业主提供的主材准入企业名单，项目部通过内部招标，决定使用海螺牌水泥，钢材以马钢为主。通过与厂家签订供销合同，由厂家直接运送到工地施工现场。进场的各种规格钢筋、水泥，必须有生产厂家的出厂检验报告单和中心试验室的试验报告及出厂合格证。钢筋运到工地必须分级、分型号存放，水泥运到现场存放的时间不得超过两个月。

（5）油料：向石油公司统一订购，汽运至工地。

（6）爆材：经当地公安机关审批，由爆破器材库统一保管，随用随领。

主要材料供应计划见表 5.9。

表 5.9 　　　　　　　　　　　　主要材料供应计划一览表

材料名称	单位	2010 年					2011 年				
		3～4 月	5～6 月	7～8 月	9～10 月	11～12 月	1～2 月	3～4 月	5～6 月	7～8 月	9～10 月
碎石	m³	2000	4000	5000	6000	6000	6000	5000	3500	2000	500
砂	m³	1000	1500	1500	3000	4000	4000	2000	1500	1000	500
水泥	t	1000	2500	2500	3000	3000	2000	2000	1500	1500	500
Ⅰ级钢筋	t	80	150	200	200	200	200	150	150	150	60
Ⅱ级钢筋	t	260	400	700	700	700	500	450	400	150	60
钢绞线	t		50	50	100	100	100	50	50	50	

材料进场计划在施工过程中应根据工程的进度进行相应调整。

3. 材料供应的保障措施

（1）用于购买材料的资金专款专用，保证材料资金的供给。

（2）同种原材料，应与多家合格厂家签订购货合同，保证料源的充足。

（3）组建强大的材料运输队伍，以保障材料的运输。

（4）在拌和站建设时，堆料场面积应规划大一些，以便备料。

（5）必要时，公司可适当垫付部分资金，用于材料的采购。

5.2.7.2 设备进场计划

（1）三个路基施工队至少各配备两套挖、装、推、压机械设备，计划在 4 月 15 日前全部进场。

（2）桥梁桩基作业队的所有设备，计划 4 月底开始试桩，5 月中旬全部进场。

（3）桥梁下部构造的所需设备包括模板、振动泵等，计划在 4 月底进场。

（4）梁板预制施工队班组，计划在 5 月进场。

（5）混凝土拌和站设备在 4 月中旬完成安装调试。

除施工设备外，同时还配备充足的工程测量、材料试验及质量检测仪器。

主要机械设备进场计划见表 5.10，主要进场试验、检测仪器见表 5.11。

表 5.10 　　　　　　　　　　　　主要机械设备进场计划

序号	机械设备名称	产地规格型号	单位	数量	计划进退场日期
1	挖掘机	卡特 320、小松 220、日立 EX220	台	6	2010 年 4 月至 2011 年 8 月
2	推土机	T160、彭浦 160	台	6	2010 年 4 月至 2011 年 8 月
3	平地机	天津 PY160	台	3	2010 年 4 月至 2011 年 3 月
4	压路机	徐州 18-21 静压	台	5	2010 年 4 月至 2011 年 3 月
5	振动压路机	YZ18C、YZ20	台	3	2010 年 4 月至 2011 年 3 月
6	拖式振动压路机	45t	台	1	2010 年 5 月至 2011 年 8 月
7	冲击机械	蓝派	台	1	2010 年 5 月至 2011 年 8 月
8	自卸车	东风	辆	48	2010 年 4 月至 2011 年 8 月
9	洒水车	5t	辆	2	2010 年 5 月至 2011 年 8 月
10	装载机	ZL50	台	4	2010 年 4 月至 2011 年 8 月

续表

序号	机械设备名称	产地规格型号	单位	数量	计划进退场日期
11	起重吊机	25t	台	4	2010 年 4 月至 2011 年 8 月
12	起重吊机	20t	台	2	2010 年 5 月至 2011 年 3 月
13	混凝土搅拌运输车	星马 8m³	台	6	2010 年 4 月至 2011 年 8 月
14	水泥混凝土双卧轴强制式拌和设备	山东方圆 45m³/h	套	2	2010 年 4 月至 2011 年 11 月
15	混凝土输送泵	三一重工 20m³/h	套	1	2010 年 5 月至 2011 年 8 月
16	龙门起重机	120t	温州	1	2010 年 5 月至 2011 年 8 月
17	龙门起重机	10t	温州	1	2010 年 5 月至 2011 年 8 月
18	砂浆搅拌机	18kW	蚌埠	2	2010 年 5 月至 2011 年 6 月
19	运梁平板车	120t	郑州	1	2010 年 6 月至 2011 年 8 月
20	架桥设备	120t	台	1	2010 年 6 月至 2011 年 8 月
21	钻孔设备	CZ-8	套	18	2010 年 4 月至 2010 年 9 月
22	预应力张拉设备	合肥	套	2	2010 年 6 月至 2011 年 8 月
23		钢筋调直机（GT318）	台	2	2010 年 4 月至 2011 年 11 月
24		钢筋切割机（GQ-400）	台	3	2010 年 4 月至 2011 年 11 月
25	钢筋加工设备	钢筋弯曲机（GW-40）	台	3	2010 年 4 月至 2011 年 11 月
26		电焊机（BX31-5）	台	6	2010 年 4 月至 2011 年 11 月
27		砂轮切割机	台	6	2010 年 4 月至 2011 年 11 月
28	发电机	150kW	台	1	2010 年 4 月至 2011 年 11 月
29	变压器	400kVA	台	1	2010 年 4 月至 2011 年 11 月

表 5.11   主要进场试验、检测仪器一览表（现已全部进场）

序号	仪器设备名称	规格型号	单位	数量	备注
一	材料试验、质检仪器设备				
1	压力试验机	Jy1-2000	台	2	性能良好
2	万能试验机	1000kN	台	1	性能良好
3	压碎值仪	EP-33071	台	1	性能良好
4	水泥净浆搅拌机	NJ-160A	台	1	性能良好
5	水泥胶砂振动台	JYGZ-85	台	1	性能良好
6	行星式水泥胶砂搅拌机	NRJ-411A	台	1	性能良好
7	负压筛析仪		台	1	性能良好
8	水泥稠度凝结时间测定仪	HJ-84	台	1	性能良好
9	坍落度测定仪	HGC-1	台	1	性能良好
10	混凝土回弹仪	ZC3-A	台	2	性能良好
11	混凝土贯入阻力仪		台	1	性能良好
12	恒温恒湿养护箱	YH-40B	台	1	性能良好

序号	仪器设备名称	规格型号	单位	数量	备注
13	电动鼓风恒温干燥箱	101B-2	台	1	性能良好
14	烘箱	CS101-2	台	1	性能良好
15	雷氏夹测定仪		台	1	性能良好
16	针、片状规准仪		套	1	性能良好
17	震动式标准振筛机	ZBSX-92	台	1	性能良好
18	砂子标准筛	$\phi30mm$	套	2	性能良好
19	石子筛	$\phi30mm$	套	2	性能良好
20	混凝土试模	15cm×15cm×15cm	组	20	性能良好
21	砂浆试模	7.07cm×7.07cm×7.07cm	组	12	性能良好
22	钢筋万能材料试验机		台	1	性能良好
23	坍落筒		个	2	性能良好
24	台秤		台	1	性能良好
25	标准养护室		间	1	性能良好
26	混凝土保护层测定仪		台	1	性能良好
二	测量仪器				
1	全站仪	索佳 SET210	台	1	性能良好
2	GPS	中海达 V8	套	1	性能良好
3	水准仪	S3	台	2	性能良好
4	水准尺	5m	把	4	性能良好

5.2.7.3　劳动力投入计划

（1）确保施工技术力量到位，技术工种配套、齐全、人员数量充足，并略有富余。

（2）根据工期目标和进度计划安排，确保各工序施工技术工种适当，数量满足进度要求。

（3）精兵强将，人员配套，搭配合理，均衡施工。

（4）劳动力资源配置计划如图5.6所示。

5.2.8　施工总平面布置

施工平面图是对拟建工程的施工现场所作的平面布置图，是施工组织设计中的重要组成部分，合理的施工平面图不但可使施工顺利地进行，同时也能起到合理使用场地、减少临时设施费用、文明施工的目的。

本标段平面布置遵循设计图纸和现场实际情况要求，因地制宜，有利生产，方便生活，易于管理，经济合理并符合文明施工的原则，考虑沿线工程量的分配、施工区段的划分，结合现有进场道路，依据交通便利要求进行布置，如图5.7所示。

项目部位于K38+500路基右侧，此处紧邻开发区大道及215省道，交通便利。项目办公用房24间，建筑面积480m²；停车场670m²；会议室面积为100m²；档案资料室面积为20m²，内设资料架，保持通风干燥，配有灭火器；试验室分为办公室、化学室、土工

年度 名称 月份	2010										2011									
	3	4	5	6	7	8	9	10	11	12	1	2	3	4	5	6	7	8	9	10 11

劳动力资源配置情况（人）：650 600 550 500 450 400 350 300 250 200 150 100 50 0

图 5.6　劳动力资源配置计划图

室、集料室、力学室、水泥室、混凝土室及标准养护室各 1 间，建筑面积为 160m²；活动室 1 间，并配备相应的健身器材和娱乐设施；篮球场 1 处；办公区及生活区内砌筑花池进行绿化。宿舍区内有宿舍 24 间，建筑面积 580m²；食堂及餐厅建筑面积 90m²；男、女浴室及洗衣间建筑面积 70m²。项目经理部内场地进行硬化处理，部分绿化，排水设施完善，区内标志牌醒目、简洁、美观并排列有序。

5.2.9　质量保障和安全目标

5.2.9.1　质量目标

按照 ISO 9001 标准要求，加强项目质量管理，规范管理工作程序，提高工程质量，确保实现质量目标。

工程质量目标：本标段工程交工验收的质量评定达到合格，分项工程一次性合格率 100%，顾客满意度不低于 90%，工期履约率 100%，杜绝经济损失超 10000 元的质量事故。

5.2.9.2　质量保证体系

项目成立以项目经理、项目总工程师为核心的质量管理组织机构，对工程质量进行全面的管理及控制。

5.2.9.3　安全目标

本项目的安全目标确定为：不发生任何重伤以上安全责任事故。主要指标为：

（1）杜绝重大事故：重大伤亡事故为 0；重大交通事故为 0；群体食物中毒事故为 0；重大火灾事故为 0；重大设备事故为 0。

（2）控制一般事故：死亡事故为 0，重伤率为 0；一般火灾事故每年为 0；一般交通事故每年为 0；一般设备事故每年不超过 1 起；年千人轻负伤率小于 10‰，设备完好率 90%。

图 5.7　某高速公路路基施工平面布置图

学习单元 5.3　水利工程施工组织设计训练

5.3.1　工程概况及施工条件

5.3.1.1　工程概况

顺安河位于安徽省铜陵市境内，为长江南岸一级支流。该河发源于铜陵市铜陵县南端的天门山北麓，经山丘区、圩畈区，纳红星河、顺安河东Ⅰ支汊（新桥河）、钟仓河等之流后于铜陵县和平乡北埂王处入长江，河道长度 38.7km，流域总面积 460km²，红星河发源于铜陵市铜官山东麓，经余家大院、竹园、大冲，于浦尚桥处入东湖撇洪沟后通过东湖闸流入顺安河，全长 17.6km，流域面积 47km²；浦尚桥以上为上段，河道长 10km。

5.3.1.2　工程地质

河岸 1 层土以砂壤土为主、夹中粉质壤土及小砾石、局部夹细砂，2 层为砂卵漂石，下部为基岩；改建堰坝址基岩出露，石门源桥地基为岩基。

5.3.1.3　施工条件

1. 交通条件

顺安河支流堤防工程（2 号滚水坝）对外交通方式为陆运，大坝紧靠铁路桥及附件公路，施工区距离省道较近，交通便利，通过该公路可连接安徽省公路运输网。堤防工程之间有村公路连接。

施工对外交通可利用现有的交通条件，建筑材料和施工设备依靠现有上坝道路运输。施工场内交通可利用部分现有坝顶路，若不满足场内交通需用，则要自行修建。

2. 水源

沿线堤内供水管网和河流及附近水塘的水质满足生产用水要求，可就近抽取；生活用水可就近采用供水管网和地下水或在附近村镇中取水。

3. 电源

沿线可就近接用系统电，不便接线的个别施工点配备小型柴油发电机现场发电。

4. 施工原材料

本标段工程所需水泥、钢材、块石、碎石、黄砂、柴油、汽油等均从外地运入，该工程无大件运输要求。

5.3.2　施工现场规划及总平面布置

5.3.2.1　施工总平面布置及说明

1. 布置原则

本标段堤坝为桩号（1+667～3+400），东为铁路桥，交通较为方便。

以既满足工程施工需要、又符合文明施工建设为前提，充分利用可用地块和现作有对外交通等自然条件，综合考虑铜陵市顺安支流红星河上段河道治理工程施工Ⅱ标规模、方案、工期、造价等因素，按照招标文件要求和相关规范要求，因地制宜、因时制宜，以有利施工、方便生活、易于管理、安全可靠、经济合理为原则，合理规划各施工区的交通、供电、供水、照明、通信、砂石料和土料开采加工系统、混凝土生产系统、施工机械修配和加工厂、仓库和堆料场、临时房屋建筑和公用设施等。

（1）现场平面布置严格按照监理审批的"施工总平面布置图"进行布置。

（2）施工总平面布置图中应充分考虑好施工机械设备、办公、道路、现场出入口、堆放场地等的优化合理布置。

（3）施工材料堆放应尽量设在设备附近，以减少二次转运为原则。

（4）中小型机械的布置，要处于安全环境中，要避开高空打击的范围。

（5）临时电源、电线的布置要避开人流量大的安全出口，以及容易被坠物打击的范围，电线应尽量采用暗敷方式，如不能，则采取关键部位穿管方式。

（6）加强现场文明施工管理力度，使工程现场整洁、卫生、有序合理的状态。

（7）控制现场三废，投入必要的处理设施。

（8）留置便于大型车辆通行的现场道路，并保证其安全、可靠性。

（9）加大安全防护用品、用具的投入。

2. 施工总平面布置

施工总体集中在 2 号滚水坝，为新建溢流堰和堤坝的加固，根据其分布位置，按照总体布置原则结合顺安河的地形及交通特点，初步选定在桩号 1＋925 2 号滚水坝紧靠大坝的北侧有一片相对位置较高的耕地，临时租用 3000～4000m²，布置本工程的主要临时办公、生活及拌和站、预制场等临时设施。该处交通便利，具体位置及布设方案详见施工总体布置区。

根据本标段的工作环境及工作内容，依据施工总平面布置原则，项目经理部布置于 2 号滚水坝（桩号 1＋925）附近；以便于对外联系和材料、设备的进退场；便于生活、生产资料的采购；便于对整个工程的施工调度。

同时，由于本工程施工点多面广，布置一个施工区无法满足施工需要，根据工程情况及招标文件要求，增加堤防施工生产生活区、铁路桥施工布置区，同时修通至各施工布置区的施工临时道路。

5.3.2.2　混凝土拌和系统

本项目由于混凝土工程量分布散乱，分布范围广等因素，根据施工总平面布置设置若干处混凝土搅拌场。以集中拌和为主，建筑物处设置小搅拌场为辅，混凝土拌和采用一台 JS500 强制式拌和机，1 台 PL800 电子自动计量配料机用于混凝土熟料生产，以满足本工程混凝土浇筑使用。混凝土运输采用机动翻斗车水平运输。混凝土拌和站机台盖 60m² 机棚以适应季节施工。

5.3.2.3　砂石料系统

本工程砂石料场采用市场供应，砂石场紧靠拌和站布置。石子和黄砂直接用当地产的，采用汽车和船运输至现场。

5.3.2.4　模板及钢筋加工场

（1）模板加工包括平面、曲面，均由总公司金属结构机电设备总厂制造，按设计图纸能组合成定型模板，现场加工场储存、整修和涂隔离剂，部分木模制作以及零配件的储存与整修。木工场布置一台圆锯机，一台木工刨床，场地面积 100m²。

（2）钢筋加工场。设冷拉钢筋场、电焊间、配料弯制间，布置拉伸机 1 台、弯曲机 1

台、切断机 1 台、原材料堆场和成品堆场，设架并覆盖，挂牌分类堆存。钢筋场面积 $100m^2$。

5.3.2.5 土方机械停放场

本工程需挖掘机 3 台，推土机 4 台，自卸汽车 20 辆，设置停车场 1 处面积 $1500m^2$。

5.3.2.6 弃土区与堆土区

所有弃料均按监理工程师指定要求运出弃除，堆土区设置在靠近坝体侧，部分用于填筑围堰及大堤回填。

5.3.2.7 临时用房

（1）生产用房。生产用房主要布置有：拌和站棚、配电房、钢筋场、木工场、水泥库、综合仓库、修配间、试验室。

（2）施工管理用房：$160m^2$。

（3）生活用房：工地食堂 $120m^2$，厕所 $60m^2$，职工宿舍 $500m^2$，可采用在附近租用民房，另从坝体修筑一条通往砂石料场及生活管理区的便道。

5.3.2.8 施工供水、供电及照明布置

（1）施工供水。沿线堤内供水管网和河流及附近水塘的水质满足生产用水要求，可就近抽取作为施工用水；生活用水就近采用地立供水管网和地下水或在附近村镇中取水。

（2）施工供电。本工程施工用电就近接用系统电，另配备 2 台 50kW 柴油发电机作为备用电源，以解决不便接电施工点及系统电停电问题。现场施工用电线路采用三相五线制；临时用电的电缆采用架空与地面埋设相结合的方法，并做好相应的警示标志。

（3）供电线路。从变压器到配电房采用 $50mm^2$ 的铜芯线，配电房到生活区、办公区及生产区支线采用 $25mm^2$ 的铜芯线，以 $4mm^2$ 铜芯线分别接至各用电点；配电房到施工区采用 $30mm^2$ 铜芯线，现场支线采用 $25mm^2$ 铜芯线。

（4）施工照明。本工程实行夜间亮化管理，施工区域采用碘钨灯照明。

5.3.2.9 施工交通布置

1. 对外交通

施工对外交通可利用现有的交通条件，建筑材料和施工设备依靠现有上坝道路运输。施工场内交通可利用部分现有坝顶路，若不满足场内交通需用，则要自行修建。

2. 场内交通

（1）场内交通路线设计。本工程场内道路以满足工程施工需要为原则，按施工平面布置图规划设计修建，做到满足材料运输、弃渣运输、设备运输等生产、生活需要。同时场内临时道路的设计要在满足施工要求的前提下充分结合地形条件布置，尽量减少修建临时性交通道路的工程量，降低工程成本。

（2）场内交通道路的结构。场内道路的设计标准根据不同的用途和使用期长短确定。如满足场内主要交通要求的道路标准要高一些，仅用于施工各施工点的便道标准可以低一点。

（3）其他说明：修建道路时，每隔 100m 左右修建调头区或会车区，便于场内交通运转灵活。

5.3.2.10　其他设施布置

1. 施工通信

现场配置直拨电话一部，主要管理人员均配备移动电话，以保证与建设单位、监理及其他工程所需的联络，现场指挥人员、测量人员配备对讲机。

2. 办公设备

项目部配备电脑3台，激光打印机、复印机各1台，用于工程技术文件、资料、各类报表的执行、打印、整理、统计。

3. 消防设施

(1) 生活及办公区。生活及办公区设置一处消防水池 $10m^3$，一处消防砂池 $5m^3$，同时，每栋住房挂设二氧化碳灭火器5只。

(2) 生产区。各施工区设置消防水池及消防砂池各一处，分别为 $10m^3$ 及 $5m^3$，配电发电房、修配间各挂设二氧化碳灭火器2只、试验室挂设二氧化碳灭火器2只。

5.3.3　施工总进度计划与工期保证措施

5.3.3.1　施工总进度计划

施工总进度计划图如图5.8所示。

5.3.3.2　工期保证措施

1. 组织保证

(1) 从总公司范围内抽调符合"建精品优质工程，创绿色文明工地"的优秀人才、精良设备组成"上海市水利工程集团公司铜陵市顺安河支流红星河上段治理工程施工Ⅱ标项目部"，并派遣技术熟练、诚实、敬业，经过闸站工程施工锻炼的工程技术人员和技术工人进驻现场，参加该工程建设。

(2) 成立工期预控小组：对施工计划、设备配置、施工工艺、施工技术、外部条件进行预测，做到超前决策，使各项工程工期目标始终处于受控状态。

(3) 在工程指挥部的统一布置和指挥下，项目经理部应认真做好本工程施工项目程序的规划布置工作。根据施工组织设计的安排，分轻重缓急对劳动力、机具设备、周转材料实现统一周密的内部调配，保证重点和难点、兼顾一般，保证施工顺利进行。

2. 物力保证

(1) 利用单位的良好信誉与材料供货商取得稳定的材料供货关系，加大运料、备料力度，保证工程所需各类材料能准时供应进场。

(2) 利用长期从事水利施工的多家劳务合作队伍，择优选取，加大人力和技术队伍的投入。

(3) 调用足够的机械设备，提高机械化作业程度，加快进度，缩短工期。

(4) 本项目部按总公司一级项目部设置，项目就近开户，专款专用，使工程有充实的资金保证。

3. 技术及制度保证

技术上：聘用黄某位为该项目的总工程师，把技术优先、优化置于施工方案的首位。

图 5.8　铜陵市顺安河支流红星河上段河道治理工程施工Ⅱ标施工总进度计划网络图

制度上：项目部按照总公司 ISO 9001 认证标准，建立强有力的现场施工技术组织，与指挥部、监理单位、设计单位相沟通协调。

(1) 做好施工图纸会审，编制施工阶段的具体施工组织设计，组织施工技术人员认真学习技术文件、规范，熟悉图纸，做好技术交底并下达作业指导书，推行全面质量管理，杜绝质量事故，确保产品一次交验合格，保证各项单元工程、各工序按计划有条不紊地进行。

(2) 要按指挥部、监理工程师、总工批准的技术方案，认真做好现场实施工作，明确各级责任，以确保不出现技术方案性的失误，杜绝因技术方案不当引起的停工、返工。

(3) 进行施工网络管理，统筹安排工序，合理划分流水段，确保各项工作能均衡连续地开展。

(4) 结合实际，采用合理施工工艺流程，充分开展 QC 小组活动，推进技术创新，应用新技术、新工艺、新设备，提高工作效率，有效地缩短工程工期。

4. 现场计划调度保证

由施工计划科根据监理工程师批准的总体进度计划编制阶段性以及月、旬施工进度计划，各班组根据月、旬计划做好安排，并按日制定施工计划单，在此基础上开好每天下午六时的生产调度会（班组长以上管理人员参加），检查当天工作计划完成情况并由生产调度部署晚上加班和第二天的生产任务，同时提出质量要求和安全文明施工注意事项，针对未如期完成计划任务的，通过参会人员分析讨论，找出原因，结合实际情况采用如下措施使滞后的进度跟上计划：①增加作业人员、设备、周转材料数量；②利用晴好天气加班加点，抢工时采用"三班制"连续作业；③生产任务部署时要求各作业班组工序完成时间精确到小时，并落实责任人；④调整流水步距，以缩短单元工程完成时间；⑤加强设备维护、保养、确保施工设备完好率；⑥结合总公司五全管理，开展丰富多彩的"劳动竞赛"，掀起抢工大干的高潮。通过采取上述措施，加大了现场计划执行和修订、保证力度，切实做到以日保旬，以旬保月，以月保季，以分步保整体的总体要求。

5. 施工环境与地方协调保证

项目部设置专人，在业主统一领导协调下，主动积极与沿堤单位联系协调，加强与施工有关各方的沟通及自身人员的管理，并根据现场情况，对有可能影响工程进度的因素进行预控，把干扰减少到最低程度，为施工创造良好的社会环境。

5.3.4　主要工程施工方案

5.3.4.1　施工段划分

本工程共划分 4 个施工段。第一施工段为 1+667～2+100，第二施工段为 2+100～2+500，第三施工段为 2+500～3+000，第四施工段为 3+000～3+400。

第一施工段：土方量约为 77500m³，包括草皮护坡约 41766m²，干砌石、浆砌石拆除，堤顶道路工程。施工机械布置：挖掘机 1 台，机械车 6 辆，推土机 1 辆。

第二施工段：土方量约为 77250m³，包括草皮护坡约 42500m²，干砌石、浆砌石拆除，堤顶道路工程。施工机械布置：挖掘机 2 台，机械车 7 辆，推土机 1 辆。

第三施工段：土方量约为 75890m³，包括草皮护坡约 41000m²，干砌石、浆砌石拆除，堤顶道路工程。施工机械布置：挖掘机1台，机械车6辆，推土机1辆。

第四施工段：土方量约为72600m³，包括草皮护坡约41400m²，干砌石、浆砌石拆除，堤顶道路工程。施工机械布置：挖掘机1台，机械车6辆。

各施工机械在施工高峰期可根据现场具体情况进行调配。保证各工序衔接无误有序。

本工程的土方工程量较大，工程比较分散，采用先进合理的施工技术方案，科学合理地组织施工是确保进度、质量与安全的关键。我们将合理配备各项资源，全面落实安全、质量保证体系和各项管理制度，优化技术方案，合理组织施工，突出抓好施工进度管理关键线路，确保按期完成各项施工任务，达到各项施工管理目标。

5.3.4.2 施工测量方案

1. 测量准备工作

抽调业务精干的测量专职人员，熟悉施工图纸，踏勘现场了解位置，并选用经过计量监督机构年检合格的全站仪、水准仪等测量器具，做好测量施工准备工作。

2. 施工测量放样

具体内容包括：

(1) 坐标点、临时高程点布设。

(2) 平面控制测量。

(3) 断面测量。

(4) 完工测量。

5.3.4.3 土方工程施工方案

1. 工程主要施工设备用量

根据本工程土方施工特点、施工工艺与作业面要求，以提高设备效率为原则，设备类型选择：开挖选择1m³反铲挖掘机，运输选择8t自卸车，推土整平选择130kW推土机。

2. 清基工程

河道两岸填方岸坡填筑前应清基（含局部清淤），填筑土料应采用黏性土（粉质黏土或粉质壤土），填筑压实度不小于0.9。为保证渠道土料符合设计要求，取土区表层覆盖的植被、树根、淤泥等不合格土在料场土料开挖前必须予以清除。

3. 土方开挖

堤顶高程高于20年一遇设计洪水位1m，坡度1:3。非河岸部位河床低于设计河底高程的可不填平。河床中心部位高程可比两岸稍低（可挖成8m宽、0.2m深的沟槽）。

(1) 土料的选择和开采。

1) 土料选择：在业主提供的料场设计范围内开挖取土。在开工前对料场范围内的填筑合格土料进行核查，核查内容包括土料开挖厚度、数量；土质与天然含水量；必要时进行土料物理力学性能复合实验（颗粒组成、黏性土的液塑限和击实等）。

2) 土料开采：按施工图纸和监理机构的指示将取土区土料场表层的杂质和耕作土、植物根草清除，并做好土料场开挖量与填筑量的平衡，减少无效清基。

取土区清基开挖中清除的弃土、废物、废渣等应运料场以外就近堆放。

根据土料的天然含水量和土质、气温等条件，决定土料开挖方式（平面开挖或立体开挖）。

在料场开采区外围设置有效的排水系统,加强排水,降低土料含水量,以求开采土料直接上堤填筑。

取土区清基前要放出料场边线及施工道路的位置。取土区土料开挖的顺序为"先远后近,分层开挖,交叉晾晒开挖"。如开挖过程中发生流沙、涌泥,无法稳定继续施工时,需改变原施工方案并报监理单位批准。

对渠道土方和料场土方进行平衡,计算挖填方量及土方对应桩号分配量,优化最佳远距方案,从而决定料场开挖深度、修筑施工道路路线及选择施工机械。

选择开挖预留边坡,并定期观测边坡的稳定性。

(2)截水沟土方开挖。用挖掘机进行截水沟开挖,截水沟开挖边坡、深度及底部纵坡严格按设计要求进行。在施工过程中,防止跨越截水沟运土。开挖截水沟的土料结合堤防填筑。

4.土方回填

本工程土方回填及碾压约为270209m³,土方量较大,使用各机械回填时需把握好各工序的链接,及时做好质检工作,根据现场监理及业主的要求及时做试验。

(1)回填土料(或砂卵石)的选择。在监理工程师确定的区域进行土料的选取。土料经实验得到的物理力学指标必须符合设计要求,否则,应会同监理单位进行核查或改造新的料场。

1)料场检查内容包括:剥离层厚度、有效层厚度及夹层的分布情况,通过现场取样试验,核实料源的物理学特征,料场的分布、开采、装运条件,料场的地质构造及水文地质条件、根据料场的地形、地质、施工等条件,复查料场的开采范围、占地面积和有效储量。

2)土料物理学特性复核重点是比重、天然含水量、颗粒级配、最优含水量、最大干容量、压缩系数、渗透系数等。

3)填筑料不得混入任何有害物质,如淤沙、风化软弱的岩块、树木树根、杂草及垃圾等。

(2)施工方案:

1)施工顺序施工工艺流程图如图5.9所示。

图5.9 土方回填施工工艺流程图

2)土方回填:回填之前,由工地实验室测其含水量是否达到最佳含水量要求,超过最佳含水量±4%的,应进行处理。比如高处堆放、翻晒或洒水,至达到最佳含水量的±3%以内。

碾压前,由工地实验室实验确定并出具土料铺设方式、铺料厚度、碾压机型、碾压遍数、进行速度、填料最优含水量、压实后的干容重及渗透系数等试验成果,并提交监理工程师审批后执行。

采用蛙式打夯机进行底部工程的回填土压实，在打夯时，应符合相关的技术规范规定，并保证碾压时松铺厚度不超过 20cm，施工中，严格控制操作程序，即后一夯步压前一夯步，每后一夯径压前一夯径 1/3 的连环套打法。

在局部无法用机械碾压的地方，采用人工夯实，并夯打经监理工程师批准的遍数，每层铺料厚控制在 20cm 内。

为实现操作一体化，施工中对施工作业面予以统一管理，实现统一铺料，统一碾压，严禁出界沟。在进行分段施工时，应保证相临分段作业面均衡上升，减少施工接缝。在段间避免不了出现高差时，用斜坡连接，不同压实度要求的土方填筑区及不同土料要求填筑区在高程及平面上相互交错，搭接长度一般不小于 100cm，高程上搭接厚度与每次铺料厚度相同。

回填时的铺料与压实应连续进行，以防止填料被晒干，对于表面已风干的回填料层，应洒水处理。在上下层填筑时间间隔较长的情况下，下层表面进行刨毛处理。

（3）土方填筑质量控制。

1）人员控制：对所有参与填筑施工的人员、料场管理人员、试验检测和施工机械操作的人员进行培训，统一操作方法，经考试合格后方可上岗操作。

2）高程控制：施工过程中重点检查：①填筑部位的土料质量；②压实土体表面刨光、洒水湿润情况；③铺土厚度和碾压遍数；④随时检查碾压情况，以判断含水量、碾重等否适宜；⑤有无层间光面、剪力破坏、弹簧土、漏压或欠压土层、裂缝等；⑥渠底身与渠基、岸坡等的结合，纵横向接缝的处理与结合；⑦渠坡控制有无按设计要求放坡和留足余量。

3）每层填土厚度还必须严格控制，碾压后及时取样检验，取样按每 200～400m³ 取样一次。

4）健全各级质量责任制，严格实行"三检制"，一般单元由班组施工完毕后先进行自检，合格后再提请专职质检员进行复检，合格后再由终检工程师进行终检验收并评定出自评等级，填写工程报验单，请监理工程师进行验收并核定质量等级，再进行下道工序施工。

5）检验、测量仪器使用建立责任制。

5.3.4.4　砌体工程施工方案

本工程中的砌体主要包括 M15 浆砌石、干砌块石等。

1. 抛石施工方案

（1）步骤：抛石前准备—抛石前测量—抛投试验—抛后测量检查。

（2）器材设备准备。测量仪器包括：经纬仪、全站仪、皮尺等。

（3）施工方案：

1）在开始下一个断面施工时又重复前一个断面程序。在施工过程中防止漏抛、重复抛和区域外抛。

2）整个施工段采取一次抛投方案，即每个细小网格单元一次抛投达到设计方量，确保块石到位的准确性、均匀性和密实性。

3）搞好全过程资料收集、整理，做好施工验收准备。

（4）抛石质量控制：用于抛投的石料，应会同监理工程师验收。

2. M15 浆砌石工程

（1）技术要求。

1）施工放样：根据施工图纸的边坡、高程、砌石放样，在不同断面设立样架。

2）浆砌块石选料：块石选用当地山场石料，石料必须质地坚硬、新鲜、完整、无风化剥落和裂纹。石材表面的泥垢、水锈等杂质，砌筑前应清除干净。其天然密度、抗水性、抗冻性、抗压强度等物理力学指标均须符合施工详图的规定。砌体表层的石料必须具有一个可作砌筑表面的平整面。块重小于 25kg 的片石可用于塞缝，但其用量不应超过该砌体重量的 10%。

砌筑砂浆使用材料包括水泥、砂、水等应符合有关规定。必须严格按配料单进行配料，称量的偏差、水泥、水及外加剂溶液不得超过 2%、砂不得超过 3%。

砂浆应采用机械拌和。拌和时间，自投料完算起，不得小于 2min。

现场砂浆质量以抗压强度检验，同一标号的砂浆试件的数量，28d 龄期每 200m³ 砌体取每成型试件一组 6 个，设计龄期每 400m³ 砌体取每成型试件一组 6 个。

3）浆砌石施工：在混凝土浇筑底板期间，按规范要求预埋一部分出露毛石，并在砌筑前将混凝土底板面凿毛处理，冲洗干净。

浆砌块石砌体必须采用铺浆法砌筑。水泥砂浆沉入度宜为 4～6cm。砌筑时砌体石块宜分层卧砌，上下错缝，内外搭砌。不得采用外面侧立石块、中间填心的砌筑方法。

在铺砌灰浆之前，石料须洒水湿润，使其表面充分吸收，但不得残留积水。灰缝厚度宜为 20～30mm。

砌体基础的第一层石块应座浆，并将大面朝下。砌体基础的扩大部分，如做成阶梯形，上级阶梯的石块须至少压砌下级阶梯的 1/2，相邻阶梯的石块须相互错缝搭砌。砌体的第一层其转角处、交接处和洞口处应选用较大的平整块石砌筑。

分层砌筑时，每砌 3～4 皮为一个分层高度，每个分层高度应找平一次。

砌体外露面宜在砌筑后 12～18h 进行养护，养护时间一般为 14d。

当最低气温 0～5℃时，砌筑作业须注意表面保护，当最低气温在 0℃以下或最高气温超过 30℃时，须停止砌筑。无防雨棚的仓面，遇大雨应立即停止施工，妥善保护表面；雨后须先排除积水，并及时处理受雨水冲刷部位。

4）勾缝：浆砌块石必须勾平缝，勾缝应保持块石砌合的自然接缝，力求美观、匀称、块石形态突出，表面平整。

（2）质量控制：

1）选择施工经验丰富、砌石手艺精良的施工队伍。

2）砌筑必须带线，每层用相同宽度的块石砌筑，确保砌石成线。

3）控制好灰缝宽度，为 20～30mm，宽度均匀一致。

4）每天砌筑后，必须将砌石表面清理干净。

5）毛石、水泥、砂、水和外加剂等原材料按照规定进行质量检查。

6）严格控制砂浆配合比。

7）砌筑前测量放样成果的检查，基础基面开挖清理质量的检查和验收；砌体质量检查，包括砌筑面的平整度、石块嵌挤的紧密度、缝隙砂浆的饱满度、沉降缝贯通情况等。

3. 干砌块石工程

（1）测量放样。根据工程测量成果，将堤轴线平移至设计堤顶纵向分隔缝位置，每隔20m（或10m、5m）埋设一木桩，这些点对应于垂直于堤轴线的堤脚内边点拉线就可以据此进行修坡。

（2）修坡。土方整形后的堤坡不能满足干砌石要求的基面，必须在此基础上进行人工精度修坡，按设计要求拉好坡线，人工铲去堤坡表层浮土和突出部分并对亏坡部分作局部人工修补、打夯。

（3）垫层。铺设大面积坡面的碎石垫层时，应自下而上铺设，并随砌石面的增高分段上升，垫层进度均匀，其密度大于90％。

（4）干砌石工程。干砌石施工，应由低向高逐步铺砌，要嵌紧、整平，块石护坡厚度30cm。石块要用手锤加工，打击口面。长度在30cm以下的石块，连续使用不得超过4块，且两端须加丁字石。一般长条形丁面砌筑，不得顺长使用。腹石要排紧填严，无淤泥杂质，面石禁止使用小石块，不得出现通缝、浮石、空洞。

（5）坡面上干砌石护坡以一层与一层错缝锁结方式铺筑，垫层与干砌石铺砌层配合，随铺随砌。护坡表面的砌缝宽度不应大于25mm，砌石边缘顺直、整齐、牢固，护坡外露面的坡顶和侧边，选用较整齐的石块砌筑平整。

（6）排水棱体。应由低向高逐步铺砌，按设计要求进行20cm粗砂、20cm厚粒径3～10cm碎石，表面30cm厚块石理砌。

（7）砌石施工质量保证措施。

1）砌石护坡施工前必须由项目部技术负责人和质量负责人向各施工作业组对干砌石护坡的技术要求和质量标准进行详细的交底。

2）每个作业组安排一名施工员和一名质量检查员，跟班作业，检查监督，发现质量问题及时处理。

3）每5d一次由项目部技术负责人和质量负责人组织各作业组质检员组成联合质检组并请监理工程师参加，进行互检或抽检，检查情况及时通报。

4）确保碎石垫层级配符合要求，厚度达标，干砌石内实缝紧，面平、坡度符合设计要求，不同坡度平顺衔接，外表美观、大方。

（8）施工保证措施。

1）选择施工经验丰富、砌石手艺精良的施工队伍，是保证砌石表面美观的重要措施，我们拟选择与我单位进行长期劳务合作、砌筑技术精良的作业队伍。

2）块石选择方面必须基本方正，到现场后对表面进行凿修，保证每块外表面平整。

3）砌筑必须带线，每层用相同宽度的块石砌筑，确保砌石成线。

4）控制好灰缝宽度，为20～30mm，宽度均匀一致。

5）每天砌筑后，必须将砌石表面清理干净。

（9）砌石质量检查和验收。

1）质量检查：砌石所用毛石、料石、水泥、砂、水和外加剂等原材料按照监理人的指示和有关规定进行质量检查。

2）砌体验收：砌体工程砌筑前进行砌筑体测量放样成果的检查和基础建基面开挖清

理质量的检查和验收。

5.3.4.5　混凝土工程施工方案

溢流面、消力池等混凝土结构强度等级为 C30，保护层厚 50mm。C30 钢筋混凝土溢流面、消力池等表面均设 Φ14@200mm 的 Ⅱ 级钢筋，钢筋遇大块石处断开并锚入下部混凝土中。混凝土及钢筋混凝土工程按先深后浅、先下后上的原则组织施工。保护层土方开挖完毕后，立即进行垫层等混凝土施工。

1. 混凝土材料

（1）胶凝材料。

1）水泥：水泥品种均应符合国家和行业的现行标准。

2）每批水泥进场前，均应对其品质进行检查复验，并附有出厂合格证和复检质料。

3）水泥运输过程中应注意其品种和标号不得混杂，也应采取措施防止水泥受潮。

4）到场的水泥应按不同的品种、标号、出厂批号、袋装或散装等，分别存放在不同的仓库或储罐中，袋装水泥的出厂日期不应超过 3 个月，散装水泥不应超过 6 个月，快硬水泥不应超过 1 个月，袋装水泥的堆放高度不应超过 15 袋。

（2）水。

1）凡适宜饮用的水均可使用，未经处理的工业废水不得使用。

2）拌和用水所含物质不应影响混凝土和易性及混凝土强度的增长，以及引起钢筋混凝土的腐蚀。

3）水的 pH 值、不溶物、可溶物、氯化物、磷酸物、硫化物含量应符合规范规定。

（3）骨料。

1）黄砂、碎石等以选用当地材料为主，在监理见证取样下送检，送有资质的质量检测部门（或甲方指定检测单位）检验，合格后方可用于本工程。

2）不同粒径的骨料分别堆存，设置隔离措施，严禁相互混杂，不宜堆成斜坡和锥体，以防产生分离，应有足够的场地并能保证一定的堆料厚度，确保足够的储备量。装卸时粒径大于 40mm 的粗骨料的净自由落差不应大于 3m，应避免造成骨料的严重破坏。

3）粗骨料的质量技术要求：粗骨料的力学指标的要求和检验，应符合规范有关规定；粗骨料的最大粒径，不应超过钢筋净间距的 2/3 及构件断面最小边长的 1/4、素混凝土板厚的 1/2，对少筋或无筋结构，应选用较大的粒径。在施工中，将粗骨料按粒径分成以下几种级配：二级配，分成 5～20mm、20～40mm、最大粒径不得大于 40mm；三级配，分成 5～20mm、20～40mm 和 40～80mm，最大粒径不得大于 80mm。

粗骨料中含有的活性骨料如黄锈等，应尽量避免，否则必须进行专门的试验。

4）细骨料的质量技术要求：砂料应质地坚硬、清洁、级配良好，天然砂分两级，人工砂不分级；砂的细度模数宜在 2.4～2.8 范围内。

（4）外加剂：

1）运至工地的外加剂应有厂家的质量证明书，并按国家本行业标准进行试验鉴定符合 DL/T 5144—2001 的规定，严禁使用储存时间过长、质量不合格的外加剂。

2）现场掺用减水剂溶液浓缩液，以 5t 为取样单位，加气剂以 200kg 为取样单位。对配置的外加剂溶液浓度，每班至少检查一次。

（5）混凝土配合比：根据水泥、水及骨料的质量情况，由试验室进行配合比设计，并出具最终配合比单。根据试验室出具最终的配合比单作现场拌和，并留置混凝土试块，以确定施工配合比。施工时要根据骨料的实际含水量，确定实际用水的掺入量。

2. 混凝土拌和

（1）本工程混凝土拌和采用全自动强制拌和机，ZB-40 装载机进行堆料、上料，每小时生产能力 40m³。同时解决小批量混凝土施工。

（2）拌和设备安装完成后，应会同监理人进行设备运行操作检验。

（3）混凝土的拌和应符合 DL/T 5144—2001 中的规定，拌和程序和时间均应通过试验确定，且拌和时间应不少于表 5.12。

表 5.12　　　　　　　　　　混 凝 土 纯 拌 和 时 间　　　　　　　　　　单位：min

拌和机进料容量（m³）	最大骨料粒径（mm）	坍落度（cm）		
		2～5	5～8	8
1.0	80	—	2.5	2.0
1.6	150（或 120）	2.5	2.0	2.0
2.4	150	2.5	2.0	2.0
5.0	150	3.5	3.0	2.5

3. 混凝土取样试验

在混凝土浇筑过程中，应按规定和监理人的指示，在出料口和浇筑现场进行取样试验，并向监理人提交技术资料等

4. 混凝土运输

混凝土运输应遵守规范相关规定，本工程混凝土运输拟采用机动翻斗车运输。

5. 混凝土浇筑

（1）为避免拌和物浇筑时发生离析，其自由下落高度不应超过 2m，否则应使用滑槽或串筒。

（2）当浇筑厚度大于 50cm 时，为保证振捣密实，应分层浇灌、分层捣实，并在下层拌和物凝固之前，将上层拌和物浇灌和振捣密实，其浇筑厚度应不大于振捣棒作用部分长度的 1.25 倍。

（3）浇筑混凝土的最长间歇时间应按所用水泥品种及混凝土凝结条件确定，不应超过表 5.13 所示时间。

表 5.13　　　　　　　　混凝土浇筑的最长间歇时间要求表

混凝土浇筑时气温（℃）	允许间隔时间（min）	
	普通硅酸盐水泥	矿渣硅酸盐水泥及火山灰硅酸盐水泥
20～30	90	120
9～20	135	180
5～9	195	—

注　本表包括混凝土的运输和浇筑时间，未包括特殊施工所采取的措施。

若超过允许间歇时间，则应按工作缝处理；除经监理人批准外，两相邻块浇筑间歇时间不得小于 72h。

（4）混凝土的振捣应按下列规定执行：

1）振捣方式与混凝土面垂直或斜向振捣，振捣器插入下层混凝土 9cm 左右。

2）振动棒的排列应按行列式或交错式排列。振捣时间每一插点的振捣时间为 20～30s，并且不出现气泡为止，对于拌和物不能直接到达的边、角等部位，应采用人工平仓，严禁采用振动器平仓。

6. 混凝土的养护

在平均气温高于 5℃条件下，用适当的材料把混凝土覆盖并适当浇水，使混凝土在规定时间内有足够的湿润状态。应符合下列规定：

（1）开始养护时间，由温度决定。当最高气温低于 25℃时，浇捣完毕 12h 内加盖浇水养护；当最高气温高于 25℃时，浇捣完毕 6h 内加盖浇水养护。

（2）浇水养护时间的长短。对于普通水泥或矿渣水泥拌制的混凝土，应不少于 7 昼夜。对掺有缓凝型外加剂或有抗渗要求的混凝土，不少于 14 昼夜。

（3）混凝土必须养护至强度达到 3.5MPa 以上，方准在其上行人或组织下一工序的施工。

7. 模板工程

（1）材料。以组合钢模板为主、木模为辅。外露面采用大模板，钢模板面厚 3mm，板面光滑，不带凹坑或其他表面缺陷。木模所用木材的质量达到Ⅲ等以上材质标准。

（2）制作。模板制作时，根据工程不同的部位分别设计放样图。遵循构造简单、装拆方便的原则进行，板面和板肋保证有足够的强度、刚度，能承受混凝土浇筑和振捣的侧向压力和振动冲击力，防止产生移位，确保混凝土外型尺寸准确，并有足够的严密性，以避免漏浆。所有脚手架均采用钢管搭设。

（3）模板安装。模板安装按施工图要求，采用全站仪进行放样，并加设控制线确保安装正确，就位精确，重要结构多设控制点，以利于检查、校正，保证形成施工图所设计的形状、尺寸和线型，模板在安装过程中，采用钢管作围图和支撑。

（4）模板的清洗和涂料：

1）模板在每次使用前应清洗干净；为防锈和拆摸方便，钢模板涂刷矿物类的防锈保护涂料，不采用污染混凝土的油剂，以防影响混凝土或钢筋混凝土的质量。

2）木模板面采用涂刷模板油保护。

3）模板制作允许偏差，但检验数量和方法应符合质量检验标准。

（5）拆除：

1）模板拆除时限，除符合施工图纸的规定外，还要遵守下列规定：不承重侧面模板，应在混凝土强度达到其表面及棱角不会因拆除而损伤时，方可拆除；墩、墙和柱部位在其强度不低于 3.5MPa 时方可拆除。

2）底模拆除标准见表 5.14。

表 5.14   底　模　拆　除　标　准

结构类型	结构跨度（m）	按设计的混凝土强度标准值的百分率计（%）
板	≤2	50
	>2，≤8	75
	>8	100
梁、拱、壳	≤8	75
	>8	100
悬臂构件	≤2	75
	>2	100

8. 钢筋

（1）钢筋的选材。

1）钢筋混凝土结构用的钢筋应符合热轧钢筋主要性能的要求。

2）每批钢筋均应附有产品质量证书及出厂检验单。在使用前，还应分批进行以下钢筋机械性能试验：①钢筋分批试验，以同一炉（批）号、同一截面尺寸的钢筋为一批，重量不大于 60t；②根据厂家提供的钢筋质量证明书，检查每批钢筋的外观质量，并测量每批钢筋的代表直径；③在每批钢筋中，选取经表面检查和尺寸测量合格的两根钢筋中的一个为拉力试件，另一个为冷弯试件。

（2）钢筋的加工与安装。

1）钢筋的表面应洁净无损伤，油漆污染和铁锈等应在使用前清除干净。带有颗粒状或片状老锈的钢筋不得使用。

2）钢筋应平直，无局部弯曲，钢筋的调直应遵守以下规定：①采用冷拔方法调直钢筋时，Ⅰ级钢筋的冷拉率不宜大于 4‰；Ⅱ级钢筋的冷拉率不宜大于 1‰；②冷拔低碳钢丝在调直机上调直后，其表面不得有明显擦伤，抗拉强度不得低于施工图纸的要求。

（3）钢筋加工的尺寸应符合施工图纸的要求，加工后钢筋的允许偏差不得超过表 5.15 的数值。

表 5.15   加工后钢筋的允许偏差

序号	偏差名称	允许偏差值（mm）	序号	偏差名称	允许偏差值（mm）
1	受力钢筋全长净尺寸的偏差	±9	3	钢筋弯起点位置的偏差	±20
2	箍筋各部分长度的偏差	±5	4	钢筋转角的偏差	3

（4）控制钢筋保护层采用现在最流行的塑料标准垫块，加工厂统一生产，用 20 号铁丝，绑扎在钢筋上。

（5）划出钢筋位置线。平板或墙板的钢筋，在模板上按设计图纸间距划线；柱的箍筋在两根对角线主筋上划点；梁的箍筋则在梁立筋上划点；底板的钢筋在垫层上或侧面模板上或在两面各取一根钢筋划点。

（6）钢筋的闪光对焊和电渣压力焊应遵守以下规定：

1）垂直钢筋主要采用现场电渣压力焊，水平和倾斜钢筋主要采用在加工场闪光对焊当两钢筋直径不同时，其两直径之差不得大于 7mm。

2）对焊前应清除钢筋端头约 150mm 范围内的铁锈、污泥、水泥砂浆，以免在夹具和钢筋间因固定接触不良而引起"打火"等。此外，当钢筋端头有弯曲时应予以调直或切除。电渣焊接头弯折不得大于 4°。

3）安装焊接夹具和钢筋时，使两根钢筋的轴线在同一直线上，两根钢筋之间的局部缝隙不得大于 3mm。

4）在焊接时，应根据钢筋直径和焊接设备等具体条件选用等压法，在两根钢筋缝隙密合和镦粗过程中，对钢筋施加的轴向压力，按钢筋横截面面积计算应为 30～40MPa。

5.3.4.6 生态挡墙施工方案

1. 测量放线及场地清理

对工程部分进行测量，确定具体工程量；做好场地的清理工程，并统计相应的数量，记录备案。

2. 土方开挖

场地清理的同时，按照工程设计要求，做好开挖工作。

3. 基础

墙体基础周边土层应加以夯实，达到承载力要求，方可砌筑墙体砌块。

4. 第一层砌块面板及反滤层安装

所有的自嵌式植生块都应按施工图或现场工程师要求的标高和方向进行摆放。自嵌式植生块的摆放同时需符合生产厂家的建议。垒后的墙面与设计要求相比在水平和竖直方向每 3m 差±3cm。

第一层自嵌块应放置在垫层上，第一层的后沿必须切割平整。对放好的自嵌块进行沿墙纵向平直度和平面水平度检查。为确保墙体的施工质量，第一层自嵌块的摆放是非常重要的。施工人员应确保自嵌块与垫层完整接触。按照墙体放线位置逐一地并肩摆放自嵌块，可通过拉线进行放线。对于弧形挡土墙，可根据生产厂家的推荐意见进行摆放。检查自嵌块的沿墙纵向的平直度与平面的水平度，若需要则进行调整。锚固棒插入时一定要对好位置；如对不好位置，可将块体前后左右移动，即可插入；对于墙体内外弧拐角处的块体可依据实际情况，进行切割处理。

该层砌块全部安装好后，可按下列工序顺序施工：铺设土工布→填料→压实→铺设土工格栅→铺设土工布→填料→压实→安装上一层面板→填碎石→铺设土工格栅。

砌块中植生孔需填充适合植物生长的土体，其方形孔及墙后碎石层填充碎石加 30% 土粒有利于植物生长。

砌块后侧反滤层碎石料的厚度不得小于 30cm，或按照设计图纸的要求。对墙后排水骨料的正确回填可使墙面排水，可在排水骨料与其后填土间放置土工布作为防止骨料与土体掺混的措施。块体与块体之间的空隙需填满碎石。

5. 具体施工过程

（1）第一层砌块安装完成后即可开始第一层填土施工及压实。

（2）铺设第一层筋带，在筋带上铺设土工布。加筋材料采用玻璃纤维双向土工格栅，材料运至现场后，监理人员应现场确认或取样送有关部门进行检验，看其是否满足设计参数。若不能满足，严禁使用。

按设计施工图铺设土工格栅加筋。土工格栅应铺设在 1‰～3‰ 横坡平整压实的填土上，应将受力的方向垂直墙面铺设于密实填土上，纵向不同宽幅土工格栅搭接长度不小于 10cm，保证压入砌块之间不小于 20cm；摆放时应拉平绷紧，尾部需固定在下层碾压土上。摆放好土工格栅后，在墙后放置排水骨料及回填加筋土，每层填土厚度 30cm，压实度大于 92%。在土体回填和压实过程中应避免造成土工格栅的破坏（如起皱、移动、刺破等）。

（3）回填土施工、压实，土工布包裹回填土。

填料：采用透水性良好易压实的土体，墙顶采用低透水性黏土压实作为防渗层。

每铺完一层筋带，进行一次填筑。拉筋上面填土时，严禁沿拉筋方向堆土和施工车辆直接碾压拉筋，碾压前拉筋上填土厚度应为 30cm。

摊铺和平整：用推土机边卸料边摊铺，然后采用平地机整平；距砌块 1m 的部分采用人工摊铺。

填料压实：填料严格分层碾压密实，碾压应先轻后重；碾压应从筋带中部开始，逐步碾压至尾部，再碾压靠近面板部位，距砌块 1m 范围时，应采用小型机械碾压，碾压困难时采用人工夯实；同时需观测墙体砌块是否变位，并及时做好调整。

压实度检测：采用灌砂法和 K30 进行压实度检测。

（4）安装面板，回填碎石层，进行第二层土工格栅的铺设。

（5）再次进行铺设上层土工布、回填土、压实、安装面板、回填碎石层、第三层土工格栅的铺设的过程。墙体从下往上依次施工。

6. 压顶帽石及墙体顶部施工

顶层墙体砌块安装后，所形成纵向上的高低不平，用砂浆找平。严格控制设计标高。当找平砂浆养护达到一定强度后，即可现浇压顶帽石，另按设计每隔 10m 设一伸缩缝。施工时，模板应支撑稳固、接缝严密。混凝土要求振捣密实，完成后注意养生。

5.3.4.7　冬雨季、夏季高温季节施工措施

1. 冬季施工

（1）土方施工。在反复冻融地区，当昼夜平均气温连续 10d 以上在 −3℃ 以下时，或者昼夜温度虽然升到 −3℃ 以上，但冻土未完全融化时，填筑施工按冬季施工的规定执行，并将计划安排的工程项目和施工方案报于监理工程师审批。

1）准备工作：①对冬季施工项目按次序编队，编制实施性的施工组织计划；②冬季施工项目在冰冻前应进行现场放样，保护好控制桩并树立明显的标志，防止被冰雪掩埋；③冰冻之前应全部清除堤防范围内的树根、草皮和杂物，修通现场的施工便道；④冰冻前应在坡地上挖好台阶；⑤维护保养冬季施工需用的车辆、机具设备，充分备足冬季施工期间的工程材料；⑥准备施工队伍的生活设施、取暖照明设备、燃料和其他越冬所需的物资。

2）土方填筑：冬季施工的填料，应选用未冻结的土料。禁用含水量过大的土料，禁用含有冰雪及冻结的填料进行填筑。按横断面全宽平填，每层松铺厚度按正常施工减少 20%～30%，且最大松铺厚度不得超过 30cm。压实厚度不得低于正常施工时的要求。当天填的必须当天完成碾压。

（2）砂浆及混凝土施工。当室外平均气温连续 5d 低于 5℃时，混凝土工程施工按冬季施工规定进行。

1）向监理工程师提交关于冬季浇筑混凝土及养生的施工方案，详细说明所采用的施工方法和设备，保证混凝土在浇筑后的头 7d 不低于 10℃。

2）备有足够数量的能连续记录的温度计。在头 7d 内，约每 30m³ 混凝土，在其附近放置一个温度计，设专人连续观测记录。对断面较大的构件，还应留测温孔用于测构件内部的温度，其位置与数量由监理工程师选定，温度记录应递交监理工程师。

3）砂浆和混凝土拌制时，采用高标号硅酸盐水泥，并掺加引气型减水剂，减少水灰比，提高砂浆、混凝土的抗冻性。

4）砂浆和混凝土拌和时，各项材料的温度应满足混凝土拌和所需的温度。为满足拌和温度，材料可分别加热。水泥只保温，不得加热。拌和所需的骨料应严格检查，严禁带有冰雪和冻结块。

5）在确定拌和的温度时，应考虑拌和时及运输到现场的热量损失。各道工序应紧密衔接，缩短工序间隔时间，减少热量损失。

6）当掺合氯化物于加热后的混合料时，混凝土除应符合有关规范规定外，其初凝应不早于混凝土浇筑结束时间，并不得用蒸汽养生。

7）在已硬化的混凝土上继续浇筑混凝土时，结合面应有 5℃或以上的温度，且在浇筑混凝土过程中仍应维持 5℃或以上的温度。

8）搅拌混凝土时，搅拌时间应较原有规定延长 50%。

9）气温低于 5℃时，混凝土的养护采用电热法并覆盖草帘或编织布蒸汽养生，养护后的混凝土与外界气温温差相差大于 20℃时，拆模后采取覆盖的方法使其缓慢降温，并保证浇筑后的头 7d 不低于 10℃。

（3）钢筋工程施工。在负温条件下，钢筋的力学性能发生变化：屈服点和抗拉强度增加，伸长率和抗冲击韧性降低，脆性增加。

冬期在负温条件冷拉、焊接钢筋，其环境温度不宜过低，雪天或施焊现场风速超过 5.4m/s（3 级风）焊接时，应采取防雪挡风措施，焊接后冷却的接头应避免碰到冰雪。

在负温条件下使用的钢筋，施工时应加强检验。钢筋在运输和加工过程中应防撞击和刻痕。

2. 雨季施工措施

（1）土方雨季施工措施。具体包括：

1）当地降水随季节变化较大，施工过程中应密切关注天气的变化情况，合理地组织施工，积极做好防雨措施，以免雨水过后给工地造成无法施工的困难，延误工期。

2）雨前要整平、压实已铺土料，严禁在现场出现未推平或未压实的土堆，如有此情况将严惩值班组长。开挖面、施工道路和填土面修成自然排水坡度以利于排水。

3）雨前用铲运机整理好已筑好的坡面，并压实，以避免雨水渗入土体或边坡冲刷成沟。

4）雨前组织人工于填土边开挖截水沟（30cm 深）将雨水集中排放，防止雨水顺坡面到处流淌，给雨后修整带来麻烦。

5）取土区取土面，开挖成不小于 1∶1.5 的边坡，以防止取土坡面塌土。

6）雨前组织人员对施工用电、临时设施等进行自查，防止引发安全事故。

7）所有机械设备均停放于地势较高的安全区域，以备雨后能及时出车施工。

8）降雨时土料停止填筑，同时要求工作人员或行人不得践踏已填筑土面，并严禁车辆在施工现场通行。

9）雨后恢复施工时，填筑面要待经复压处理后才可填土，必要时还要对表层进行清理，并经质检合格后再行复工。

（2）混凝土工程雨季施工措施。具体包括：

1）掌握天气预报，避免在大雨、暴雨或大风过境时浇筑混凝土。

2）砂石堆料场应排水通畅并防止泥污。

3）运输工具及运输道路宜采取防雨、防滑措施。

4）水泥仓库要加强检查，做好防漏、防潮工作。

5）混凝土的浇筑仓面上，宜设临时防雨棚。

6）加强骨料含水量的检验工作，控制好水灰比、坍落度。

7）已浇筑好的部位要及时覆盖。

8）无防雨棚的仓面，遇大雨时应立即停止施工，妥善保护表面；雨后应先排除积水，并及时处理受雨水冲刷的部位。

（3）浆砌石雨季施工措施。在砌筑过程中，如遇大雨、雪，应立即停止砌筑，并用雨布遮盖表面，防止雨水冲刷。

（4）安全防护措施。具体包括：

1）做好各种临时工程场地排水设施的建设，施工现场所有场地四周均设置排水沟，同时对施工便道加强雨季的养护工作。人行道的上下坡都应挖步梯或铺砂，脚手板、斜道板、跳板上应采取防滑措施，加强对支架、脚手架和土方工程的检查，防止倾倒和坍塌。

2）高处安装的设备、支架应安装避雷设施，电器设备应检查接零、接地保护，电焊机、电闸箱等做好防雨罩。

3．高温期施工

（1）本工程跨越夏季高温季节时，施工须采取防暑降温措施。异常高温时，适当延长夜间施工时间，避开中午施工。同时加强设备维护保养，以提高施工工效。

（2）当气候干燥，土层表面水分蒸发较快时，铺料与压实表面应均用洒水车适当洒水润湿，以保持施工含水量。为保证土层之间结合良好，铺土前将压实结合层面润湿并刨毛 1～2cm 深。

（3）土料的含水量或某些性能指标若不能满足设计、施工要求时，应进行加工处理，使其达到质量标准。

（4）低含水量土料的加水处理。土料场加水是提高混凝土土料含水量的最好方法，适宜于大面积的土场和土料天然含水量较施工含水量低得较多的情况。采用这种加水措施，不仅可以减少渠顶面施工工序、减少干扰，且易于控制土料含水量。其具体的加水方式与开采方法、料场地形、土料性质有关。

（5）对混凝土搅拌的影响：

1）拌和水量的增加。

2）混凝土流动性下降快，因而要求现场施工水量增加。

3）混凝土凝固速率的增加，从而增加了摊铺、压实及成型难度。

4）收缩裂缝产生可能性加大。

5）控制气泡状空气存在于混凝土中的难度增加。

（6）具体施工保证措施：

1）与混凝土接触的各种工具、设备和材料不要直接受到阳光曝晒，必要时应洒水冷却。

2）应做好施工组织设计，以避免在日最高气温时浇筑混凝土。在高温干燥季节，晚间浇筑混凝土受风和温度的影响相对较小，且可在接近日出时终凝，而此时的相对湿度较高，因而早期干燥和开裂的可能性最小。

3）夏季浇筑的混凝土，如养护不当，会造成混凝土强度较低或表面出现塑性收缩裂缝等，因此必须加强对混凝土的养护。

4）当完成规定的养护时间后进行拆模时，最好为其表面提供潮湿的覆盖层。

4. 冬季施工保障措施

（1）土方工程施工措施。具体包括：

1）为保证机械作业得以顺利实施，所用油料全部采用−10 号柴油。

2）土方开挖采用立面开挖，以便改善土料含水量及保证取土温度为正温。

3）施工时装土、铺土、碾压取样等工序，采用快速连续作业方式，尽可能保证土料碾压质量。

4）气温低于−1℃时，停止对土料的压实作业，因为在此气温下碾压质量很难得到保障。

5）铺土厚度较正常施工适当减薄，以确保碾压质量。

6）严格控制上堤土料，开挖土方时剔除冻土，严禁使用冻土进行土方填筑。

（2）混凝土工程施工冬雨季施工措施。具体包括：

1）当室外连续 5d 日平均气温低于 5℃或日最低气温降低时，已浇完的混凝土采取草袋等覆盖隔离防护措施或采用暖棚法。

2）每天应密切注意天气预报，防止遭受寒流、风雪、霜冻等袭击。

3）做好温度观测和记录。

（3）砂、石、骨料在进入低温季节前筛洗完毕，成品料堆保持足够的储备和堆高，并用草袋等进行覆盖以防冻雪和冻结。

（4）拌和混凝土前，先用热水冲洗拌和机，排除积水或冰水；拌制混凝土时，先将热水与骨料混合，然后再加水泥并控制拌和物的温度不超过 35℃；混凝土拌和时间比常温季节适当延长。

（5）混凝土浇筑前，仓面采用喷洒温水清理模板钢筋和预埋件上的冰雪和污垢。

（6）低温季节施工的混凝土适当掺加防冻剂或早强剂等，其掺量通过试验确定。

（7）加热过的骨料及混凝土，应缩短运距，减少倒运次数，以达到保温效果。

（8）混凝土浇筑宜优先安排在寒流前后气温较高的时间进行；小体积混凝土浇筑部位

安排在白天气温较高时浇筑。

（9）基底土方开挖完毕后，应立即覆盖草袋，以达到保温效果，并尽早浇筑混凝土。

（10）混凝土养护采用蓄热法养护：随浇筑、随捣固、随覆盖，减少热量散失。草袋等保温材料紧密覆盖模板和混凝土表面，迎风面设挡风措施。新老混凝土的结合处易受冻的边角部分应加强保温。

（11）在低温季节施工，模板一般不拆除。混凝土强度必须大于允许受冻的临界温度。具体拆除时间要满足温控防裂要求，承重模板拆除混凝土强度必须达到规范要求。拆模后的混凝土表面，用草袋加以覆盖。

5.3.5　施工资源配置

5.3.5.1　主要施工设备计划

投入本工程的主要施工设备分测绘仪器、土方工程、混凝土及砌石主体工程、试验设备等部分，由项目经理统一调度，专人管理，加强维修保管。

主要施工设备计划表详见表 5.16，投入本标段的实验和检测仪器设备表详见表 5.17。

5.3.5.2　劳动力配备计划

劳动力配备计划表详见表 5.18。

表 5.16　主要施工设备计划表

序号	设备名称	型号及规格	数量	厂家或产地	制造年份	额定功率（kW）	生产能力	用于施工部位	备注
1	挖掘机	PC220-8	4	小松	2009	125	良好	本工程	带破碎锤
2	挖掘机	EX-70	1	日立	2011	55	良好	本工程	自有
3	推土机	130	3	河南	2009	130	良好	本工程	自有
4	混凝土搅拌机	JZ350	2	山工	2010	5.5	良好	本工程	自有
5	装载机	ZL40	2	徐州	2009		良好	本工程	自有
6	砂浆拌和机	SJ-100	2	河南	2010	3	良好	本工程	自有
7	平板振捣器	BL-11	2	浙江	2009	1.5	良好	本工程	自有
8	插入振捣器	ZN-50	4	浙江	2011	1.1	良好	本工程	自有
9	柴油发电机	50kW	2	郑州	2009	50	良好	本工程	自有
10	蛙式打夯机	HW-60	6	九江	2011	2.8	良好	本工程	自有
11	自卸车	8t	27	一汽	2010		良好	本工程	自有
12	机动翻斗机	FC-1A	2	浙江	2009	8.8	良好	本工程	自有
13	圆盘锯	MJ94	1	山东	2009	1.5	良好	本工程	自有
14	组合刨床	B600	1	山东	2009	0.6	良好	本工程	自有
15	手提电刨	MIB2	1	山东	2011	0.7	良好	本工程	自有
16	车丝机	CS163	1	山东	2011		良好	本工程	自有
17	潜水泵	2.2kW	4	上海	2011	2.2	良好	本工程	自有
18	光轮压路机	XS122	1	徐州	2009	93	良好	本工程	自有

续表

序号	设备名称	型号及规格	数量	厂家或产地	制造年份	额定功率（kW）	生产能力	用于施工部位	备注
19	振动压路机	XS142J	1	徐州	2010	92	良好	本工程	自有
20	钢筋弯曲机	W24Y-100	1	洛阳	2009	11	良好	本工程	自有
21	电焊机	ZX7-400S	1	长沙	2011	14	良好	本工程	自有
22	钢筋调直机	GT6/12	1	天津	2011	26	良好	本工程	自有
23	钢筋切断机	GQ40	1	上海	2009	2.2	良好	本工程	自有
24	灰土拌和机	WHB-180	1	郑州	2010		良好	本工程	自有

表 5.17　　　　投入本标段的实验和检测仪器设备表

序号	机械或设备名称	型号规格	数量	厂家或产地	制造年份	已使用台时数	用途	备注
一	基本测量仪器/设备							
1	全站仪	TC2000	2 套	瑞士	2011	500	测量	
2	水准仪	S3	6 台	苏光厂	2010	100	测量	
3	对讲机	BF-5180	4 套	上海电气	2011	1000	通信	
4	钢卷尺	50～100m	16 把				测量	新购
5	电脑	联想	3 台	北京	2011	5000	资料	
6	打印机	惠普 1020	1 台	北京	2010	200	资料	
二	基本实验仪器/设备							
1	砂筛	0.16～10	1 套	陕西西安	2011	50	试验	
2	磅秤	200kg	1 台	陕西西安	2009	800	试验	
3	台秤	10kg/5kg	1 台	合肥衡器厂	2010	100	试验	
4	电子天平	5kg/0.01g	1 台	合肥衡器厂	2011	50	试验	
5	坍落度仪		1 个	陕西西安	2010	30	试验	
6	混凝土抗压试模	150×150×150	3 组	北京竞远	2009	400	试验	
7	砂浆试模	75×75×75	4 组	北京竞远	2010	100	试验	
8	量筒	各种规格	4 只	浙江竞远	2011	30	试验	
9	游标卡尺	0～150mm	4 个	南京仪器厂	2010	20	试验	
10	混凝土回弹仪	ZC3-A	1 个	南京仪器厂	2011	40	试验	
11	温控仪	WMZK10	3 个	浙江竞远	2010	700	试验	
12	土样标准筛	0.074～60	4 套	陕西西安	2009	300	试验	
13	灌砂桶		4 组	北京	2010	40	试验	
14	微波炉	1kW	1 台	深圳	2009	600	试验	
15	温度计		6 只				试验	新购
16	液、塑限联合测定仪		2 台	上海	2009	50	试验	
17	水泥稠度及凝结时间测定仪	0～70mm	2 台	天津	2009	200	试验	

续表

序号	机械或设备名称	型号规格	数量	厂家或产地	制造年份	已使用台时数	用途	备注
18	环刀		10组	北京	2010	50	试验	18
19	滴定全套仪器		1套		2010		试验	19

表 5.18 投入本标段的劳动力计划表

日期	工种 人数	机械工	测量人员	电工	钢筋工	混凝土工	石工	木工	普工	管理人员	合计
2012 年	9 月	40	8	3	2	5	25	2	35	10	130
	10 月	45	8	3	4	10	30	6	30	10	146
	11 月	45	10	3	6	15	30	16	30	10	165
	12 月	50	10	2	0	0	0	0	30	10	102
合计		180	36	11	12	30	85	24	125	40	543

注 1. 在施工过程中，根据施工进度计划的调整和工作进度的需要，及时调整作业层人员数量。

2. 机械工包括施工机械操作人员、驾驶员和机械修理人员。

5.3.6 安全管理体系及保证措施

5.3.6.1 安全目标

工程施工中我们将始终坚持"安全第一，预防为主，综合治理"的方针，建立健全安全保证体系，完善安全管理制度，配备专职安全管理人员，把工程的工期、效益建立在可靠的安全保证之上，本工程安全管理目标：加强安全管理，杜绝重伤及重伤以上安全事故，轻伤事故率小于2‰。

5.3.6.2 安全管理体系

安全生产组织管理体系职责：根据该工程特点，对此项目实行三级安全管理，建立以项目经理为首的安全生产管理体系，如图5.10所示。

5.3.6.3 安全保证措施

安全工作是搞好生产的重要因素，关系到国家、企业和职工的切身利益，因此在施工过程中必须认真贯彻"安全第一、预防为主、综合治理"的方针，广泛应用安全系数工程和事故分析方法，严格控制和防止各类伤亡事故。

1. 落实防范重点

（1）事故控制点：①行车安全事故；②触电事故；③设备机具伤害事故；④火灾事故。

（2）控制点的管理：①制度健全无漏洞；②检查无差错；③设备无故障；④人员无违章。

（3）管理保证措施：

1）加强领导，健全组织。项目经理部成立安全领导小组，制定严格的安全措施，定期分析安全生产形势，研究解决施工中存在的问题，建立、健全各级安全责任制，责任落实到人。充分发挥各级专职安检人员的监督作用，及时发现和排除安全隐患。

2）进行全面的、有针对性的安全技术交底。

图 5.10 安全生产管理体系图

3）各项经济承包有明确的安全指标和包括奖惩办法在内的保证措施。

4）安全教育要经常化、制度化，对特种作业人员需经培训合格后持证上岗；对新职工及合同工必须进行经理部、施工队和班组三级教育和定期培训；通过安全竞赛、现场安全标语、图片等宣传形式，增强全员安全生产的自觉性，时时处处注意安全，把安全生产工作落到实处。

5）实行安全监督，建立和完善定期安全检查制度。各级安全领导小组要定期组织检查，各级安全监督人员要经常检查，真正把事故消灭在萌芽状态。

6）按施工组织设计和工艺流程科学组织施工。严格工序衔接，严格操作规程，严禁各种违章指挥和违章作业行为发生。

7）进入施工现场，遵章守纪。

8）施工现场按规定悬挂"七牌二图"与安全标志牌。

9）加强安全防护，设置安全防护栏，施工作业区划定生产安全红线，人工施工的护坡工程个人要戴安全帽，采取必要的安全防护设施。

10）抓好现场管理，坚持文明施工，保障人身、机械和器材的安全。

11）认真做好防洪、防火工作，驻地和库房要选在高亢地带，重点设备重点防护，严禁各类事故的发生。

12）施工期间，确保对外交通道路安全畅通，施工工区和外界相连道路进口设专人把守指挥。

2. 技术保证措施

（1）临时用电安全。要安全用电，严格按有关规定安装线路及设备，用电设备都要安装地线，不合格的电信器材严禁使用，库房、油库严禁烟火，油库施工场地要安装避雷装置。

1）现场照明：照明电线要绝缘，导线不得随地拖拉或绑在脚手架上。照明灯具的金属外壳必须接零。室外照明灯具距地面不低于 3m，室内距地面不低于 2.4m。

2）配电箱、开关箱：应使用标准配电箱，配电箱内开关电器必须完整无损，接线正确，电箱内应设置漏电保护器，选用合理的额定漏电动作电流进行分级区配。配电箱应设总熔丝、分开关，动力和照明分别设置。金属外壳电箱应作接地或接零保护。开关箱与用电设备实行一机一闸保险。同一移动开关箱严禁有 380V 和 220V 两种电压等级。

3）架空线：架空线必须设在专用电杆（水泥杆、木杆）上，严禁架设在树或脚手架上，架空线装设横担和绝缘子。架空线应离地 4m 以上，机动车道应离地 6m 以上。

4）接零线：接地采用角钢、圆钢或钢管，其截面不小于 48mm²，一组两根接地之间不小于 2.5m，接地电阻符合规定，电杆转角杆，终端杆及总箱，分配电箱必须有重复接地。

5）用电管理：安装、维修或拆除临时用电工程，必须由电工完成，电工必须持证上岗，实行定期检查制度，并做好检查记录。

（2）机械设备安全。

1）所有施工设备和机具在使用时均必须由专职人员负责进行检查，维修保养确保良好，各种技术工种必须经过培训并经考核取得合格证，方可持证上岗操作，杜绝违章作业，大型机械的保险限位位置防护指示器等必须齐全可靠。

2）驾驶、指挥人员必须持证上岗，必须按规程要求进行操作，驾驶员应做好例保和记录。

3）各类安全（包括制动）装置的防护罩、盖，齐全可靠。

4）机械与输电线路（垂直、水平方向）应按规定保持距离。

5）作业时，机械停放应尽可能稳固，臂杆幅度指示器应灵敏可靠。

6）电缆线应绝缘良好，不得有接头，不得乱拖乱拉。

7）各类机械应持技术性能牌和上岗操作牌。

8）严格执行定期保养制度，做好操作前、操作中和操作后设备的清洁润滑、紧固、调整和防腐工作。严禁机械设备超负荷使用，严禁带病作业和在作业中进行维修。

9）机械设备夜间作业必须有充足的照明，夜间施工要有良好的照明设备。

（3）防火安全。

1）建立经理部、施工队、班组三级防火责任，明确职责。

2）重点部位如仓库、木工间须配置相应消防器材，一般部位如宿舍、食堂等应设常规消防器材。

3）施工现场用电，应严格执行有关规定，加强电源管理，防止发生电气火灾。

（4）物资材料安全保证措施。

1）工地设物资、配件仓库，统一进行管理，做到分门别类储放，标牌清楚，并配备足够的消防器材。

2）仓库设专人负责保管、看护，值班室内设报警装置。

（5）生活区的安全保证措施。

1）所有施工人员的宿舍、办公室设计合理、牢固稳定，生活区内配备足够的消防器材和洗浴设施，设专人管理。

2）生活用水妥善管理，保证饮水卫生。

3）食堂保持清洁，腐烂变质的食物及时处理，食堂工作人员定期体检。

（6）安全防护责任。在工程最终办理移交验收之前的整个施工期内，制定并实施一切必要的措施，保证工程现场安全（包括承包方非承包方的人员安全），维护工地的生产、生活秩序。在收到开工通知后的 15d 内，须制订一份有关安全措施的书面报告递交监理单位批准。安全措施包括（但不限于）防洪、防火、防盗、救护、治安、施工机械等。要遵守国家颁布的有关安全规程和治安管理条例，对于不符合法律、法令、安全规程及合同规定的安全隐患，发包方及监理单位有权向承包方提出干涉。在任何时候，如发生重大安全事故，立即在事故发生后的 48h 向监理单位报告，并对事故承担全部责任，而不由此要求发包方增加支付费用延误施工进度。

（7）施工期洪水及气象灾害防护。施工期内加强与当地水文气象部门的联系，及时了解水文气象情况，做到早预报、早准备。成立防洪抗灾领导小组和抗洪抢险突击队，提高全体员工的防灾抗灾意识。汛期加强施工区和生活区的巡逻并保持通信的畅通，出现洪水和气象灾害预兆时，立即采取有效措施组织防洪抢险，以确保工程和人员、财产的安全。具体预防措施如下：

1）暴雨、台风前后，要检查工地临时设施、脚手架、机电设备、临时线路，发现倾斜、变形、下沉、漏雨、漏电等现象时应及时修理加固；有严重危险的，应立即排除。

2）洪水发生时，应及时将可能受淹地带的人员、设备、材料撤退至安全地带，不能撤离的，必须加固。应密切注视高边坡、易塌方地段的稳定状况，特别应注意夜间情势的变化。如有滑坡、塌方危险时，必须立即将人员、机械设备和材料撤至安全地带。

3）抗洪、抢险工作应在现场指挥部和各级领导统一指挥下进行，不得冒险蛮干。对机电设备的电气开关，要有防雨、防潮设施。现场道路应加强维护，斜道和脚手板应有防滑措施。

3．安全资金保障

为确保施工人员安全防护用品采购工作落实到位，按照公司安全制度规定，在工程开始施工前设立安全专项经费，由安全科长统一管理；安全专项经费金额为工程合同价款的 1%，该项资金进入公司专用账户，专款专用，不得挪作他用。

安全技术经费主要用于改善职工劳动条件、工地安全设施的购置及劳动保护和劳动防护用品的添置。

各类劳动保护用品必须按规定发放和使用。安全生产设施必须按规定布置和使用，不得超期或超限使用。

5.3.6.4　安全管理制度

1. 建立健全安全生产责任制

（1）项目经理的安全职责。

1）项目经理是项目安全生产第一责任人，对生产经营全过程中的安全生产负全面领导责任。

2）坚持"管生产必须管安全"，"谁主管谁负责"的原则，认真贯彻落实安全生产方针、政策、法规和各项规章制度，结合项目工程特点及施工具体情况，制定各项安全生产管理办法和措施，并监督其实施。

3）按规定配备专职安全人员，专职安全人员须持证上岗。指导、支持安全管理人员的工作。

4）严格执行安全考核指标和安全生产奖惩制度。把安全责任目标层层分解到岗，落实到人，与项目主要管理人员、班组和分包、外协队伍签订安全生产目标管理责任书，严格兑现奖惩。

5）健全和完善用工管理手续。认真组织做好自有职工和外协队伍人员的全员安全教育，三级安全教育和特种作业人员培训持证上岗工作，职工受教育面必须达到 100%。

6）严格执行安全技术措施审批和安全技术交底制度。组织落实施工组织设计和专项施工方案中的安全技术措施。组织实施设备和安全设施的三级验收。

7）定期组织安全生产检查和分析，针对施工生产中存在及可能产生的事故隐患制定相应的整改和预防措施，定人、定时间及时解决，并组织有关人员按期复查。

8）不折不扣地提取和用好安全技术措施经费，落实各项安全防护措施，实现工地安全达标。

9）发生事故，要做好现场保护与抢救工作，及时上报，组织配合事故调查。制定并落实防止同类事故再次发生的措施，吸取事故教训。

（2）项目技术负责人的安全职责。

1）对项目生产经营中的安全生产负技术责任。

2）贯彻落实安全生产方针、政策，严格执行安全技术规程、规范、标准。结合项目工程特点，主持项目工程的安全技术交底。

3）参加或组织编制施工组织设计和专项安全措施方案编制、审查施工方案时，要制定、审查安全技术措施，保证其可行性和针对性，并随时检查、监督和落实。

4）项目工程应用新材料、新技术、新工艺、新设备，要及时上报，经批准后方可实施。同时要组织上岗人员的安全技术培训、教育。认真执行相应的安全技术措施与安全操作工艺、要求，预防新工艺实施中可能造成的事故。

5）主持安全防护设施和设备的验收。发现设备、设施的不正常情况应及时采取措施。严格控制不合标准要求的防护设备、设施投入使用。

6）参加安全生产检查，对施工中存在的不安全因素，从技术方面提出整改意见和办法予以消除。

7）参加、配合因工伤亡及重大未遂事故的调查，从技术上分析事故原因，提出防范措施和意见。

（3）项目安全科负责人安全职责。

1）积极宣传贯彻上级的各项安全规章制度，并监督、检查执行情况。

2）协助项目经理，做好安全生产的宣传教育和管理工作。

3）深入施工现场，掌握安全生产动态，提出改进意见和措施，监督检查实施情况。

4）组织安全活动和定期安全检查，如实向项目经理和公司安全部门报告安全检查和隐患，整改复查情况。

5）参加编制或审查施工组织设计和专项施工方案，编制安全技术措施计划，并对贯彻执行情况进行督促检查。

6）参加安全防护设施和设备的验收，并对其安全运行进行监督检查。

7）与有关部门共同做好全员安全教育、新工人三级安全教育、特种作业人员安全培训和持证上岗工作。

8）督促班组长按规定及时领取和发放劳动防护用品，并指导工人正确使用。

9）制止违章指挥和违章作业，对违章指挥和违章作业人员按安全奖惩条例提出处罚意见，报项目经理批准后执行。遇有严重险情，有权暂停生产，并报告领导处理。对违反安全生产和劳动保护法规的行为，经说服劝阻无效时，有权越级上报。

10）负责项目安全管理资料的收集、整理、归档。按时上报各种安全报表和上级要求上报的资料。

11）进行工伤事故统计、分析和报告，参加工伤事故的调查和处理。

（4）项目施工计划科负责人安全职责。

1）在编制年、季、月、旬施工计划时，必须树立"安全第一"的思想，组织均衡施工，保障安全工作与施工计划协调一致。坚持按合理施工顺序组织施工，要充分考虑职工的劳逸结合，认真按施工组织设计组织施工。

2）认真学习贯彻执行国家和上级有关安全技术和安全操作规程规定，保障施工中的安全技术措施的制定与实施。

3）在编制施工组织设计和专项施工方案的过程中，安全技术措施要贯穿每个环节，对确定后的方案，若有变更，应时间组织修订，并按原渠道上报审批。

4）检查施工组织设计和专项施工方案中安全措施的实施情况，对施工中涉及安全方案的技术性问题，提出解决办法。

5）负责施工组织设计、专项施工方案、分部分项（单元）工程、各工种的安全技术交底工作。

6）参加事故或未遂事故中技术性问题的调查，分析事故原因，从技术上提出防范措施。

（5）项目设备器材科负责人安全职责。

1）对机电设备、起重设备、锅炉、压力容器及自制机械设备的安全运行负责，按照安全技术规范定期和不定期进行检查，并监督各种设备的维修、保养工作的进行。

2）对租赁的设备，要建立安全管理制度，确保租赁设备完好、安全可靠。司机持证上岗。

3）对新购进的机械、锅炉、压力容器及大修、维修、外租回场后的设备必须严格检验把关，新购进的设备要有出厂合格证及完整的技术资料。使用前制定安全操作规程，组织专业技术培训，向有关人员交底，并进行鉴定验收。

4）参加施工组织设计和专项施工方案的会审，提出涉及设备安全的具体意见，负责督促设备管理和操作人员工作落实，保证实施。

5）凡购置的各种机电设备、脚手架、新型建筑装饰、防水等料具或直接用于安全防护的料具及设备，必须执行国家、省的有关规定，必须有产品介绍或说明资料，严格审查其产品合格证明材料，必要时做抽样试验，回收后必须检修。

6）采购的劳动保护用品，必须符合国家标准及省有关规定，产品合格证等材料齐全。

7）按照 JGJ 59—2011《建筑施工安全检查标准》及施工现场平面布置图的要求，做好材料堆放和物品储存工作，并保证标识齐全。对物品运输应加强管理，保证安全。

（6）项目财务核算科负责人安全职责。

1）根据项目实际情况和对安全技术措施经费的需要，按计划及时足额提取安全技术措施经费，劳动保护经费及其他安全生产所需经费，监督使用情况，保证专款专用。

2）按照国家及省对劳动保护用品的有关标准和规定，负责审查劳动保护用品购置的合法性，保证其符合标准。

3）协助安全部门办理安全奖、罚款的手续。

4）按公司规定，每月（次）与分包或外协队伍结算工程款时，无安全部门对其安全情况认可的签字手续，应拒绝结算付款。

（7）项目综合办公室负责人安全职责。

1）将安全教育纳入职工培训教育计划，负责组织职工的安全技术培训和教育。

2）对职工（含临时工、外协队伍员工）进行定期的安全教育考核。对新工人（含临时工、外协队伍员工）要组织入场教育和资格审查，保证提供的人员具有一定的安全生产素质。

3）负责执行国家对特种作业人员上岗作业的有关规定，适时组织特种作业人员的培训工作，并向安全部门和项目经理通报情况。

4）负责落实国家有关劳动保护的法规，严格执行员工劳动保护待遇，并监督实施情况。

5）配合有关部门，负责对职工进行体格普查，对特种作业人员要定期检查，提出处理意见。监测有毒有害场所的尘毒浓度，做好职业病预防工作。

6）正确使用防暑降温费用，保证清凉饮料的供应及卫生。

7）负责项目部食堂的管理工作，搞好饮食卫生，预防疾病和食物中毒的发生。对冬季取暖设施的安装、使用负责监督检查，防止煤气中毒。

8）负责项目的安全保卫和消防安全管理，定期组织消防安全检查，防止火灾事故发生。

9）负责生活设施的建、拆，要严格执行有关安全规定，搞好生活设施的环境卫生。

（8）项目安全员安全职责。

1）认真执行国家有关安全生产的方针、政策、法规和企业各项规章制度。

2）按照施工组织设计，落实各种安全设施的设置，使用前参加验收，并随时检查使用中的运行状况。

3）对施工全过程的安全进行监督。每天对各施工点进行安全检查，掌握安全生产情况，查出事故隐患，及时提出整改意见和措施，落实整改。制止违章指挥和违章作业。遇有险情，有权暂停生产，并立即报告领导处理。

4）参加项目组织的定期安全检查，做好检查记录，及时填写发放隐患通知书，并督促认真进行整改。

5）配合有关部门，组织安全教育和全员安全活动。

6）监督劳保用品的质量和作业人员的正确使用。

7）负责安全管理资料的收集、整理、存档工作。

（9）班组长、施工员的安全职责。

1）认真执行上级有关安全生产规定，对所管辖班组的安全生产负直接领导责任。

2）认真执行安全技术措施及安全操作规程，针对生产任务特点，向班组进行书面安全技术交底，履行签订手续，并经常对执行情况进行检查，随时纠正违章作业。

3）经常检查所辖班组作业环境及各种设备、设施的安全状况，发现问题及时纠正解决。结合工程实际，向作业人员进行安全技术措施交底，组织实施安全技术措施。对施工现场安全防护装置和设施进行验收，合格后才能使用。做到不违章指挥。

4）定期和不定期组织所辖班组学习安全操作规程，开展安全教育活动。接受安全部门或人员的安全监督检查，及时解决提出的不安全问题。

5）对分管工程项目应用的新材料、新工艺、新技术、新设备严格执行申报、审批制度，发现问题，立即停止使用，并上报有关部门或领导。

6）发生因工伤亡或未遂事故，要保护现场，立即上报并接受事故调查处理。

2. 建立持证上岗制度

安全员、质量员、试验员等管理人员和特殊工种操作工人须佩戴胸牌并持证上岗。胸牌贴有本人照片并标明单位、岗位职务、姓名和编号。胸牌尺寸为 9.50cm×6.5cm，字体一律为黑色，底色为白色。

3. 明确安全生产目标

在开工前，明确安全生产总目标，并根据总目标制定分阶段、分项安全目标及相应的安全措施，确保安全目标的实现。

4. 建立安全奖惩制度

根据规定对安全生产工作作出成绩的单位和个人给予奖励，对于违章施工的单位和个人给予处罚，并追查责任。

5. 坚持安全检查制度

（1）项目部每月定期组织一次全方位的安全大检查。参与人员有项目部领导、施工计划科科长、质量安全科科长、专职安全员、设备和消防保卫等部门的有关人员。对于检查所发现的各类事故隐患和不安全因素，应及时发出安全整改通知，写明存在问题、整改意见，并指定整改责任人及整改期限。到期后再进行复检，复检合格后方可予以销案。凡到了整改期限而不整改完善或根本不予整改的，除了再次强令限期整改外，还应根据有关奖惩制度给予经济处罚。

（2）各班组长与兼职安全员，每天班前班中进行两次本作业面内安全检查，目的在于确保作业人员的人身安全。对于被检查出的各类隐患，应立即予以整改。遇有本班组无法解决的重大事故隐患，必须立即向上级报告。整改、复检、销案以及向上级报告的隐患等情况都必须真实及时地记录到安全工作日记上，并有责任人签字。

（3）专职安全员和安全管理人员应坚持施工现场巡回检查，以便及时发现并消除各类隐患。坚决制止一切违章冒险作业。对于违章、屡教不改的作业人员，有权给予各类处罚，包括辞退出工地。

（4）项目部可进行各种临时检查或突击检查，以加强对安全重要部位的监督以及对警戒人员、值班员、各区域的值勤人员等的监督检查，从而确保项目安全。应对安全用电、用火、消防等各有关规定的执行情况经常突击检查。

（5）安全检查形式：定期安全检查、专业安全检查、季节性安全检查、节假日安全生产检查、自检、交接检。

（6）隐患整改。

1）隐患登记、分析。各种安全检查查出的隐患，要逐项登记、分级。根据隐患信息，分析项目安全生产动态。从管理上、安全防护技术措施上分析原因，为加强安全管理与防护提供依据。

2）整改。检查中查出的隐患应发出"隐患整改通知书"，以督促整改消除隐患。对有即发性事故危险的隐患，检查组检查人员应责令停工，立即整改，并发出"停工整改通知书"。

3）复查。被检查单位收到"隐患整改通知书"或"停工通知书"后应立即进行整改，整改完成后及时通知有关部门进行复查。

4）销案。有关部门复查被检查单位整改隐患达到合格后，在原"隐患整改通知书"或"停工整改通知书"上签署复查意见、复查人签名，而后将通知书存档，即行销案。

6. 坚持教育培训制度

（1）加强全员安全教育和技术培训考核。施工前，按照"技规"、"行规"等有关施工安全的规定，制定相应的施工安全措施，组织全体施工人员认真学习，并贯彻执行，使项目经理部各级领导和广大职工认识到安全生产的重要性、必要性。懂得安全生产、文明生产的科学知识，牢固树立"安全第一，预防为主"的思想，自觉地遵守各项安全生产法令和规章制度，保证施工生产按计划、有秩序的进行，确保施工安全。

（2）加大安全教育培训的力度。加强全员的安全教育和技术培训考核，使各级干部和广大职工认识到安全生产的重要性、必要性，掌握安全生产的科学知识，牢固树立"安全第一，预防为主"的思想，克服麻痹思想，自觉地遵守各项安全生产法令和规章制度，严格执行操作规程。

1）新工人入场安全教育。具体包括：

a）项目经理部教育。内容包括：一般教育（即新工人入场教育的意义和必要性，建筑施工的特点及它给劳动者的安全带来的不利因素，当前安全生产情况）；安全生产法规和安全知识教育（即《中华人民共和国建筑法》、《中华人民共和国消防法》、《中华人民共和国宪法》、《中华人民共和国刑法》有关条款，建设部、交通部颁布的施工企业安全生产条例、规定，地方政府和安全行政主管部门发布的有关安全生产规定，总部、项目经理部有关安全生产管理的规定及细则，国家有关部门关于重伤事故范围的意见等）；建筑工程施工时容易发生的伤害事故及其预防。

b）施工队教育。教育内容包括：《建筑工人安全技术操作规程》有关规定；建筑工程现场的安全管理规定细则；本合同段基本情况、安全生产的重点和必须遵守的安全事项等。

c）班组教育。教育内容包括：本班组生产工作概况、工作性质及范围；个人从事生产工作的性质，必要的安全知识，各种机具设备及其安全防护设施的性能和作用；本工种的安全操作规程；容易发生事故的部位及劳动防护用品的使用要求等。

2）特种作业人员安全生产教育。具体包括：

a）特种作业人员不但进行一般安全教育，而且严格按照《特种作业人员安全技术考核管理规则》接受本工种的安全生产教育和技术培训，经考核合格后，方可持证上岗。

b）定期对特殊作业人员进行复审，合格后方可继续上岗。

c）采用新技术、使用新设备、应用新材料、推行新工艺前向有关人员进行安全知识、技能、意识的专项安全教育。

（3）各级领导干部和安全管理干部的安全生产培训。

1）定期轮训各级领导干部和安全管理干部，提高政策水平和业务水平，熟悉安全技术、劳动卫生业务知识，做好安全生产工作。

2）培训主要内容包括：安全生产的重大意义；国家有关安全生产的方针、政策、规定；安全生产法规、条例、标准；本合同段工程施工生产的工艺流程、主要危险因素以及预防重大伤亡事故发生的主要措施；企业有关安全生产的规章制度、安全纪律以及保证措施；各级领导在安全生产中的职能、任务以及如何管理；编制、审查安全技术措施计划及施工组织设计的安全技术措施的基本知识等。

（4）安全生产的经常性教育。在做好对新工人、特种作业人员安全生产教育和各级领导干部、管理干部的安全生产培训的同时，把经常性的安全教育贯穿于生产管理工作的全过程，并根据接受教育对象的不同特点，采取多层次、多渠道、多方式的办法进行。内容包括安全生产宣传教育、普及安全生产知识宣传教育、适时安全教育。

7. 坚持开展群众性的安全管理活动

根据实际情况采取不同的形式组建安全管理 TQC 小组，严格按照 PDCA 循环的 4 个阶段（即计划、实施、检查、处理 4 个阶段）、8 个步骤（调查分析现状，找出问题，分析各种影响因素，找出主要影响因素，针对主要影响因素制定措施，执行措施，检查工作效果，巩固措施、制定标准，将遗留问题转入下一个循环等 8 个步骤），制定出每旬、每月的活动计划，规定每次活动的时间、内容、目标等，并组织实施，直至达到解决问题的目的。

8. 事故申报制度

严格执行国务院《关于企业职工伤亡事故和处理》的规定，认真做好意外职工伤亡、施工机具损坏等事故统计、报告、调查和处理工作。所有事故在规定的时间内申报。对事故进行详细调查，并写出事故调查处理报告。

5.3.7　文明施工和环境保护措施

文明施工是现代化施工的一个重要标志，是施工企业施工管理工作综合素质的反映，在总结以往工程创建文明工地工作的基础上，针对本工程的自身特点，我们将把创建文明建设工地与安全质量管理放在同等地位对待，贯穿于项目实施的全过程。

5.3.7.1　组织管理措施

1. 健全管理组织机构

本工程文明施工及环境保护管理机构及其主要职责如图 5.11 所示。

图 5.11　文明施工管理机构与职责图

2. 健全管理制度

（1）个人岗位责任制：根据文明施工需要按专业、岗位、区域等分片包干，分别建立岗位责任制度。

（2）经济责任制：依据相关人员的文明施工职责列入经济考核中，一同"包"、"保"、检查与考核。

（3）检查制度：工地每月由组长或副组长牵头，综合办公室主办组织有关人员进行两次综合检查，按专业、标准工作面全面检查并制定相应表格，填写检查结果，张榜公布。

（4）奖惩制度：制定相关奖罚细则，坚持奖罚兑现。

（5）持证上岗制度：施工现场所有工作人员一律填写牌号，挂牌持证上岗。

3. 健全管理资料

上级及业主关于文明施工标准、规定、法律法规和要求等资料应齐全；各阶段施工方案应有对文明施工的要求；施工现场施工日志中应有文明施工内容；文明施工检查资料、活动等应及时记录归档。

5.3.7.2 文明施工管理措施

1. 管理措施

(1) 开展 "5S" 活动。"5S" 活动是指对施工现场各生产要素（主要是物的要素）的所处状态不断地进行整理、整顿、清扫、清洁以及员工的培养。

整理：对施工现场的人、事、物定期进行分析，按照施工要求区分需要或不需要、合理或不合理，并对不需要、不合理的给予及时处理。

整顿：通过上一步的整理后，把施工现场所需要的人、机、物、料等按照施工需要，科学合理地安排定位，使人、物、场所在空间上处于最佳结合。

清扫：定期对施工现场的设备、场地、物品加以维护打扫，保持现场环境卫生干净整齐、无垃圾、无污物，并使设备运转正常；确保现场做到工完场清，建筑垃圾集中堆放并及时清运。

清洁：整理、整顿之后要认真维护，使现场保持完美和最佳状态。清洁，是对前三项活动的坚持与深入，从而消除发生安全事故的根源，创造一个良好的工作环境，使职工能愉快地工作。

素养：努力提高施工现场全体职工的素质。有计划地组织广大职工开展爱国主义、集体主义、社会主义职业道德、职业纪律教育以及岗位和劳动技能培训，经常性组织职工开展丰富多彩的群众文体活动，养成遵章守纪和文明施工的习惯，极大地调动全体职工的积极性，自觉管理、自我实施、自我控制，创造一个整齐、清洁、方便、安全和标准化的施工环境。

(2) 合理布置。依据国家、行业、地方的企业关于施工现场管理的法规、法律、规定、管理办法、设计要求及自然条件、施工方案等，把工地施工期间所需要的资源在空间上合理布置，实现人与物、人与场所、物与物之间的最佳结合，使施工现场秩序化、标准化、规范化。重点把握物与场所几个方面的布置定位：运输设备的位置；生产、生活临时设施、场区临时供水施工排水设施的位置；各种材料加工半成品、构件和各类机具的存放位置；创造一个整齐、清洁、方便、安全和标准化的施工环境。

(3) 目视管理。目视管理就是以视觉显示为基本手段，以公开化为基本原则，通过色彩适宜的各种视觉感和信息来组织现场施工生产活动，结合公司近年来的创建文明生产经验，主要有以下几个方面：对各阶段及月、旬、日计划制成图表或施工任务书，公布于众或直接下达到班组，使每位职工都知道自己要干什么、要干多少；工区内各项管理制度、操作规程、工作标准及文明施工规章等制作成标牌在相关部位挂设张贴；针对所划定的区域将岗位责任人标牌显示以激发岗位责任人的责任心，并有利于互相监督；施工现场利用各种色彩，设立有关安全、消防、交通等危险区域的安全警示牌，夜间作业设警示灯；对工地每月所组织的安全、质量、进度、文明生产等检查活动的结果以及表现突出的个人、班组和奖惩情况均张榜公布于众。

2. 施工现场管理

(1) 在开工前编制好实施性施工组织设计、绘制施工组织网络图、现场总体平面布置图，并做到科学、合理，从而满足现场施工要求。

(2) 主要规章制度及施工总体平面布置图、施工组织网络图、施工进度图等张挂上墙，各种图表标注规范、醒目。主要规章制度包括质量管理制度、安全管理制度、岗位职责、现场管理制度等。

(3) 各种公告牌、标志牌内容齐全，式样规范，位置醒目。施工现场主要入口设置简朴规整的大门，门旁设立明显的标牌，如工程概况牌、安全生产牌、文明施工牌、组织网络牌、消防保卫牌、施工总平面图等。项目部设置整齐美观的围墙，并按集团公司文明施工管理规定，在征得建设单位同意后，在围墙上间隔布置工程名称等。

水泥混凝土拌和站设置标有混凝土理论配合比、施工配合比、每盘混凝土各种材料用量、外加剂名称及用量、坍落度等内容的公告牌。

各类公告牌、标志牌包括施工公告牌、指路标志、减速标志、危险标志、安全标志等。

(4) 建立文明施工责任区，划分区域，明确管理人，实行挂牌制，做到现场清洁整齐；食堂卫生符合卫生标准。

(5) 对各类水泥混凝土拌和场场内地面进行硬化，保证施工现场场地平整，道路坚实畅通，设置相应的安全防护设施和安全标志，周边设排水设施；人行通道的路径避开作业区，设置防护，保证行人安全；基础、管道等施工完成后及时回填平整，清除积土。

(6) 施工现场临时水电派专人管理，不得有长流水、长明灯。

(7) 施工现场的临时设施，包括生产、办公、生活用房、仓库、料场以及照明、动力线路等，严格按施工组织设计确定的位置布置、搭设或埋设整齐。

(8) 施工操作地点和周围保持清洁整齐，做到活完脚下清，工完场地清，丢洒的砂浆、混凝土等生产过程中产生的建筑垃圾及时清运到指定地点，保证施工现场的整齐、干净、卫生。施工现场严禁乱堆垃圾及余物。在适当的地点设置临时堆放点，并定期外运。并且采取遮盖防漏措施，运送途中不得遗撒。

(9) 针对施工现场情况设置宣传标语和黑板报，并适时更换内容，切实起到表扬先进、促进后进的作用。

(10) 对施工便道进行维护保养，保证晴雨通车；经常清扫、洒水，防止尘土飞扬，影响当地居民群众的正常生活、生产活动。

3. 现场物资管理

(1) 现场物资材料供应按计划进场，既保证施工生产使用又避免因进料过多而造成无处堆放。

(2) 对进入现场的物资材料应分类堆放，保证整齐有序，部分采取搭盖顶棚或覆盖。

(3) 砂浆、混凝土在搅拌、运输、使用过程中，做到不洒、不漏、不剩。

(4) 对成品进行严格的保护措施，严禁污染损坏成品。

4. 现场机械管理

(1) 现场使用的机械设备，按平面布置规划定点存放，遵守机械安全规程，经常保持机身及周围环境的清洁；机械的标记、编号明显；安全装置可靠。

(2) 清洗机械排出的污水设有排放措施，不得随地流淌。

(3) 在使用的搅拌机、砂浆机等旁设沉淀池，不得将水直接排入沟渠等处。

（4）确保装运建筑材料、土石方、建筑垃圾等的车辆在行驶途中不会污染道路和环境。

5．办公、生活设施

（1）办公室干净、卫生、整齐；职工宿舍做到通风、明亮、保暖、隔热。地面采用水泥砂浆铺地面砖。

（2）职工食堂干净、卫生，锅台、锅灶用瓷砖贴面；食堂工作人员在上岗前到当地防疫部门进行健康检查，在取得健康合格证后上岗，操作时穿戴工作服、帽；食物容器上有生熟标记，餐具经过严格消毒；设施防蝇、防鼠措施，职工饮水桶加盖加锁。

（3）厕所派专人管理，生活垃圾及时处理。

6．建设工地良好的文明氛围

（1）对职工经常进行文明施工教育，建设一支高素质的职工队伍，提高文明施工措施。

（2）经常性地对职工进行以职业理想、职业责任、职业纪律、职业技能为主要内容的职业道德教育，培养职工良好的职业道德。

（3）处理好与当地人民群众的关系，积极参与当地精神文明建设。

学习单元 5.4　市政工程施工组织设计训练

5.4.1　工程概况

5.4.1.1　工程概况

工程地点：地处新站区，庐阳区、长丰县内。

现场概况：全线现状基本为农田、荒地、现状道路、村庄，其中有塘、沟、洼地等且有板桥河，场地地势起伏较大。

施工范围：淮南路（东方大道—板桥河南 91m）（含淮南路与淮海大道交口）工程本次招标内容包括：道路、桥梁、排水（含箱涵）、交通信号和监控（土建）、标志标线、绿化、挡墙、供电（土建）、照明等工程。

5.4.1.2　编制依据

（1）招标文件、设计图纸。

（2）国家及行业颁发的技术规范、规程、标准如下：

CJJ 44—91《城市道路路基工程施工及验收规范》

JTJ 034—2000《公路路面基层施工技术规范》

GB 50268—97《给水排水管道工程施工及验收规范》

JTG B01—2003《公路工程技术标准》

GB 50289—98《城市工程管线综合规划规范》

GB 50268—2008《给水排水管道工程施工及验收规范》

（3）现场踏勘资料，业主、监理对本工程相关要求。

（4）公司按 ISO 9001：2000 系列编制的《质量保证手册》、《质量体系程序文件》、《企业标准》。

5.4.1.3　工期目标

本工程合同工期为 120 个日历天（90d 内工程全线通车）。具体开工时间以总监理工程师签发的开工令为准。

5.4.1.4　质量目标

本工程质量目标为合格标准。

5.4.1.5　安全目标

确保本工程不发生重伤以上安全事故。

5.4.1.6　危险性较大的分部分项工程辨识

危险性较大的分部分项工程见表 5.19。

表 5.19　　　　　　　　　　危险性较大的分部分项工程

序号	分部分项工程名称	规　　模	类　　别	备　注
1	土方开挖	开挖深度为 3~5m	危险性较大的分部分项工程	编制专项方案
2	桥梁预应力张拉	箱梁后张法张拉	危险性较大的分部分项工程	编制专项方案
3	桥梁预制构件吊装	单件重量超过 100t	超过一定规模的分部分项工程	需组织专家论证

5.4.2　各分部分项工程的主要施工方案与技术措施

5.4.2.1　土方工程施工措施

本工程挖填土方主要为路床及管道土方，为便于施工，降低成本，根据本工程特点制定土方平衡计划。

排水沟槽开挖的土方要作为沟槽回填土料，为降低工程成本，沟槽开挖的土方尽可能堆放于沟槽两侧，但应离开沟槽边坡一定距离，以确保沟槽边坡的稳定，同时，堆放土方时尽量集中，留出吊装、运输钢筋混凝土管道工程所需要的位置。沟槽回填土方工序一般滞后于开挖工作，为降低工程成本，因此有必要处理好开挖与填筑的关系，使开挖与填筑工作相互协调。

管道保护：在沟槽土方开挖前，要先对沿线自来水、煤气等杆管线位置作仔细了解，在自来水、煤气等杆管线及过路管附近挖沟槽时，要先采用人工挖探沟，直至管线暴露，以确保自来水、煤气等其他管线安全。

1. 道路路基土方开挖工程

按照土方平衡原则安排工程施工计划，尽量将土方的开挖与填筑工作结合起来安排。

道路路床土方开挖可以与填筑工程同步施工，即开挖的土方一部分用于填筑，一部分作为回填土料堆放于临时堆土场，多余的土方外运。

根据土方量和运距，我们采用挖掘机挖自卸汽车运输，120 推土机配合施工。

路床开挖时预留 10cm 的基面保护层，基面保护层采用人工开挖，在路基施工前突击挖除。

2. 排水沟槽开挖工程

本工程地处新站区内，道路为东西走向，全线现状基本为农田、荒地、现状道路、厂区及村庄，其中有塘、沟、洼地等且有二十埠河和板桥河，要切实做好沟塘部位的沟槽开挖组织工作。抽水和清淤：先抽水并控干后，采用推土机打堆，然后用挖掘机挖装，自卸汽车运至弃土场。清淤做到彻底，以清至硬质原状土为标准，然后在基底填筑道渣石40cm后，再按正常路段进行填筑，排水沟槽在软弱路基段应先回填后反挖。

本工程排水沟槽开挖深度不等，根据管道埋设深度，先施工污水管道，后施工雨水管道，沟槽开挖可以一次性开挖到设计高程。进行机械开挖时预留10cm保护层，严禁扰动槽底土壤，如发生超挖，严禁用土回填，槽底预留保护层在浇筑垫层时人工突击开挖。

排水沟槽开挖长度以整井段长度控制，即一个或数个井段一次性开挖。采取挖掘机开挖沟槽的方法，将需要利用的土方整齐地堆放于沟槽两侧，多余的土方采取挖掘机挖装土、自卸汽车运输的开挖方法。开挖边坡视土质而定，原状素土边坡不陡于1∶0.5，不良土质不陡于1∶1。

堆放于沟槽两侧用于回填的土方与沟槽边坡上口的距离应大于1m，以确保沟槽边坡的稳定和施工安全。

底部高程低于地下水位的沟槽，开挖时会有地下水渗出。公司将采取一些必要的降（排）水技术措施，使槽底不受水浸泡，并设置一些必要的支撑，确保边坡稳定。具体做法有：

（1）沿沟槽底部开挖排水沟，并及时抽排地下渗水。加强地面排水工作，沟槽两侧设置挡水坎，拦截地表水对边坡的冲刷。

（2）采用木支撑临时支护边坡。沟槽开挖出来后，立即沿边坡横向设置木档板，纵向设置钢支架（或木支架），沟槽两侧安装对撑，有效保护边坡土体稳定。

（3）加快进度，缩短边坡暴露时间。沟槽开挖前，准备好安装管道的各种材料和设备，开挖后及时做好垫层、平基、管座、安管等工程，尽快填土。

（4）缩短开挖段长度也是保证边坡稳定的有效措施。缩短开挖长度可以缩短平基、安管、管座等工程的时间，也就缩短了沟槽暴露时间。

3. 土方填筑

（1）土方填筑工艺流程。土方填筑工艺流程图如图5.12所示。

（2）土方填筑方法。

1）准备工作具体包括：

a）组织施工人员技术交底，学习填筑规范。

b）生产性试验。对作为填筑的土料进行击实试验，确定最大干容重和最优含水量。施工现场进行铺土方式、铺土厚度、碾压机械的类型及重量、碾压遍数、填筑含水量、压实土的干密度、压实度等试验，以确定碾压机具达到设计填筑标准的施工参数和施工方法。

c）施工放样和基面验收。根据图纸尺寸，确定填筑边线，会同监理工程师对填筑基面进行检查验收，合格后方可填筑，并及时做好隐蔽工程记录。

2）道路土方填筑具体包括：

a）清基：基面在回填前，将树根、杂物等全部清除。保证基面符合土方填筑的规范要求。

b）根据填筑部位的不同，采用不同的碾压方法，确保回填土达到设计要求。

c）填筑应选择接近最佳含水量的开挖土料。若含水量太小则洒水碾压。若含水量太

图 5.12 土方填筑工艺流程图

大，土料在填筑前晾晒，达到要求后，再进行填筑碾压。

d）严格控制铺土厚度及土料粒径，人工夯实每层不超过 20cm，土块粒径不大于 5cm；机械压实每层不超过 30cm，土块粒径不大于 8cm。

e）如填土出现翻浆、"弹簧"，层间光面、层间中空、松土层或剪力破坏现象时，应分别局部处理，经监理工程师检验合格后，方可进行下道工序施工。每层铺筑碾压检验合格后，方可进行上一层土方施工。

f）填土中不得含有淤泥、腐殖土及有机物质等。

3）管道沟槽填筑工程。当管道安装质量经检查验收合格并经业主、监理、质监等部门验收后就可以回填沟槽。

根据招标文件及补充答疑文件，本工程沟槽回填料采用碎石土（山皮石）。沟槽采用分层回填方法，层厚控制在 30cm 以内。在管顶上 50cm 内，不得回填大于 10cm 的石块、砖块等杂物。沟槽底部由于工作面较窄且有钢筋混凝土管道，适宜采用蛙式打夯机夯实，上部（管顶 50cm 以上）尽量采用压路机碾压。如果因场地狭小，压路机无法进入沟槽工作面，则采用蛙式打夯机夯实。对于胸腔及检查井周边采用蛙式打夯机夯实，必要时采用平夯及木榔头人工夯实方法。

沟槽回填时，如果沟槽内有因降雨、地下渗水或施工用水造成的积水应先排除，并清除表层被水浸泡过的软弱土层。

填筑前要对铺筑厚度、压实机具进行综合试验，测定各种压实参数，作为施工质量控制的依据。填筑过程中由专业人员，按试验参数进行控制，并及时取样试验检测，确保回填质量。经检查发现不合格的填筑坚决返工。

5.4.2.2　明埋混凝土排水管道施工措施

1. 明埋混凝土排水管道工程施工工艺流程

排水管道工程施工工艺流程图如图 5.13 所示。

图 5.13　排水管道工程施工工艺流程图

2. 平基、管座

平基和管座都是混凝土工程，其施工方法大体相同。它们均是管道排水中的重要工程。

（1）平基、管座的模板工程施工方法。平基和管道的模板在加工场按图集和图纸配制，经检查合格后运至现场安装。现场检查安装的尺寸、位置均符合质量要求后再进行下道工序施工。平基和管座均采用木模，模板内表刨光，安装前涂刷隔离剂。面板采用25mm 厚松木板，背筋为 50mm×100mm 扁方。模板采用斜撑支撑于沟槽两侧。斜撑尺寸要能满足强度和稳定性要求，斜撑与水平面夹角不大于 40°。

（2）混凝土工程施工方法。平基混凝土厚度较薄，采用斜层浇筑法施工。管座采用分层浇筑法施工，厚度 30cm。管道两侧混凝土面要同步上升，严禁出现较大高差，确保管道稳定。

沟槽较深，管道位置较低，混凝土输送高度落差超过 2m 时，从地面向平基或管座内输送混凝土使用滑槽或串桶。滑槽或串桶顶部设置喇叭口，混凝土拌和物由喇叭口经滑槽或串桶至浇筑面，以防混凝土离析。浇筑过程中随时检查模板及支撑的稳固情况，发现问题及时处理。随时检测仓口及仓面混凝土的温度和坍落度，并按规范规定取好试模，做好浇筑记录。

每层浇筑量应与混凝土拌制和输送相适应，确保施工中不产生施工冷缝。为确保层间混凝土结合良好，上层浇筑时，振动棒插入下层混凝土 5cm。施工时，要及时排除仓内泌水。

浇筑管座前，要对与平基接触的表面施工缝进行凿毛处理并露出石子。施工缝表面冲洗干净，清除积水并保持湿润，混凝土浇筑时，在缝面上先铺一层 20mm 厚左右的砂浆，再进行下料，平仓振捣。

3. 管道安装

(1) 安装准备。

1) 管道准备。管道质量是影响工程质量最主要因素，为保证管材质量，管道工程施工前，要对生产厂家的生产规模、企业信誉、管材规格、管材质量、管材价格进行细致的了解、考察，购进符合质量要求的管材。沟槽开挖前，必须落实好排水管的数量，开挖过程中将排水管运至现场。运到现场的排水管要沿沟槽边沿放置，便于吊车吊装。

2) 吊装设备准备。吊装管道需要配备起重量为 8t 的吊车。为便于及时行走方便，采用汽车式起重吊车。管道施工工程量不大，安排一辆 8t 汽车式起重机作为排水管下车及安装时的起吊设备。

(2) 排水管安装。排水管安装前对管道平基进行一次详细质量检查。核查平基高程、轴线是否符合设计要求。对平基表面进行一次全面清理，将平基表面的泥土、杂物清除，并冲洗干净。

采用精确测量方法测定管道轴线，并用墨线将轴线弹在平基表面，作为安装管道的中心线。精确测定检查井位置，用墨线弹出检查井范围。

排水管安装从一个井段的一端向另一端逐根安装。汽车式吊车将排水管吊至工作面后由人工校正排水管位置，确保管道的高程和中心符合设计要求，各根排水管接头处的高差偏值应低于规范要求。排水管在检查井内伸出的长度按图集要求控制。

排水管安装就位后管道必须垫稳，管底坡度不得倒流水，缝宽要均匀，管道内不得有泥土砖石、砂浆、木块等杂物。

4. 管道接口

(1) 管口凿毛。凿毛工作在吊装之前完成，严禁排水管吊装后再凿毛。凿毛工作由人工完成。凿毛宽度应大于抹带接口宽度要求。

(2) 抹带施工。为保证排水管接口密实，钢丝网的宽度和长度要与管口一致。

抹带砂浆采用 1:1 或 1:2 配合比，且单独拌制，不得与砌筑砂浆混用。抹带施工前将接口冲洗干净，不残留积水和灰渣，并保持缝面接口湿润。抹带砂浆分两次作业，即分两层施工，抹带接口环形间隙应均匀，灰口整齐、密实、饱满，接口表面应平整密实，不得有间断和裂缝、空鼓等现象。

抹带施工结束后要及时养护，防止抹带砂浆开裂，具体做法是：用草袋覆盖，并保持草袋处于湿润状态。

抹带施工质量受操作人员影响较大，公司将安排长期从事市政排水工程的专业人员施工，确保抹带质量。

5.4.2.3　明埋塑料排水管道施工措施

1. 管材质量

管材要求外观一致，内壁光滑平整，管身不得有裂缝，管口不得有破损、裂口、变形等缺陷。

管材端面平整，与管中心轴线垂直，轴向不得有明显的弯曲出现。管材插口外径、承口内径的尺寸及圆度符合产品标准的规定。

管材耐压强度及刚度满足设计要求。

管道接口用橡胶圈性能、尺寸符合设计要求。橡胶圈外观光滑平整，不得有气孔、裂缝、卷皱、破损、重皮和接缝现象。

2. 装卸、运输和堆放

管材、管件在装卸、运输和堆放时避免撞击，严禁抛摔。管材成批运输时，承口、插口分层交错排列，并捆扎稳固。短距离搬运，不得在坚硬不平地面和碎石面层上拖动或滚动。

管材堆放场地地面平整，堆放高度不得超过 2m，直管部分有木垫块，垫块宽度不小于 200mm，间距不大于 1500mm。堆放时管材承口与插口间隔整齐排列，并捆扎稳妥。管材堆放中避免日光曝晒，并保持管间通风。

橡胶圈储存在通风良好的库房内，堆放整齐不得受到扭曲损伤。

3. 沟槽开挖

采用挖掘机进行开挖，开挖时保持沟槽两侧土体稳定，以确保"管—土共同作用"条件；严格控制槽底高程，不得超挖或扰动基面；做好排水措施，防止槽底受水浸泡。

管道敷设时，如遇沟、塘，将沟、塘淤泥清至原土，以碎石粗砂混合料或以 3∶7 灰土回填至设计高程。

管沟底土质发生显著变化的区间，土质坚硬密实的一侧增设砂垫层或黏土垫层，土质松软的一侧增设卵石垫层，使两侧土壤承载力相差不多。

4. 管道基础

排水管道基础采用中粗砂基础，其厚度按设计要求铺筑。一般土质较好地段，槽底只需铺一层砂或细土垫层，对部分淤泥质黏土地段，应将淤泥质黏土清除至原状土，管道上部回填按掺 10% 石灰进行处理，回填土分层夯实，密实度不小于 95%。基础宽度与槽底同宽。基础夯实紧密，表面平整。管道基础的接口部位预留凹槽以便接口操作。接口完成后，随即有相同材料填筑密实。

5. 管道安装

待用的管材按产品标准逐节进行质量检验，不符合标准不得使用，并做好记号，另行处理。管材现场由人工搬运，搬运时轻抬轻放。下管前，凡规定须进行管道变形检测断面的管材，预先量出该断面管道的实际直径，并做出记号。

下管可用人工或起重机吊装进行。人工下管时，由地面人员将管材传递给沟槽内施工人员，对放坡开挖的沟槽也可用非金属绳索系住管身两端，保持管身平衡均匀溜放至沟槽内，严禁将管材由槽顶边滚入槽内；起重机下管吊装时，用非金属绳索扣系住，不得串心吊装。

管材将插口顺水流方向、承口逆水流方向安装，安装由下游往上游进行。

6. 橡胶圈接口

接口前先检查橡胶圈是否配套完好，确认橡胶圈安放位置及插口的插入深度。接口时先将承口的内壁清理干净，并在承口内壁及插口橡胶圈上涂润滑剂（首选硅油），然后将承插口端面的中心轴线对齐。接口方法按下述程序进行：先由一人用棉纱绳吊住被安装管道的插口，另一人用长撬棒斜插入基础，并抵住该管端部中心位置的横挡板，然后用力将该管缓缓插入原管的承口至预定位置；接口合拢时，管材两侧的手扳葫芦同步拉动，使橡胶密封圈正确就位，不扭曲、不脱落。

为防止接口合拢时已排管道轴线位置移动，采用稳管措施。具体方法可在编织袋内灌满黄砂，封口后压在已排设管道的顶部，其数量视管径大小而异。管道接口后，复核管道的高程和轴线，使其符合要求。

雨季施工采取防止管材漂浮措施。先回填到管顶以上一倍的高度。管安装完毕尚未回土时，一旦遭水泡，进行管中心线和管底高程复测和外观检测，如发现位移、漂浮、拔口现象，须返工处理。

5.4.2.4 供电排管及工井施工措施

1. 平基垫层、接头包封

平基为 C15 混凝土，接头包封为 10cm 厚 C25 混凝土。

（1）模板工程施工方法。模板在加工场按图集和图纸配制，经检查合格后运至现场安装。现场检查安装的尺寸、位置均符合质量要求后才可进行下道工序施工。

均采用木模，模板内表刨光，安装前涂刷隔离剂。面板采用 25mm 厚松木板，背筋为 50mm×100mm 扁方。模板采用斜撑支撑于沟槽两侧。斜撑尺寸要能满足强度和稳定性要求，斜撑与水平面夹角不大于 40°。

（2）混凝土工程施工方法。平基混凝土厚度较薄，采用斜层浇筑法施工。包封采用分层浇筑法施工，厚度 10cm。管道两侧混凝土面要同步上升，严禁出现较大高差，确保管道稳定。

沟槽较深，管道位置较低，混凝土输送高度落差超过 2m 时，使用滑槽或串桶从地面向平基或管座内输送混凝土。滑槽或串桶顶部设置喇叭口，混凝土拌和物应由喇叭口经滑槽或串桶至浇筑面，以防混凝土离析。浇筑过程中随时检查模板及支撑的稳固情况，发现问题及时处理。随时检测仓口及仓面混凝土的温度和坍落度，并按规范规定取好试模，做好浇筑记录。

每层浇筑量应与混凝土拌制和输送相适应，确保施工中不产生施工冷缝。为确保层间混凝土结合良好，上层浇筑时，振动棒插入下层混凝土 5cm。施工时，要及时排除仓内泌水。

浇筑管座前，要对与平基接触的表面施工缝进行凿毛处理并露出石子。施工缝表面冲洗干净，清除积水并保持湿润，混凝土浇筑时，在缝面上先铺一层 20mm 左右的砂浆，再进行下料，平仓振捣。

2. 管道安装

(1) 安装准备。

1) 管道准备。管道质量是影响工程质量的最主要因素，为保证管材质量，管道工程施工前，要对生产厂家的生产规模、企业信誉、管材规格、管材质量、管材价格进行细致的了解、考察，购进符合质量要求的管材。沟槽开挖前，必须落实好管道的数量，并在开挖过程中将管材运至现场。运到现场的管材要沿沟槽边沿放置，以便吊车吊装。

2) 吊装设备准备。吊装管道需要配备起重量为 8t 的吊车。为便于及时行走方便，采用汽车式起重吊车。管道施工工程量不大，安排一辆 8t 汽车式起重机作为排管下车及安装时的起吊设备。

(2) 管道安装。管道安装前对管道平基进行一次详细质量检查。核查平基高程、轴线是否符合设计要求。对平基表面进行一次全面清理，将平基表面的泥土、杂物清除，并冲洗干净。

采用精确测量方法测定管道轴线，并用墨线将轴线弹在平基表面，作为安装管道的中心线。精确测定检查井的位置，用墨线弹出检查井的范围。

管道安装从一个井段的一端向另一端逐根安装。汽车式吊车将管道吊至工作面后由人工校正管道位置，确保管道的高程和中心符合设计要求，各根管道接头处的高差偏值应低于规范要求。管道在工井内伸出的长度按图集要求控制。

管道安装就拉后管道必须垫稳，管底坡度不得倒流水，缝宽要均匀，管道内不得有泥土砖石、砂浆、木块等杂物。

管枕为配套产品，每个标准导管配置管枕 4 副，管枕间距平均分配，管枕距接头处 0.8m。管枕连接采用燕尾梢，导管连接采用承插接头。铺设两层以上的排管，上下接头错开，间距不小于 1.5m，多层依此方法错位，防止断裂。

3. 管间缝隙填充

根据招标图纸，慢车道排管敷设后，管间缝隙采用黄砂填实，快车道采用 C25 混凝土包封。慢车道排管黄砂填实采用水浸法分层填实；快车道 C25 混凝土包封采用流动性较大的商品混凝土，采用小直径振动棒充分振实。

4. 工井施工

(1) 施工安排。工井基坑开挖与管道同时进行，只要沟槽开挖时按工井大小适当扩大就可以了。由于工井位置开挖范围较大，边坡更陡，故应采取更加牢固的边坡加固措施，防止边坡塌方。工井基础与平基同时施工，管道吊装就位后可立即砌筑工井。

(2) 砌筑材料。

1) 砂浆：砂浆由现场拌制，随拌随用。砂浆应符合图集和设计强度等级与和易性要求，并具有良好保水性能。砂浆要拌和均匀，一次拌料在其初凝之前使用完毕。砂浆的配合比由试验确定，并征得监理单位同意。施工中严格按配料单进行配料，称量的偏差：水泥、水及外加剂溶液不超过 2%，砂不超过 3%。

砂浆采用机械拌和的时间，自投料完算起，不小于 90s。

为使砂浆具有良好的保水性，掺入无机塑化剂或皂化松香（微沫剂）等有机塑化剂，但不采取增加水泥用量的方法。

现场砂浆质量以抗压强度作为检测指标，由于检查井砌筑量较小，按施工规范的质量检验标准，每次砌筑检查井都应该取一组试模。

　　2）黏土砖：黏土砖采用 75 号以上的机制砖，尺寸为 53mm×115mm×240mm。选择信誉好、质量有保证的大、中型砖厂的产品。要求黏土砖无裂缝、断块或过火的结块，形体有棱有角，表面平整、整洁。砌筑前应提交一样品报请监理工程师。

　　（3）工井砌筑。工井中所有管道安装结束后就可以砌筑工井。工井位置和大小要符合设计和图集尺寸要求。

　　工井自下而上逐层砌筑，工井与管道相接处设置拱圈。砌筑之后要及时用潮湿草袋覆盖。

　　砌筑工井按质量标准要求做到灰浆饱满、表面平整，工井弧线圆顺。

　　工井内表面粉刷是决定工井质量的重要工序。公司将选择优秀的操作人员粉刷工井，确保工井粉刷质量。粉刷工井采用高标号砂浆，应单独拌制，不得与砌筑砂浆混合。

　　粉刷可以 1～2 遍完成。粉刷后的工井除表面应光洁外，其外形应为标准圆形，圆形误差值应小于规范要求。

5.4.2.5　砖砌检查井施工措施

　　1. 施工安排

　　检查井和排水口基坑开挖与管道同时进行，只要沟槽开挖时按检查井和排水口大小适当扩大就可以了。由于检查井位置开挖范围较大，边坡更陡，故应采取更加牢固的边坡加固措施，防止边坡塌方。检查井和排水口基础与平基同时施工，排水管吊装就位后可立即砌筑检查井。

　　2. 砌筑材料

　　（1）砂浆。砂浆要求同工井。

　　（2）黏土砖。黏土砖要求同工井。

　　3. 检查井和排水口砌筑

　　伸入检查井和排水口中所有管道安装结束后就可以砌筑检查井。检查井和排水口的位置和大小要符合设计和图集尺寸要求。

　　检查井和排水口自下而上逐层砌筑，检查井与管道相接处设置拱圈。砌筑之后要及时用潮湿草袋覆盖。

　　砌筑检查井和排水口按质量标准要求做到灰浆饱满、表面平整，检查井弧线圈顺。

　　检查井内流水槽和跌水坎要严格按图集规定和要求施工。做好流水槽与跌水表面粉刷工作，确保井内水流畅通，流线平顺。

　　检查井和排水口内表面粉刷是决定检查井质量的重要工序。公司将选择优秀的操作人员粉刷检查井和排水口，确保检查井和排水口粉刷质量。粉刷检查井和排水口采用高标号砂浆，应单独拌制，不得与砌筑砂浆混合。

　　粉刷可以 1～2 遍完成。粉刷后的检查井除表面应光洁外，其外形应为标准圆形，圆形误差值应小于规范要求。

5.4.2.6　污水管道闭水试验

　　污水管道在砌好检查井以后回填土以前必须做闭水试验（雨水管道可不做闭水试验），

按每个井段做闭水试验计算渗水量,闭水试验要在管道灌满水后经 24h 后进行,且闭水试验的水位,应为试验段上游管道内顶以上 2m,如上游管内顶至检查井口的高度小于 2m 时,闭水试验水位可至井口为止。做闭水试验时,对渗水量的测定时间不得少于 30min。

5.4.2.7 道路工程施工措施

1. 道路工程施工程序

道路工程施工程序如图 5.14 所示。

图 5.14 道路工程施工程序图

2. 道路路床施工

路床土方挖运填筑的同时,在允许的情况下,对需要回填地段利用挖方土料分层填筑,每层回填厚度控制在 25cm 以内,用 120 推土机推平,15t 压路机碾压数遍。严格控制土的含水量,每层按要求用环刀法对土壤进行取样,即时监控,以保证土方压实度符合设计要求。若土料含水量太小则洒水碾压,若含水量太大,土料在填筑前翻晒,达到要求后再进行填筑碾压。人工夯实每层虚铺不超过 15cm,土料粒径不大于 5cm,机械碾压每层虚铺不超过 30cm,土块粒径不大于 8cm。

在路床土方回填部位达到土路床设计高程时,用人工带线整平,15t 压路机碾压数遍。使得路床表面轮迹痕小于 5mm,不得有翻浆、弹簧、起皮、积水等现象,在重型击实标准下密实度达 93% 以上。平整度误差在 2cm 以内,中线高程 ±2cm,宽度误差 0~20cm。

3. 水泥稳定碎石基层

水稳层材料按设计要求配料,其中碎石压碎值不大于 30%,碎石最大粒径不超过 31.5mm,碎石必须由 3~4 种不同粒级规格的骨料组成,实行分仓配料,宜按 0~5mm、5~15mm、15~30mm 分级,然后按比例掺配。不得使用天然级配的碎石。

水泥碎石稳定层混合料采用厂拌法集中拌和,根据工程量大小,本标段设搅拌能力不小于 600t/h 的水稳拌和楼一部。

(1) 水稳层混合料的拌和与运输。

1) 为保证施工质量,水泥稳定混合料的拌和采用厂拌法集中拌和,配料应准确,拌和要均匀。含水量要略大于最佳值,使混合料运到现场摊铺后碾压时的含水量不小于最佳值。

2）运输混合料的车辆应根据需要配置并装载均匀，及时将混合料运至现场。

3）当摊铺现场距拌和厂较远时，混合料在运输中应加覆盖以防水分蒸发。

（2）水稳层混合料的摊铺整型与碾压。

1）混合料的摊铺采用平地机进行，并使混合料按规定的松铺厚度，均匀地摊铺在要求的宽度上。

2）摊铺时混合料的含水量宜高于最佳含水量0.5％～1.0％，以补偿摊铺及碾压过程中的水分损失。

3）水稳层由远向近处施工，同时进行高程控制。根据经验计算基层一次性虚铺量，使压实的基层厚度在允许误差范围内。

4）混合料压实采用14～16t压路机碾压，每层压实厚度不得超过20cm，本工程水稳层厚20cm，可一次性摊铺碾压。

5）施工时，混合料从加水拌和到碾压终了的时间不得超过水泥初凝时间。

6）水稳层混合料的摊铺整型与碾压其他同石灰土垫层施工相同。

（3）水泥稳定碎石基层的养生。每一段碾压完成并经压实度检查合格后，应立即进行洒水养生，养生时间不应少于7d。养生期间除洒水车外应封闭交通。不能封闭时，须经监理工程师批准，并将车速限制在30km/h以下，禁止重型车辆通行。

养生结束后，立即进行水泥混凝土路面浇筑，不宜让基层长期曝晒开裂。

4. 沥青混凝土面层施工

本工程道路面层为沥青混凝土面层。在水泥稳定碎石基层施工完毕（或水稳层完成一半）后即可进行沥青混凝土面层施工。路面面层施工工艺如图5.15所示。

图5.15 路面面层施工工艺框图

（1）乳化沥青透层（黏层）施工。

1）洒铺透层（黏层）油之前对路缘石用薄膜覆盖以防污染，水稳层经检验合格后进行黏层施工。

2）透层（黏层）油采用乳化沥青（PC-2），用量为 0.3～1kg/m²。（根据试验段确定，乳化沥青用量为乳化沥青中水分蒸发后的沥青数量）。喷洒后全面封闭交通，任何车辆不得进入喷洒段内。

3）喷洒时纵横向搭接处喷洒容量，对于喷洒不到的地方采用人工补洒的方式进行。

4）黏层施工检测方法及检验标准：黏层施工检测施工技术要求见表 5.20。

表 5.20　黏层施工检测施工技术要求

项　目	检查频率	质量要求及允许误差	试验方法
乳化沥青含量	每工作段一次	±0.1kg/m²	标定面积收取乳化沥青量
外观检查	随时全面	外观均匀一致，无漏洒，不起皮，无油包和混凝土面外漏等现象	

（2）稀浆封层施工。

1）待透层油完全下透后进行封层施工。封层施工时对透层表面彻底清扫，并对局部不合格处修复。

2）洒铺封层乳化沥青。

3）喷洒封层沥青后立即用集料洒布机洒布 S10 矿料，用量为 5～8m³/1000m²（通过实验确定），石屑洒布后立即用光轮压路机碾压 1 遍，完成封层施工。封层完成后应限制车辆通行，禁止封层上调头、急刹车。

（3）沥青混凝土面层施工。

1）材料要求：材料堆放场地按要求进场硬化，防止泥土对材料污染；各种材料堆放整齐，界限清楚。

a）集料。路面下面层集料应选用石灰岩碎石，应由无风化的石料轧制而成，不含土和杂质，石料坚硬，表面粗糙、洁净，轧成碎石形状方正。上面层细集料应采用玄武岩，具有一定棱角性，洁净、干燥、无风化、无杂质、不含土，并有良好的级配。集料的技术指标符合招标文件及设计图纸和规范的规定，并取得监理工程师和业主的批准。

集料运输主要依靠社会车辆，已进场的各种材料分仓堆放，采用宽 60cm、高 150cm 的水泥混凝土隔墙，做到堆放整齐，界限清楚，并设立明显标志标牌，标明材料的规格、型号、产地、用途等详细内容。按照要求为细集料搭建高 8m 总面积为 1600m² 彩钢瓦钢棚，下雨时用油布对其他粗集料进行覆盖，防止含水量变化过大，影响沥青混合料的质量与沥青拌和站的产量和沥青混合料的质量。

b）沥青。车行道上面层及中面层沥青为 SBS 成品改性沥青。进场沥青都附有制造厂的证明和出厂试验报告，并说明装运数量、货到时间及订货数量等，并对每批次重新进行取样和化验。其抽检的频率满足规范要求，使用前一个月将拟用的沥青、各种集料和矿粉样品送至中心试验室检验，报送监理工程师审批。

沥青拌和站在沥青运输中，采用罐装液态。沥青到场后通过导油管，导在一个带有凹型加热装置的对接槽内，再通过沥青泵送入储油罐进行储存并保温。沥青在储存罐中储存时间不宜放置过久。如果要长期储存，应对其作间断的罐内循环。

沥青罐装储存时，保证操作安全，并留有空间以备沥青在罐内热膨胀以及意外渗入少量的水而导致膨胀的需要。

大型储罐内的沥青加热时，应对其在较长时间内做间断地加热，防止加热管及其周围的部件局部过热。不同种类的沥青分别存放，并明确记录其使用的路段。

c）矿粉。矿粉采用石灰岩、玄武岩，保证不含泥土杂质和团粒，干燥、洁净，各项指标符合规范要求并得到监理工程师的批准。

2）组成设计：

（a）对改性沥青的针入度、延度、软化点等进行检验，改性沥青性能指标满足招标文件及规范要求。

（b）对填料矿粉的各项指标进行试验，须符合招标文件和规范要求。

（c）配合比设计。选用符合设计、规范要求的材料，参考规范及设计图纸提供的资料，用马歇尔试验等方法确定矿料级配及沥青用量。并通过热料筛分来设计生产配合比，最后试拌验证生产配合比。

a）目标配合比设计：确定各矿料的组成比例。分别用各施工段实际使用的矿料进行筛分，为保证矿料筛分的数据具有代表性，对所用集料进行多组筛分，用各组数据的平均值计算筛分结果。用计算机（中心试验室）和图解（施工单位）计算各矿料的用量，使合成的矿料级配符合规范的要求。本计算反复进行几次，使合成矿料级配曲线基本上与设计要求配比范围中值线相重合，直到满意为止。并使 0.75mm、2.36mm、4.75mm 的筛孔通过量接近标准级配的中值。

用以上计算机确定的矿料组成和规范推荐油石比范围，按 0.5% 的间隔变化，取 5 个不同的油石比，用试验室的小型拌和机和矿质混合料拌和成沥青混合料，按规定的击实次数成型马歇尔试件，成型温度（130±5）℃，测定试件的密度，并计算空隙率、沥青饱和度、矿料间隙等物理指标进行体积组成分析。以油石比为横坐标，以测定密度、稳定度、空隙率、流值、饱和度等指标为纵坐标，分别将试验结果点入图中，绘成圆滑曲线。从图中求出相对应于密度最大值的油石比 a_1、相对应于稳定度最大值的油石比 a_2、相对应于规定空隙率范围值的油石比 a_3、求取 $OAC_1 = (a_1 + a_2 + a_3)/3$，求出各项指标均符合沥青混合料技术标准的油石比范围 $OAC_{min} \sim OAC_{max}$。求出 $OAC_2 = (OAC_{min} + OAC_{max})/2$。

OAC_1 在 OAC_{min} 和 OAC_{max} 之间时，取 OAC_1 和 OAC_2 的均值为最佳油石比 OAC。

运用确定的最佳油石比 OAC，用试验室小型拌和机制备两组混合料马歇尔试件，检验残留度，符合规定时，确定以上目标配合比为生产配合比的设计的依据。若不符合规定时，重新选择原材料进行配合比设计。

b）生产配合比设计：从二次筛分后选入各热料仓的材料取样进行筛分，确定各热料仓的材料比例，使矿料合成级配接近规定级配范围的中值，供拌和机控制室使用，同时反复调整冷料仓进料比例以达到供料均衡。

确定最佳油石比：取目标配合比设计的最佳油石比 OAC 和 $OAC\pm0.3$（或 $OAC\pm0.2$）3 个油石比，取以上计算的矿质混合料，用试验室的小型拌和机拌制沥青混合料进行马氏试件，确定生产配合比的最佳油石比。当三组沥青混凝土各项指标均符合规定要求，取 OAC 为生产配合比最佳油石比。

残留稳定度检测：按以上生产配合比，用室内小型拌和机拌制沥青混合料，做浸水48h 马歇尔试验，检验残留稳定度。

c）生产配合比验证：拌和机采用生产配合比进行试拌、铺筑试验段，并用拌和的沥青混合料及路上钻取的芯样进行马歇尔试验检验，确定生产用的标准配合比。

矿料的用量：主要目的是确定各热料含矿料和矿粉的用量，确定各热料仓的材料和矿粉的比例，使矿料合成级配接近规范级配中值，供拌和楼控制使用，在实际生产中，由于拌和机所用振动筛孔不同，以及振动筛的倾角和振动频率均有差别，各热料仓的矿料筛分结果也会不尽相同。

d）确定生产的最佳油石比：取目标配合比设计的最佳油石比 OAC、$OAC\pm0.3\%$ 3 个油石比与计算确定的矿质混合料拌制沥青混合料进行马歇尔试验，若都符合要求，采用 OAC 作为生产油石比。

工作开始 3d 前，将推荐的混合料设计和设备中所生产的混合料的试样以及它的组成材料的详细说明提交给监理工程师。

3）准备下承层：

a）沥青面层施工前对基层进行一次认真的检验，重点检查：标高是否符合要求；表面有无松散；平整度是否满足要求。

b）水稳基层上喷洒透层和粘层，用量为 $1.0kg/m^2$。

4）施工要求：

（a）试验路段：施工前首先完成试验段（200m 左右），通过试验段确定以下内容：

a）确定合适的施工机械和组合方式。

b）通过试拌，确定拌和机的上料速度、拌和量、拌和时间、生产能力、拌和温度等，验证沥青混合料的配合比设计，提供正式生产使用的生产配合比。

c）通过试铺确定摊铺的操作方式：摊铺温度、摊铺速度、摊铺宽度、自动找平方式等。

d）通过试铺确定压实机具类型及组合方式，压实顺序、压实温度、碾压速度及碾压遍数等。

e）施工缝的处理方法。

f）施工中采用的松铺系数。

g）确定施工进度、作业长度，修订施工组织计划。

h）确定施工组织及管理体系、人员、机械设备、通信及指挥方式。

i）检查原材料及施工质量是否符合要求。

j）确定冬季施工具体保证措施及效果。

试验段的具体准备如下：

a）在铺筑试验路之前 28d，项目部要安装好本项工程有关的全部试验仪器和设备（包括沥青、混合料等室内外试验的配套仪器、设备及取芯机等），配备足够数量的熟练试验技术人员，报请工程师审查批准。

b）项目部在工程师批准的现场，用备齐并投入该项工程的全部机械设备及沥青混凝土，以符合规范规定的方法铺筑一段长约 200m（单幅）的试验路段。

c）在拌和场应按 JTJ 052—93 标准方法随机取样，进行沥青含量和集料筛分的试验，并在沥青混合料摊铺压实 12h 后，按 JTJ 052—93 标准方法钻芯取样进行压实度、厚度、施工孔隙率的检验。

d）试验的目的是用以证实混合料的稳定性以及拌和、摊铺、压实设备的效率、施工方法和施工组织的适应性，确定沥青混凝土的压实标准密度。项目部对混合料的松铺厚度、压路机碾压次序、碾压速度和遍数设专岗检查，并不断总结经验。

（b）施工设备：

a）拌和：拌和厂在其设计、协调配合和操作方面，都能使生产的混合料符合生产配合比设计要求。拌和厂配备足够试验设备的试验室，并能及时提供使工程师满意的试验资料。

热拌沥青混凝土采用间歇式有自动控制性能的拌和机拌制，能够对集料进行二次筛分，能准确地控制温度、拌和均匀度、计量准确、稳定，设备完好率高，拌和机的生产能力每小时不低于 200t/h。拌和机均有防止矿粉飞扬散失的密封性能及除尘设备，并有检测拌和温度的装置。拌和设备备有成品储料仓。

拌和楼具有自记设备，在拌和过程中能逐盘显示沥青及各种矿料的用量及拌和温度。

拌和机热矿料二次筛分用的振动筛筛孔根据矿料级配要求选用。

拌和设备的生产能力能够和摊铺机进度相匹配，在安装完成后已按批准的配合比进行试拌调试，其偏差值应符合表 5.21 的要求。

表 5.21　　　　　　　　　热拌沥青混凝土检测标准

序号	检测项目	规定值或允许偏差
1	大于 4.75mm 的筛余集料	±6%，且不超出标准级配范围
2	通过 4.75mm 的集料	±4%，且不超出标准级配范围
3	通过 2.36mm 的集料	±2%
4	通过 0.75mm 的粉料	±1%
5	沥青用量（油石化）	±0.2%
6	空隙率	±0.5%
7	饱和度	±5%
8	稳定度、流值	按 JTG F40—2004《公路沥青路面施工技术规范》"热拌沥青混合料马歇尔试验技术标准规定"

注意高速拌和楼振动筛筛孔，使每层筛网余石料大致相等，避免溢料和待料影响产量。

b）运输设备：根据实地考察，运输车辆从项目部拌和站到达现场时间为 10～20min，根据拌和站产量（220～240t/h）及摊铺机行驶速度（2～3m/min），最少需要具备 5 辆载重 20t 的自卸汽车。为确保沥青混凝土供应连续，应充分考虑运输过程中的各种不利因素，现确定采用车厢四周及车厢顶均有保温覆盖措施的载重 20t 左右自卸汽车 6 辆，同时拌和站启用成品仓（能储存混合料 200t）。

沥青混合料运输车的运量较拌和能力应有所富余，施工过程中摊铺机前方始终有 2 辆以上料车处于等待卸料状态，保证连续摊铺。

　　c）摊铺及压实设备：摊铺机具有自动找平功能，具有振捣夯击功能，且精度高，能够铺出高质量的沥青层。整平板在需要时可以自动加热，能按照规定的典型横断面和图纸所示的厚度在车道宽度内摊铺。

　　摊铺混合料时，摊铺机前进速度控制与供料速度协调。

　　摊铺机配备整平板自控装置，其双侧装有传感器，可通过基准线和基准点控制标高和平整度，使摊铺机能铺筑出理想的纵横坡度。传感器由参考线操作。

　　横坡控制器能让整平板保持理想的坡度，精度在±0.1%范围内。

　　压实设备配备振动压路机 2 台、轮胎压路机 2 台，能按合理的压实工艺进行组合压实。

　　下面层摊铺机用"走钢丝"参考线的方式控制标高，中、上面层摊铺机用浮动基准梁（滑橇）的方式控制厚度。

　　（c）混合料的拌和。粗、细集料分类堆放和供料，取自不同料源的集料均分开堆放，对每个料源的材料进行抽样试验，并报经监理工程师批准。

　　每种规格的集料、矿粉和沥青分别按要求的比例进行配料。

　　沥青材料采用导热油加热，加热温度应在 160～170℃范围内，矿料加热温度为 170～180℃，沥青与矿料的加热温度调节到能使拌和的沥青混凝土出厂温度在 145～165℃，无花白料、超温料，并保证运到施工现场的温度不低于 145℃。

　　沥青混合料的施工温度见表 5.22。

表 5.22　　　　　　　　　　　热拌沥青混合料的施工温度　　　　　　　　　　　单位：℃

工　　序	普通沥青混合料	工　　序	普通沥青混合料
沥青加热温度	155～165	低温施工，混合料摊铺温度	≥150
矿料加热温度	比沥青温度高 5～10	正常施工，初压开始温度	≥130
沥青混合料出场温度	145～165	低温施工，初压开始温度	≥145
混合料废弃温度	＞195	碾压终了的表面温度，钢轮压路机	≥70
到现场温度	≥145	碾压终了的表面温度，胶轮压路机	≥80
正常施工，混合料摊铺温度	≥135		

　　选定适合热料筛分用最大筛孔，避免产生超尺寸颗粒。

　　沥青混合料的拌和时间以混合料拌和均匀、所有矿料颗料全部裹覆沥青结合料为度，并经试拌确定，间歇式拌和机每锅拌和时间为 30～50s（其中干拌时间大于 5s）。

　　拌好的沥青混合料能够做到均匀一致，无花白料，无结团成块或严重的粗料分离现象，不符合要求时废弃，并及时调整。

　　出厂的沥青混合料用插入式温度计测量运料车中混合料的温度。

　　拌好的沥青混合料不立即铺筑时，放成品储料仓储存，成品料仓有保温设备。

　　（d）混合料的运输。沥青混凝土采用 6 辆 20t 的自卸车运输，运输时车厢内清扫干净，车厢侧板与底板涂以被批准的防黏剂薄膜，在向车内装料之前除去过剩的防黏剂。

　　各运输车辆依次进入沥青混凝土拌和楼出料口下，装料时每卸一斗挪动一下汽车位置。在运送中沥青混合料采用油布及棉被等覆盖物，用以保温防污染，沥青混凝土运至摊铺点后凭运料单接收，并检查拌和料质量，测量温度，到场温度不得低于140～155℃。在连续摊铺过程中，运料车在摊铺机前直线停放。

指定专人负责组织车辆的运行，及时向车队反映主交通线路的车流量及信息动态，做好与交警、城管部门的协调工作。

（e）混合料的摊铺。摊铺时，再一次检查下承层的质量，黏层不足、污染部位及时清理干净并补撒粘层沥青。在监理工程师批准的作业面上摊铺沥青混合料，开始摊铺时，停在现场的沥青混合料运输车辆在3辆以上，混合料在摊铺时温度不低于140℃，摊铺速度均匀进行，尽量减少停机。在连续摊铺过程中，运料车卸料时停在摊铺机前10～30cm处，以保证不撞击摊铺机，此时运料车挂空挡，由摊铺机推动前移。由于特殊原因停机待料，以现场摊铺面的沥青温度为准，当温度低于135℃时，抬起摊铺机熨平板，作横向接缝。

下面层的平整度将直接影响上面层的铺筑质量，同时下面层在厚度上作一次调整，为上面层铺筑创造良好条件。下面层带线用"基准钢丝法"找平，即在铺筑边线外20cm打入稳固的支撑杆（对应中线桩号），支撑杆间距为10m，根据桩位处下面层顶设计高程加上一个常数为钢丝标高。在弯道半径较小段及边坡点附近或加宽段加密支撑杆。支撑杆和基准钢丝架设标高经核对无误后，再开始摊铺，在铺筑过程中现场设1～2人来回检查，防止车辆、施工人员及其他机械碰撞支撑杆或钢丝。

上面层直接受行车荷载作用。上面层质量的优劣将直接影响道路的使用性质及行车安全。上面层采用"浮动基准梁法"找平。在开始摊铺前已经将基准梁安装在摊铺机上，并将自动找平传感器放在基准梁的某个部位。使摊铺机摊铺时带着基准梁一起前进。上下两层的纵向接缝间隔1m以上，施工缝垂直。

对外形不规则、路面厚度不同、空间受到限制以及人工构造物接头等摊铺机无法工作的地方，经监理工程师批准采用人工摊铺，摊铺时做到：

a）沥青混合料卸在铁板上，摊铺时扣揪摊铺，以防温度降低、离析。

b）边摊铺边整平，以防离析。

c）摊铺中途无停顿，各工序做到衔接紧密。

d）低温、大风时，避免人工摊铺。

沥青混合料摊铺时做到以下几点：

a）摊铺均匀、缓慢、连续不断地进行。

b）摊铺混合料视气温情况，气温较低加热熨平板，且缩短碾压长度。

c）气温低于10℃时，摊铺沥青混凝土按照《合肥市政工程沥青混凝土路面冬期施工指南》实施。

d）沥青混合料的摊铺温度符合规范要求。

e）摊铺好的混凝土未经碾压禁止行人、车辆在上走动。

（f）混合料的压实。我们将选择合理的压路机组合方式（具体的压实工艺由试验段确定），以达到最佳压实效果，采用双钢轮振动压路机和轮胎压路机两种机型，特别地段使用小型压路机或人工热夯。

沥青混凝土的压实分为初压、复压、终压（包括成型）三个阶段进行，压路机碾压时应该缓慢而均匀，并严格符合规范规定。

初压时混合料温度控制在 135℃ 以上，并且碾压中不得产生推移、发裂，压路机从低的一侧向高的一侧碾压，振动压路机压实时，压路机轮迹重叠 10～20cm，胶轮碾压时，相邻碾压带重叠 1/3～1/2 轮宽，端部呈梯状延伸，最后一轮斜压，压完全幅为一遍。初压一般碾压 2 遍，初压后立即检查平整度，必要时进行修整。

复压在初压的作业面上进行，复压温度一般控制在 125～135℃，且不得低于 120℃，复压时先采用振动压路机，振动碾压 2 遍后，再采用重型轮胎压路机碾压。具体碾压遍数由试验确定，但不少于 4～6 遍，复压路面达到要求的压实度，并无显著轮迹。

终压紧接在复压后进行，其温度在 90～125℃，但不得低于 90℃，选用双钢轮式压路机，碾压 2 遍以上，路面无轮迹，终了温度要符合规范要求。

碾压时做到以下几点：

a）压实中严格控制好温度、速度、平整度、压实度、碾压区段长度等"五度"确保路面外观及内在质量。

b）摊铺后立即碾压（碾压段长度 30～50m，压路机械与摊铺机之间距离做到尽量短，最短为 4～5m），除初压时速度保持 1.5～2.0km/h，适当提高复压时的碾压速度，以保证在较短的有效时间内完成 3 个阶段内必须达到的碾压总遍数。

c）压路机禁止在未碾压成型或冷却的路段上转向、制动或停留；压路机起动、停止均做到减速缓慢进行；压路机在一碾压段内的终压点上成台阶状延伸，相邻碾压带相错 0.5～1m，使压实接头成 45°角，保证压实接头不在同一横断面上。

d）碾压时划分好初压、复压、终压区段，防止出现漏压、少压现象。碾压完成后的停驶：压路机停放在终压已完成且温度低于 50℃ 的路段上。

e）当钢轮压路机有沾轮现象时，涂洒油水混合物于钢轮上，并防止油水混合物滴在路面上，轮胎压路机碾压一段时轮胎发热后向轮胎洒水。

f）压路机无法压实的边缘位置，采用振动夯板压实。压实机械或运输车辆经常检修，以防漏油。

g）当天碾压未冷却的沥青混合料面层上禁止停放任何机械设备或车辆，不得散落矿料、油料等杂物。

（g）接缝的处理。接缝处理做到操作仔细，接缝紧密平顺。

a）纵缝接缝部位施工：一般不采用纵缝施工，不得不采用时应满足以下要求：①接缝方式为平接缝或自然缝；②施工前将施工缝清理干净并适量洒黏层油，摊铺时搭接宽度不超过 10cm，新铺筑的厚度通过松铺系数计算求得；③当搭接宽度合适时，将搭接部分混合料回推，形成凸形，如果材料过多，用平口锹刮平，将多余料运走；④纵缝采用热接缝，缝边成直线，设置在通行车辆轮辙之外，与下层接缝的错位至少为 15cm，在纵缝上的混合料在摊铺后立即用一台钢轮静力压路机重叠 15～20cm 碾压，慢慢推进，直至接缝平顺、密实。

b）横接缝部位施工：相邻两层的横向接缝均错位 5m 以上，铺筑接缝前，清理干净，并洒粘层油，把熨平板放置于已压实端部的挚板上并加热熨平板，挚板高度由松铺系数求得，再开始摊铺。

我们拟采用平接缝施工。在一摊铺段施工结束时，摊铺机在接近端部前约 1m 处将熨平板稍稍抬起驶离现场，用人工将端部混合料铲齐后再碾压密实，然后用 3m 直尺检查平整度，趁尚未冷透时垂直刨除端部层厚不足、平整度不符合要求的部分，使下次施工时成直角连接。

横向接缝的碾压先用双钢轮压路机进行横向碾压，碾压带的外侧放置供压路机行驶的垫木，碾压时压路机重心位于已压实的混合料层，伸入新铺层的宽度宜为 15cm，然后每压一遍向新铺混合料移动 15~20cm，直至全部在新铺层上为止，再改为纵向碾压。

（h）开放交通。摊铺层完全自然冷却，混合料表面温度低于 50℃后，开放交通，并注意搞好养护，不得污染路面，同时要限制重车行驶，以免破坏路面。面层碾压成型后，派专人负责维护。

（i）质量标准。

实测项目：沥青混凝土面层的允许偏差及检查方法符合市政道路工程质量检验评定标准的规定。

外观鉴定：

a）表面平整密实，没有泛油、松散、裂缝、粗细集料集中等现象。存在缺陷的面积不超过受检面积的 0.03%。

b）接茬紧密平顺，烫缝不枯焦。

c）面层与路缘石及其他构筑物顺接，无积水现象。

d）表面无明显碾压轮迹。

（j）施工过程中的注意事项：

a）随时检测标高。

b）对局部出现的离析人工筛料弥补。

c）对碾压产生的推拥现象，人工用夯夯除。

d）3m 直尺逐段丈量平整度，尤其是接头，摊铺机停机、压路机换向部位要作为检测控制的重点。采取横向碾压等方式，使平整度满足要求。

e）上面层不准人工修补、处理，摊铺时发现混合料有问题须将混合料彻底清除。

5. 侧石安砌

侧石安砌与主体工程可以穿插进行，沥青混凝土路面段在摊铺沥青路面前应先砌好两侧路侧石。侧石是道路工程的重要组成部分，特别是对道路的外观检查项目影响很大。

侧石下部混凝土基础要符合设计要求，以保证侧石稳固，侧石砌筑的位置、高程要满足设计要求，以保证侧石直顺度、平整度、相邻块高差等质检指标满足设计和质检评定要求。

5.4.2.8 桥涵、护岸工程施工方案

1. 桥梁施工

见桥梁桩基、预应力张拉以及吊装专项施工方案。

2. 浆砌挡墙及桥头锥坡施工方案

（1）一般要求：

1）浆砌石采用铺浆法砌筑，要求平整、稳定、密实和错缝。铺砂浆前，清洗石料表面上的泥土并洒水润湿，使其表面充分收水，但不残留积水，灰缝厚度一般为 20

～30mm。

2）砌筑砂浆配合比经试配确定，并报监理人审核后使用。由于施工部位多，砌筑砂浆在各砌筑工作面用 350L 滚筒式拌和机拌制，机动翻斗车运输。砂浆试块按规范要求留制。砂浆稠度为 30～50mm，现配现用，并根据气温变化情况进行适当调整。砂浆必须要在初凝前用完。

3）采用浆砌法砌筑的砌石体转角处和交接处同时砌筑，对不能同时砌筑的面，留置临时间断处，并砌成斜槎。

4）砌石体尺寸和位置的允许偏差，不得超过表 5.23 的规定。

表 5.23　　　　　　　　　　石砌体的一般尺寸允许偏差　　　　　　　　　　单位：mm

项次	项目	允　许　偏　差							检　验　方　法
		毛石砌体		料石砌体					
		基础	墙	基础	墙	基础	墙	墙、柱	
1	基础和墙砌体顶面标高	±25	±15	±25	±15	±15	±15	±10	用水准仪和尺检查
2	砌体厚度	+30	+20	+30	+20	+15	+10	+10	用尺检查
							−5	−5	
						−10			
			−10						

（2）浆砌石挡墙、桥墩。

1）挡墙基础若为混凝土底板时，在混凝土浇筑期间，按规范要求预埋一部分出露毛石，并在砌筑前将混凝土底板面凿毛处理，冲洗干净。

2）采用的毛石料中部厚度不小于 200mm，分层座浆砌筑时，石块卧砌、上下错缝、内外搭接、砌立稳定，每层依次砌角石、面石，然后砌腹石，砌体均衡上升。每日砌筑高度控制在 1m 左右，并找平一次；外露面水平灰缝宽度不大于 25mm，竖缝宽度不大于40mm，相邻两个分层高度间的错缝不小于 100mm；伸缩缝和排水孔按图纸设置，砌筑后按规定及时养护。

（3）浆砌石勾缝。勾缝前将砌体表面溅染的砂浆清理干净。块石砌筑后必须及时清缝，清缝在块石砌筑 24h 后进行，缝宽不小于砌缝宽度，缝深不小于缝宽的两倍。同时将缝槽清洗干净，不得残留灰渣和积水，并保持缝面湿润。勾缝用砂浆单独拌制，采用 1：1.5 水泥砂浆或设计文件规定标号的砂浆勾缝，勾缝砂浆严禁与砌体砂浆混用。勾缝完成及砂浆初凝后，将砌体表面刷洗干净，加强养护。

（4）砌体养护。砌体外露面在砌筑后 12～18h 之间及时养护，经常保护外露面湿润。水泥砂浆砌体的养护时间不少于 14d。

5.4.2.9　路灯照明工程施工措施

1．路灯基础施工

（1）模板工程。采用组合钢模板施工，局部采用木模板在加工场按图纸配制，检查合格后运至现场安装。木模板表面应刨光。安装前涂刷隔离剂。木模面板采用 25mm 厚松木板，背筋都为 50mm×100mm 扁方。模板采用地垄木固定，模板木支撑水平向夹角不得大于 40℃，模板安装好后，现场检查安装质量、尺寸、位置均符合要求后，再进行下道工序施工。

（2）钢筋工程。钢筋在内场加工成型，现场绑扎定位，上、下层钢筋片间用工字型钢筋支撑，支撑与上、下层钢筋网片点焊，以确保网片之间的尺寸。下层钢筋网片垫混凝土垫块，垫块强度不低于底板混凝土，以确保钢筋保护层，支撑间距不应大于 1.5m。需要焊接的钢筋现场焊接，为加快施工进度，直径 14mm 以下的钢筋尽量采用搭接。

（3）混凝土工程。混凝土采用机械拌制，混凝土输送泵将混凝土直接输运至浇筑仓面，混凝土浇筑严格分层，层厚 30cm，浇筑层面积与机械拌制、运输相适应，施工中不应产生冷缝。上层混凝土浇筑时，振动棒插入下层混凝土 5cm，确保上下层混凝土结合紧密。仓内混凝土泌水、地下渗水应及时排除。混凝土浇筑成型后，用水准仪控制表面高程，确保成型混凝土面高程与设计相符，混凝土终凝前，人工压实、抹平、收光。混凝土终凝后，及时养护。

混凝土浇筑过程中要注意钢筋、预埋件等位置的准确性，并使止水周围混凝土浇筑振捣密实。

2. 路灯安装施工

（1）照明管路一般为暗敷设，根据土建加固进度，应按施工图纸完成照明管路、接线盒、灯头盒等预埋。

（2）照明箱、插座、开关等照明电器离地高程等应符合设计要求，对一些本身较重的灯具，必须有承重措施。

（3）本工程室外照明较多，采用灯杆的路灯基础，浇筑基础时要注意成排的直线度，灯杆之间的间距相等。

（4）电缆安装前须熟悉设计图纸，统计电缆规格和数量，制定电缆的采购及接收计划。

（5）电缆施工严格按 GB 50168—2006《电气装置安装工程电缆线路施工及验收规范》执行。

（6）电缆在施工短途搬运中应防止摔坏电缆盘，特别要注意对易受外部着火的电缆密集场所或可能着火蔓延而酿造成严重事故的电缆回路，必须按设计要求进行防阻燃措施。

（7）电缆敷设的排列、弯曲半径、固定点距离，应符合设计或规范要求。

（8）电缆敷设完成后，对各系统应进行成组模拟试验。试验前，应向监理工程师提交书面试验计划。

（9）电缆头制安前后应进行直流耐压试验，三相泄流基本平衡，相差在规范的范围内，泄流值不应随时间而增加。

（10）所有的高压电缆、低压动力电缆、控制电缆的出口处应加以密封。

（11）电缆管的加工与敷设技术要求应按招标文件有关技术条款执行。

（12）电缆敷设的最小弯曲半径，电力电缆头布置，电缆支架等的技术要求应按招标文件条款及提供的电气施工图的要求进行。

（13）所用的预埋钢管及 PVC 塑料管应在预埋前检查管径、壁厚等是否符合设计要求。

（14）如果电气穿线管为明管布置，其管子托架及固定按施工规范要求进行，管子固定螺孔要求用钻头钻孔，不允许现场用氧气割孔。

（15）所采购的管件，如弯头、接头要符合规范要求，不合格产品坚决退回供货单位。

（16）电缆管道安装按规范要求，水平管除有下水坡度要求外，按水平装设，垂直管不允许倾斜。施工后要美化整理，使之排列整齐，并按要求涂漆。

（17）低压电缆穿越高压电缆时，低压部分电缆要用钢管进行保护。

5.4.2.10　交通标志标线工程施工方案

1. 标志施工

（1）施工方案。

1）根据本工程的具体数量、工期及质量目标，结合本公司以往的施工经验，对本分项工程配备 8t 吊机 1 台，350L 混凝土搅拌设备 1 套，专业施工人员 10 人，测量试验仪器（逆反射系数测量仪、色彩色差仪、涂层测厚仪等）4 台。

2）在标志制作前，向监理工程师提供所采用的原材料质保单及各类标志板面各种图案的配置图供监理工程师和业主审查批准。所有运往工地的标志产品的质量均应符合 JT/T 279—2004《公路交通标志板技术条件》及 GB 5768—2009《道路交通标志和标线》的技术标准。

3）施工之前，向监理工程师提供详细的施工组织设计，供监理工程师审查批准。

（2）施工方法。所有标志都应按图纸的要求定位和设置，安装的标志应与交通流方向几乎成直角。在曲线路段，标志的设置应由交通流的行进方向来确定。

（3）基础施工。支柱基础应按设计文件规定的尺寸及位置进行开挖。现浇混凝土时，小型基础可不立模板。在浇注混凝土前基坑要进行修整，基底要夯实。基底按设计文件要求进行处理后立模板、绑钢筋，钢筋尺寸应符合设计规定，地脚螺栓和底法兰盘位置要正确。浇筑混凝土时，应保证底法兰盘标高正确，保持水平，地脚螺栓保持垂直。浇筑好的混凝土基础应进行养护，基础周围应回填夯实。并应在安装支柱前完成。

（4）标志立柱制作安装。

1）严格按设计文件要求选购材料，所有钢板按设计文件要求必须有材质证明，经监理工程师验收方可加工。

2）将采购回来的钢材，按设计文件尺寸进行切割，型材用气割切割，钢板用轨道式切割机切割，切割好的钢材，用打磨机打磨，需拼接的部位，一定要切割成焊口。

3）焊条必须选用设计文件及国标要求的材料，焊缝厚度必须达到设计文件要求，焊好后的材料应检查焊缝的厚度及平滑度。

4）将焊好的结构进行酸洗处理，必须洗干净，以确保除锈的彻底性。

5）将酸洗处理的铁件，浸放在热镀锌槽中，镀锌要均匀，必须保证镀锌厚度。

6）将镀完锌的支柱用麻绳包好存放在便于运到工地的地方。

7）支柱须待混凝土基础经过养护以后，方可安装。

8）支柱通过法兰盘与基础连接。清理完底法兰盘和地脚螺栓后，立直支柱，在拧紧螺栓前应调整好方向和垂直度，最后，拧紧地脚螺栓。支柱上的悬臂梁可在安装支柱前先行安装。

（5）标志牌制作安装。

1）严格按设计文件要求先取材料，所有材料必须附有材质证明。严格按照设计文件及 GB 5768—2009《道路交通标志和标线》技术规范要求进行。标志结构、标志板加工制作必须正确，字符、图案颜色必须准确。

2）将铝板按尺寸及技术要求进行剪切，需弯边的用弯边机弯边；再按图纸要求，用铝铆钉进行铆接，然后用手指脱脱法将铝板洗干净；最后将干燥后的铝板按设计文件，用黏膜机将底膜贴在铝板上，再按设计文件要求的字、图，将其用转移纸贴在底膜上，将带反光膜的标志牌包装分类存放在干燥的房内。

3）支柱安装并校正好后，即可安装标志牌。滑动螺栓通过加强筋中的滑槽穿入，通过包箍把标志板固定在支柱上。

4）标志板安装完成后应进行板面平整度调整和安装角度调整。

5）标志牌安装完毕后应进行板面清扫，在清扫过程中，不应损坏标志面或产生其他缺陷。

2. 标线施工

（1）施工设备。标线施工的方法，按划线车的结构大致可分为人工划线法和机械施工法。人工划线的机械结构简单、易于使用，可作小回转，对交通妨碍极小，所有种类的标线图案都可施工，是目前热熔型标线施工的最主要、最常用的一种施工方法。由于本工程标线量不大，采用人工手推式划线车施工。手推式划线车示意图如图 5.16 所示。

图 5.16 手推式划线车

手推式划线车的线宽是由涂斗的宽度决定的，一般可采取换涂斗的方式来改变所涂标线的线宽，也可采用拼涂的方式加倍所涂标线的宽度。常用涂斗宽度是 100mm、150mm、200mm。

（2）施工方式。热熔型标线涂料在常温下是固体粉末状，施工时，将涂料投入熔融釜中，熔化呈熔融流动状态后，放入手推式划线车的保温熔融料斗中，然后将溶融涂料引入划线斗中，并保温使物料保持熔融状态。开始划线时，应把划线斗放在路面上，由于划线斗与地面间有一定的间隙，当推动划线车时，靠自动流淌而刮抹出一条整齐的标线，它能自动均匀地在标线上撒布一层反光玻璃珠。划线斗的间隙控制标线涂膜的厚度，与手推划线车的行走速度无关。

（3）施工条件。热熔型标线涂料的施工要求在天气晴朗 24h 之后，上午 10 点钟以后开始，并且要求路面平整、干净、不潮湿。

（4）施工工序。热熔型标线涂料的施工工序如下：

1）施工前的各种准备。

2）放样。按设计文件进行计测，使用粉笔、钛粉等，在路面上做记号放样。

3）路面清扫。清扫路面上妨碍涂料与路面黏结的物质（尘土、砂、泥、油、水分、附着物等），特别是水分要充分干燥。

4）涂洒底漆。为提高涂料的黏结力，施工中不同种类的路面材质要采用不同类型的底漆。

5）熔融涂料。将材料适当加热，使其达到熔融状态。

6）喷撒涂料。用斗槽式涂布机，涂抹路面标线，同时，撒布玻璃珠。

（5）热熔型标线的施工技术。

1）施工中的关键技术：

a）涂料熔融。在热融釜中加热涂料时，为避免涂料材质热劣化，要避免高温、长时间的高温加热，最好使用适当温度、短时间的加热方法。当施工需要等待时，要降温，进行涂布时再将温度升上来。

b）划线或涂敷。涂敷时熔融斗和划线斗必须保持恒温。当涂料流动性差时，要调节加热量，否则涂膜不光滑，与地面的结合力不好。一般正常的涂敷温度为 180～190℃。

c）玻璃珠的质量及撒布工艺。在标线反光原理中已有过叙述。

2）施工中出现的问题及解决方法：表 5.24 列出了热熔型涂料标线施工中可能出现的问题及解决方法。

表 5.24　　　　　　　　热熔型涂料标线施工中可能出现的问题及解决方法

问　题	原　因	解决方法
变色	熔融过程中温度过高	严格控制加热温度
反光效果差	风大，玻璃珠撒布不均； 玻璃珠受潮，下落不均	玻璃珠撒布机上加防风罩； 注意玻璃珠的干燥
剥离，附着不牢	有灰土、水，地面潮湿； 熔融流动性差； 路面温度低、路面质量差； 底漆涂得不够或涂后长期放置，效力降低	加强清理； 提高温度； 避免在路面温度 5℃ 以下施工； 注意底漆处理
针孔	底漆未干； 路面潮湿	干燥 10min 以上； 干燥后施工
涂膜不平整	流动性不好； 斗底间隙太小； 刃具形状不好	调节熔料温度； 调节斗底间隙； 整修刃具
涂膜有划痕	路面有石子； 有过烧块和其他杂物	边清扫边涂敷； 正确熔融涂料，网筛过滤

5.4.2.11　绿化工程施工措施

1. 施工方法

（1）根据现场条件及甲方要求，进行场地验收、平整、定点放线。对苗木种植场地系统勘测，按甲方要求翻整土地，并内运种植土进行绿化带回填。遵从按图施工原则，确保苗木种植地段符合苗木生长要求，严格按技术规范进行苗木种植。

（2）严把选苗关，严格挑选符合绿化种植设计要求的乔、灌木。乔木要求冠形丰满，枝干挺拔；灌木冠形匀称，枝条紧密。严把苗木检疫关，杜绝病虫感染或生长衰退的乔、灌木进入现场。对进入施工现场的苗木严格验苗，合格苗木方可下车使用，凡不合格苗木全部退回。

（3）苗木栽植过程中公司质检部派人进驻施工现场随时进行质量检查，对不符合设计要求或不符合栽植规范的有权下返工单。栽植过程中严格按技术规范执行，保证在业主方计划要求的工期内完成所有苗木种植施工。

（4）我们将严格控制每一道工序和每一道工艺的质量，保证工程在质量达标基础上按期完工。

（5）工程竣工后我公司将安排质检部在业主、监理单位验收之前首先对施工质量进行初验，发现问题及时安排相关部门解决，保证业主和监理单位能够一次验收成功。

（6）一年养护期内及时对乔、灌木进行修剪、扶正、施肥、病虫防治，确保苗木生长旺盛，并及时更换补植死亡苗木，保证养护期满后，所有苗木成活率在100%。在合同规定的养护期，公司质检部监督养护队搞好日常养护管理工作，并定期检查评分。对养护管理中出现的问题及时下达整改意见，养护部应立即安排养护队改正存在的问题。

2. 技术组织措施

（1）确保工程质量管理体系与措施。为确保工程质量达到招标文件的规范要求和业主的规范要求，特建立工程质量监督小组，以监督工程质量，务必达到招标文件和业主的规范要求。

一般措施如下：

1）建立质检机构，指派高级工程师组织开展工作，从平整场地、定点放线、苗木进场质量、规范栽植、精心养护5个方面实行全方位监控。

2）在栽植前，先由质检部检查树坑的径深，验收合格后方予以栽植。栽植时严格按园林施工技术规范要求施工，栽种后根据土质、气候特点及树木情况做好浇水、培土、修剪、打桩等工作。每道工序都必须经质检部验收合格。

3）为保证树木、草坪成活率，安排养护组人员切实做好养护工作，项目部每月组织工程、质检等人员对养护工作进行二次全面检查。

4）在一年养护期内确保景观效果，发现枯死苗木及时补种，随时清除杂草，定期修剪草坪。

5）确保工程质量达合格及其以上等级，单位拨出专项奖励基金，奖励在该项工程中表现突出的人员。

（2）质量技术措施如下。具体包括：

1）绿化施工中的苗木栽植的每道工序从挖树穴、换土、施肥到苗木栽植、养护都是非常重要的，针对苗木栽植的特点，公司特制订如下苗木栽植措施：

a）开挖苗木树穴：公司将严格按照《城市绿化工程施工及验收规范》和合同的要求，按照图纸进行定点放线；根据苗木根系、土球直径确定树穴大小，公司质检员对开挖的树穴进行抽查（抽查率不得低于 30％）、确认，并经业主和监理单位认可后，符合要求的树穴方可进入下道工序，保证植物栽植后生长旺盛。

b）换土、施肥：公司将根据业主要求和现场土质状况确定所换土壤的数量和土质；并及时按照业主要求和所栽植物的生理习性确定所施基肥的品种和数量，购买正规厂家生产的合格肥料，足量施肥，经公司质检员以及业主和监理单位认可后方可进入下道工序。

c）苗木栽植：苗木起苗前做好断根、修剪等处理措施；装运过程中要将树冠捆拢，并固定树干，防止树皮损伤，特别要注意不得损伤土球；吊装时直接将土球吊放在种植穴内，拆除包装，分层填土夯实。栽植后要设立支撑，防止树身摇晃不稳。大树养护由专人负责，进行修剪、施肥、浇水、包裹树干、防寒、病虫害防治等工作，保证其成活。

2）为使本工程的绿化养护工作达到《安徽省园林养护管理技术操作规范》的要求，公司做出以下具体安排：

（a）按园林绿化 ISO 9001 质量管理体系与操作实务的要求建立完整的养护管理档案。

（b）制定严格的自查考核制度，接受业主进行检查评分。

（c）具体养管措施：

a）苗木管护：乔木要定期修剪、整形、抹芽、扶正、去枯，确保树形优美，长势良好；及时做好病虫害防治工作；树盘内及时除草松土，清理杂物。

b）整形花灌木每年修剪不少于 8 次，其他花灌木每年修剪 2～4 次。

c）地被植物：定期拔除杂草，确保绿地内常年无杂草。

d）草坪：定期拔除杂草，每年修剪 8～10 次，生长旺季视情况增加修剪次数；根据不同品种的生物学特性和季节的不同控制草坪高度在 5cm 左右；修剪后的草屑及时清除。保证一年内草坪覆盖率达到 100％以上。

e）绿带整体管护：保持绿地乔、灌、花、地被等植物生长旺盛，生长期内每月除杂一次，年均不少于 6 次，及时补植树木和清理枯死树木，做到日常检查无死树，年末检查无缺株。及时做好绿地抗旱浇水、扶正、排涝、施肥、防治病虫害工作。

5.4.3　施工组织机构

5.4.3.1　机构设置

本工程实行项目管理，从公司内部抽调具有类似工程施工经验的人员组建项目经理部，实行项目经理负责制。在项目部设立工程科、质检科、安全科、试验室等，分工负责，相互配合。

项目部具体施工管理网络如图 5.17 所示。

5.4.3.2　项目主要管理人员职责

1. 项目经理岗位职责

（1）建立健全项目施工管理网络体系，负责本项目的安全、质量工作。

图 5.17　项目部具体施工管理网络图

(2) 严格执行成本核算制，合理控制成本，对项目的生产经营活动负责。

(3) 检查、督促各部门的工作，确保工程顺利进行。

(4) 全力支持配合各部门做好工作。

(5) 积极配合建设单位处理好与地方的关系，减少施工干扰对当地人民群众的影响。

(6) 执行企业法人代表赋予的其他职责。

2. 技术负责人岗位职责

(1) 全面负责本项目的技术工作，负责本工程执行规范、规程和标准的准确性。

(2) 参加业主、监理及公司举行的质量会议并负责贯彻落实。

(3) 编写具体施工方案，指导施工，监督、检查有关质量体系的运行。

(4) 负责对工程质量缺陷的处置，会同上级部门对事故进行调查、分析、处理。

(5) 负责组织项目部 QC 小组的日常活动。

(6) 负责项目成本核算工作，合理控制成本，参加工程决算。

3. 项目质检员岗位职责

(1) 全面负责本工程的质量工作。

(2) 参加技术交底、图纸会审工作，对各班组进行工序技术交底。

(3) 组织技术干部及有关人员学习规范、规程、技术标准和熟悉图纸。

(4) 收集质量记录资料，负责竣工资料的编制管理工作。

(5) 负责对质量缺陷的具体处理。

(6) 享有质量一票否决权，对任何违背质量要求的行为有权拒绝施工。

(7) 负责本项目质量目标的分解、编制质量计划并具体组织实施。

4. 安全员岗位职责

(1) 对本项目安全生产工作负具体责任。

(2) 制定和实施安全技术措施，制订各工种岗位安全操作规程，并挂牌上墙。

(3) 检查安全生产工作，消除事故隐患，制止违章作业。

(4) 对职工及外协施工队伍进行安全技术和安全纪律教育。

(5) 认真执行安全生产规章制度，不违章指挥。

(6) 坚持"安全第一"的方针，有权拒绝执行上级违反安全技术规程的指令。

(7) 发生伤亡事故及时上报，认真分析原因，提出和实施安全整改措施。

5.4.4 确保工程质量管理体系与措施

5.4.4.1 质量目标

本工程质量目标为：合格标准。

5.4.4.2 质量保证体系

1. 质量管理机构

本工程将严格执行市政工程施工"三检制"，并严格按公司批准颁布的质量体系文件执行。质检组织机构如图 5.18 所示。

图 5.18 工程质量管理组织机构图

2. 工程质量保证体系、质量实施作业体系和质量监控体系

工程质量保证体系如图 5.19 所示，质量实施作业体系如图 5.20 所示，质量监控体系如图 5.21 所示。

图 5.19 工程质量保证体系

3. 工程质量控制职责

（1）项目经理。受公司法人委托，全面负责本合同执行，对工程的施工质量负直接责

235

图 5.20 工程质量实施作业体系

任，对聘用人员有指挥、解聘和因质量目标完成情况进行奖惩的权力。

（2）技术负责人。负责组织及实施本合同的质量安全管理，审查修正有关质量的各类计划及报表，直接深入施工现场，随时发现和解决施工中存在的问题，对施工全过程负责。

图 5.21　事前、事中和事后质量监控系统

（3）项目质量管理领导小组。为保证工程质量，项目经理部成立以项目经理为组长的项目质量管理领导小组，下设质量管理科。

（4）质量管理科。负责组织实施本合同的质量、安全管理，对工程质量进行复检，审查修正有关质量的各类计划及报表，直接深入施工现场，随时发现和解决施工中存在的问题，对施工全过程负责，具体执行项目质量管理领导小组的各项质量目标及任务。同时在施工过程中，对施工质量进行监督，负责内部施工程序的检查并收集整理与质量有关的资料。有权提出对内部的奖惩意见，对施工质量问题提出处理意见，负责与质量、安全方面的人员保持联系。

（5）工程科。在技术负责人的领导下，按规定贯彻质量标准，负责本合同项目质量措施的制定与执行，对施工质量进行监督，负责内部施工程序的检查并收集整理与质量有关的资料。有权提出对内部的奖惩意见，对施工质量问题提出处理意见，经质检科报请监理工程师审批后组织实施。

（6）财务器材科。在项目经理的领导下，负责本合同范围的物资、器材、设备的询价及购货合同的签订与采购，负责进货的质量控制、管理、仓储、保管、物资的发放与使用监督，做好相应的各种试验与记录，随时提交总工与监理工程师审查，保证材料质量与设备完好率。

（7）试验室。负责对各种原材料的取样试验，设计试验水泥稳定碎石混合料、混凝土、砂浆等各种配合比，施工中跟踪取样，全过程以试验数据指导工程施工，跟踪控制质量。

（8）施工作业队。负责按项目经理部提出的质量、进度、安全目标，做好本工程的施工。

图 5.22 质检程序图

5.4.4.3 质量检查制度

项目部设质量科，配备专职质检员，负责日常的质量检验工作；在工地上设立试验室，配置 2 人，负责日常的试验工作。配足质检仪器、设备，制定质检人员管理办法，试验、检验人员持证上岗，正常施工期，质检人员不得离开工地，确保质检工作正常开展。质检程序如图 5.22 所示。

5.4.4.4 规章制度

1. 建立健全质量管理规章制度

开工前结合工程实际情况建立质量管理制度，明确各职能部门职责。制定质量检查制度，明确工程开工前、施工过程中、完工后质量检查的方法及步骤；制定质量奖惩制度，将工程质量优劣与经济利益挂钩；制定各种机械设备的操作规程，将设备操作者的业绩与工程质量奖惩联系起来。

2. 技术交底工作

技术交底工作对提高工程质量有重大意义。

认真做好图纸会审工作，领会设计意图，对图纸中出现的问题或施工工艺上确有困难的部位认真做好记录并提交会审会议研究，将会审的结果按要求规定在图纸上进行标识。

结合各工序的施工方案，在开工前由工程技术负责人向施工班组进行交底，并做好记录，使操作者做到心中有数，施工起来有的放矢。

3. 建筑材料、机械设备、施工人员、测量放样、工程质量的报验制度

报验工作是施工过程中各项工作经自检合格后报请建设（监理）单位验收的一项重要工作，是建设（监理）单位对工作认可与否的重要依据，因此报验工作是保证工程质量的重要手段之一。

（1）材料报验。进场材料经试验室抽检合格后填写材料报验单，说明该批材料的使用部位并对材料及其检验状态进行标识。材料报验单经建设（监理）单位批准后方可使用进场材料。

（2）设备报验。对进场的设备数量、性能先进行自检，符合要求后报请复验，复验合格后使用。

（3）人员报验。对工程中参加施工的主要人员，进场后填写报验单，经建设（监理）单位同意后方在本工程中担任相关工作。如在工程施工过程中，人员更换，也要填报验单经建设（监理）单位同意后方可更换。

（4）施工放样报验。对建设（监理）单位移交来的水准点、坐标控制点和建筑物轴线进行复核，并布设加密后的控制测量网。测量复核资料和加密后的控制测量网经建设（监理）单位确认后才可使用。对日常施工放线也要及时报请建设（监理）单位进行查验，检验合格后使用。

（5）工程质量报验。每道工序检查符合质量标准后，填写工程质量报验单，报请建设（监理）单位予以验收并核定质量等级。只有合格后才进行下道工序的施工。

5.4.4.5 试验管理工作

所有需检验的原材料以及各种施工试验委托有资质的试验检查机构承担，在工程开工后，将委托金源工程检测有限公司作为检测单位。拟配备 2 名专职试验员负责本工程的试验管理工作。

5.4.4.6 施工过程质量检验

1. 单元工程质量检验（工序）

一般单元由班组施工完毕后先进行自检，施工队复检，确认质量达要求等级后再由项目部专职质检员进行终检并评定出自评等级，填写工程报验单，实行"三检"制度。请监理工程师进行验收并核定质量等级，达到质量目标要求后，再进行下道工序的施工。

2. 单位工程验收

当所有分部工程施工结束后，由项目部对工程进行竣工初验并写出自验报告，对单位工程验收所需的工程资料进行整理，对原材料质量进行统计、分析评定，并自评出单位工程质量等级，达到预期质量目标后，再报请监理单位，由验收主持单位组织单位工程验收。

5.4.4.7 质量目标的分解

1. 关键部位、重要隐蔽工程要确保合格

关键部位、重要隐蔽工程是各工序工程能否合格的关键，因此这部分的质量要确保合格。

2. 混凝土拌和物质量

工程合格的必备条件之一是混凝土拌和物质量必须达合格标准，本工程混凝土拌和物质量要达到混凝土质量评定标准。

本工程采用商品混凝土，要选择符合质量要求、信誉好的供应厂家。施工现场对所送的商品混凝土要随机取样进行检测，确保混凝土拌和物符合质量要求。

3. 工程资料

工程资料必须齐全，因此本工程设一名专职资料员，负责及时对工程过程进行记录、收集、整理各类文件、资料，以保证工程资料达到及时、齐全、科学、规范。

工程竣工验收前按竣工资料管理规定，对本工程资料进行分类整理、装订，及时将完整的竣工资料提供给建设、监理、质监等单位检查验收。

4. 施工及质量检查

本工程施工及质量检查完全按有关的施工规范、质量评定标准、施工图纸及监理有关规定执行，并接受业主及监理的监督。

5.4.4.8　材料合格率保证

材料质量是影响工程质量最基本的因素，如何在施工过程中确保材料质量是施工管理的最主要工作。公司针对本工程的施工特点、施工内容采取如下保证材料质量的施工措施。

1. 材料的采购

工程材料均自行采购，为确保材料采购的质量，公司将实行材料采购负责制。项目部安排一名副经理分管材料的采购工作，制定详细的材料采购责任制和监督体制。具体的材料采购和验收工作由项目部材料科负责，力求从工作责任制上保证材料采购的质量。

2. 材料质量检测

不论是采购的材料，还是直供的材料，均要经试验室检测。经检测符合质量要求的材料要及时进行标识，并作为工程中使用的材料。对水泥、钢材等材料经检测不满足质量要求，应作为废品处理，退回工厂。

3. 材料的保管

材料的购进量应与施工进度同步，并有一定的储量。材料的保管工作就是要加快材料的周转，确保储备的材料质量不下降。

(1) 安排好材料购进计划，工程开工前和开工过程中按工程月、旬、日施工计划做出材料采购计划，力求使材料的购进量与使用量平稳，尽量减少材料储量。

(2) 按照材料进库的先后顺序使用材料，即先入库的材料先使用，减少材料的保管期。特别是水泥材料，随着时间的延长，其质量下降很快，要尽量缩短水泥库存时间。

5.4.5　确保安全生产、文明施工管理体系与措施

建立完整的安全生产、文明施工、环境保护的保证体系，坚持"安全第一、预防为主、综合治理"的方针，以实现杜绝安全事故和完成现场安全文明达标为目的；以提高建筑安全生产管理水平，改善施工现场作业环境与劳动条件，实现"安全、卫生、环保、爱民和现场安全文明标准化"的要求为宗旨，使该工程安全文明管理工作迈上一个新台阶。

施工现场建立治安保卫制度，加强社会治安管理，群防群治，协调好周边群众关系，同时加强现场防火工作，并有专人负责进行检查落实情况，创造良好的施工和生活环境。

5.4.5.1　管理目标

本工程承诺达到以下目标：

(1) 杜绝重伤、死亡事故的发生，轻伤负伤频率不大于 1.5‰。

(2) 杜绝设备、火灾、交通事故。

(3) 全员教育率 100%；项目经理、安全员、特种作业人员培训、考核、持证上岗率为 100%。

对上述安全文明管理目标分解，项目部成立各班组安全文明小组，责任到人。

5.4.5.2　安全文明施工组织保证措施

项目经理为项目安全第一责任人，对工程施工安全负有全面领导责任。建立健全项目

部安全组织机构管理网络，设立安全科配备专职安全员，建立工地安全生产管理规章制度，完善安全生产基础工作资料，形成有力的安全生产保证体系。

其组织机构管理网络图如图 5.23 所示。

图 5.23　项目部安全生产组织机构网络图

5.4.5.3　安全技术保证措施

1. 普遍性安全技术措施

根据国家颁布的各种安全规程，结合本工程的实际情况，工程开工前，公司会同项目部认真编制适合本工程的《安全防护手册》，报业主、监理工程师批准后，发给员工，做到项目部员工人手一册。

项目部建立定期每月安全例会制度、安全教育制度、安全检查与隐患整改制度、安全设施机械设备验收制度。

项目部参加施工的所有人员必须进行上岗前"三级（公司、项目部、班组）"安全知识素质教育，并实行安全考核，考核不及格的不准上岗。

安全管理人员与特种作业人员必须经省建设厅培训考核发证，分别持有《安全管理人员岗位资格证书》、《建筑工程特种作业人员安全操作证》上岗。

该工程为市政道路及桥梁工程，根据 ISO 9001 质量体系认证文件要求，项目部认真编制该工程施工安全技术交底书，做到编、审、批签字。项目部施工技术负责人应逐级进行安全技术交底。每个单项工程开始前，须重复交代单项工程的安全技术措施。项目部安全技术交底填写《分部（分项）工程施工安全技术交底书》，并实行班组交底签字制，责任到人。

专职安全员每日巡回检查、监督。一旦发现违章作业或异常情况，立即进行批评教育，情节严重的给予罚款、停工和退岗等处罚。

安全生产基础工作资料记录应及时、完整、建档。

现场临时用电应依据建设部 JGJ 46—2005《施工现场临时用电安全技术规范》，编制专项用电施工组织设计，并绘制现场用电平面布置图。

现场临时用电采用"TN-S"系统，实行三相五线制，做到三级配电两级漏电保护，主要线路采用架空敷设。配电箱采用标准铁制配电柜、配电箱。重复接地电阻不超过 10Ω，工作接地电阻不超过 4Ω。施工现场动力设备和照明线路按规定分开设置。现场一切用电设备、照明、送电线路的安装、维护和拆除，必须由专业电工完成。

2. 针对性安全技术措施

根据国务院《建设工程安全生产管理条例》，必须对危险性较大的分部分项工程及施工现场易发生重大事故的部位、环节制定针对性的安全技术措施，结合本工程工艺流程特点，特制定以下针对性的安全技术措施。

（1）模板工程安全技术措施。

1）模板工程施工前，应按照工程结构型式、现场作业条件及混凝土的浇筑工艺制定相应的模板施工方案。

2）模板工程施工前，按规范要求必须进行模板支撑设计。

3）立杆的压缩变形值与载重和风荷载作用下的抗倾覆计算，应符合 GB 50204—2010《混凝土结构工程施工及验收规范》的有关规定。

4）大模板组装或拆装时，指挥及操作人员必须站在可靠作业处，任何人不得随大模板起吊，安装外模板时作业人员应挂牢安全带。

5）混凝土施工时，应按施工荷载规定严格控制模板上的堆料及设备。

6）模板拆除工作必须经工程负责人批准和签字及对混凝土的强度报告试验单确认后进行。

7）模板拆除顺序应按方案的规定顺序进行。当无规定时，应按照先支的后拆和先拆非承重模板后拆承重模板的顺序。

8）模板拆除作业严禁在上下同一垂直面上进行。

9）大面积拆除作业或高处拆除作业时，应在作业范围设置围圈，并有专人监护；拆除模板、支撑、连接件严禁抛掷，应采取措施用槽滑下或用绳系下。

10）拆除的模板、支撑等应分规格码放整齐，定型钢模板应清整后分类码放，严禁用钢模板垫道或临时作脚手板用。

11）模板支撑系统的构造应符合扣件式钢管脚手架搭设规范要求。

（2）钢管脚手架搭设与拆除工程安全技术措施。

排架脚手架采用钢管式脚手，钢筋安装及混凝土浇筑都是自下而上施工，需要搭设满堂脚手架的必须搭设满堂脚手架。

搭设措施：搭设的脚手架要保证各构件间有可靠的连接，并与地基有稳固的支撑，整个脚手架的整体性和稳定性要符合安全性要求。脚手架搭设必须采取可靠措施确保其强度和安全稳定性。

1）扣件式钢管脚手架施工前，按建设部 JGJ 130—2001《建筑施工扣件式钢管脚手架安全技术规范》编制专项搭、拆施工方案，做到编、审、批签字。

2）从事脚手架搭设、维修、拆除作业的人员，属特种作业人员，必须持证上岗。操作时，必须正确佩戴好安全帽、系好安全带、穿好防滑鞋。

3）脚手架搭设前，由项目技术负责人向架子工班组作业人员进行书面安全技术交底，并履行签字手续。

4）钢管脚手架、平台的搭设严格执行 JGJ 130—2011《建筑施工扣件式钢管脚手架安全技术规范》要求，钢管外径 48mm，壁厚 3.5mm，材质无锈蚀、裂纹、变形扭曲。扣件要符合 GB 15831—2006《钢管脚手架扣件》的规定，禁止使用变形、裂纹、滑丝等有缺陷的扣件。搭设完后，应组织验收。

5）脚手架作业层上的施工荷载应满足设计要求，不得超载。施工层脚手板必须满铺并固定，施工平台临边必须设置 1.2m 高的防护栏杆和防护网。

6）要在脚手架上搭设通往作业面平台的扶梯，扶梯要有扶手栏杆，避免作业人员违章攀爬脚手架上下。

7）在脚手架上进行电气焊作业时，必须有防火措施和专人看守。

8）拆除脚手架必须有项目经理或现场施工负责人签字确认后方可拆除。

9）拆除脚手架前，项目技术负责人必须向架子工班组作业人员进行书面安全技术交底，并履行签字手续。

10）在拆除作业区周围设置围栏、警告标志。拆除作业时，地面设有专人监护，严禁非作业人员闯入作业区。

11）拆除落地脚手架的顺序应由上而下，一步一清；拆下的杆件、扣件、绑扎材料应及时向下运送或传递，严禁往下投扔；运送到地面的杆件、材料等要在指定地点分类堆放。

12）当遇有六级及六级以上强风和雨、雾、雪天气时，应停止搭拆作业活动。

（3）施工现场临时用电安全技术措施。

1）根据 JGJ 46—2005《施工现场临时用电安全技术规范》要求，工程项目施工现场临时用电必须编制临时用电专项方案，并有编、审、批签字。

2）施工现场必须设置用电总配电室。配电室高度不低于 3m，长不低于 4m，宽不低于 3m。室内设置采光窗，内装网孔不大于 10mm×10mm 的金属网。

3）进出配电室的线路应从墙面的预留套管或地沟中穿出和穿进；配电柜稳固在墩台上，柜前柜后均设置绝缘台（垫）；配电室内设置绝缘灭火器；电工岗位责任制和安全操作规程牌上墙，安全标志牌齐全。

4）施工现场临时用电采用 TN-S 系统。专用保护零线的设置必须采用绿/黄双色多股铜芯线，保护零线单独敷设不作他用，施工现场电气设备的金属外壳必须与保护零线连接；重复接地应与保护零线相连接，其接地电阻值不大于 10Ω。

5）施工现场临时用电按规范做到三级配电（总配电箱—分配电箱—开关箱）、两级保护（总配电箱和开关箱）。

6）施工现场用电设备做到"一机、一闸、一漏、一箱"，停止作业后，操作人员要停机切断电源，锁好开关箱防止误操作。

7）施工现场采用建设行业管理部门规定的有准用证的厂家生产的铁制标准式配电箱。配电箱和开关箱装设在坚固的支架上，其下底面与地面的垂直距离宜大于 1.2m，小于 1.5m。

8）施工现场的配电线路敷设方式采用架空线路，动力线路和照明线路分开设置。

9）外电防护搭设前应与供电部门联系，并履行验收，以保障安全和符合规范。

10）室外照明灯具的金属外壳必须保护接零，其灯具距离地面不得低于 3m，路灯灯头接做防水弯。油库除通风良好外，其灯具必须为防爆型，拉线开关安装于库门外面；室内灯具装设不得低于 2.4m，任何电器、灯具的相线必须经开关控制，不得将相线直接引入灯具、电器。对员工的临时宿舍的照明装置及插座要严格管理。

11）建立健全施工现场用电档案，其内容主要包括：用电施工组织设计、技术交底、检查和验收、接地电阻测试记录、定期检查表、电工维修记录等。

（4）高处作业及"洞口"与"临边"安全技术措施。

1）工程项目技术负责人针对本工程特点编制高处作业专项安全施工方案并履行编、审、批签字。

2）在进行高处作业前，由工程项目负责人及安全部门负责人向有关现场作业人员进行书面安全技术交底。高处作业人员穿戴好人身劳动防护用品，方可进行现场作业。

3）对患有心脏病、高血压、恐高症等疾病人员不可安排从事高处作业。

4）作业人员在周边悬空状态下进行的高处作业，应有牢靠的立足处，并视作业条件设置栏杆、防护网，系牢安全带等安全措施。

5）构件就位安装的作业人员，应提前设置作业平台及安全设施。

6）支、拆模板人员作业要站在操作平台或脚手架上作业，不准站在模板支撑和梁的侧模上作业；绑扎梁的钢筋时需搭设作业平台，绑扎柱钢筋时不得站在骨架上作业或攀登骨架上下；浇筑混凝土作业时，高度在 2m 以上的墩台、梁柱等应搭设作业平台，不准直接站在模板或支撑上操作。

7）高处作业无外脚手时应挂安全网和系牢安全带。

8）在施工现场各层，上下立体交叉作业时，不得在同一垂直方向上操作。下层作业的位置，必须在上层高度可能坠落范围半径之外。当达不到要求时，设置隔离层。隔离层可采用木脚手板，按照防护棚的搭设要求进行。

9）对临近的人与物有坠落危险性的其他竖向的孔、洞口，均应予以加盖防护，并有固定其位置的措施。

10）边长在 150cm 以上的洞口四周应设防护栏杆，洞口下方张设安全平网。

11）施工现场通道附近的各类洞口与坑槽等处，除设置防护设施与安全标志外，夜间还应设立红灯警示。

（5）作业起重吊装安全技术措施。

1）起重吊装作业前必须编制专项施工方案，做到编、审、批签字。

2）起重机安全装置要齐全，须经当地质量技术监督部门检测合格取得准用证后方可使用。

3）起重机司机及信号指挥人员，必须持证上岗。司机在操作起重机进行起升、回转、变幅、行走等动作前，应鸣声示意。

4）起重机作业时，重物下方不得有人停留或通过，起吊重物禁止进行斜拉或起吊地下埋设的重物，不得在重物上堆放零散物件。

5）当起重机满负荷或接近满负荷起吊时，先将重物吊离地面 20～50cm 后停止提升，检查起重机的稳定性及重物绑扎的牢固性，确认无误后方可继续提升。

6）重物升降速度要均匀，左右回转要平衡，当回转未停稳前不得做反向动作；起重机行走转弯不得过急，当转弯半径过小时，应分次转弯。下坡严禁空挡滑行。

7）起重机臂杆伸缩按顺序进行。在伸臂的同时要相应下降吊钩。当限制器发出报警时，立即停止伸臂。臂杆缩回时，仰角不宜过小。

8）起重机行驶前必须按规定收回臂杆、吊钩及支腿。行驶保持中速，避免紧急制动。行驶时，严禁人员在底盘走台上站立、蹲坐及堆放物件。

9）起重机不得在架空线路的下方工作，当在一侧工作时，臂杆（包括重物）与边线的水平距离不小于 2m。

10）高处吊装作业人员必须系好安全带，独立悬空作业人员除要有安全防护网外，还应以个人防护（安全带、安全帽、防滑鞋等）作为补充防护。

11）在进行的板梁的装、运、安等项工作中，如发现问题应及时采取措施，处理好后再继续起吊。

（6）雨季施工安全技术措施。

1）各种露天使用的电气设备应选择较高的干燥处放置。机电设备（配电盘、闸箱、电焊机、水泵等）应有可靠的防雨措施，电焊机应加防护雨罩。

2）雨期前应检查照明和动力线有无混线、漏电，电杆有无腐蚀，埋设是否牢靠，检查施工现场电气设备的接零、接地保护措施是否牢靠，漏电保护装置是否灵敏，电线绝缘接头是否良好。

3）应做好施工现场及生活区防雷击措施，做好河道边坡坍塌处理措施，做好防雨用品材料计划。

5.4.5.4　安全管理措施

（1）项目部按照公司制定的安全管理目标进行管理分解、班组分解，责任到组、到人。所属分公司、项目部定期不定期进行检查、督促，并按时考核、兑现，从而保证项目安全生产目标的实现。

（2）强化项目自身管理，分公司安全科监督，保证施工现场的有序化、基础管理的标准化、安全管理的程序化、资料管理的规范化。

（3）加强安全生产责任制管理，认真落实各项安全文明管理制度。加强安全教育培训、安全技术交底、班组班前活动，安全检查隐患整改及违章处罚力度。加强施工机械、设备、机具的安全设施的检查验收。加强安全措施经费的投入，做到计划合理、落实有力。

（4）安全管理做到"二严三及时四不放过"。二严：一是严肃认真、一丝不苟，二是严格按规程和制度办事；三及时：一是及时检查，二是及时汇报，三是及时研究处理；四不放过：一是不放过任何情况下的违章，二是不放过任何理由下的改变措施，三是不放过任何形式下的不安全状态和行为，四是不放过任何程度的异常情况。

5.4.5.5　文明施工措施

文明施工是企业信誉的窗口，质量的依托，安全的保证，效益的源泉。

严格贯彻执行国家有关文明施工的规定，编制本工程创建文明建设工地实施方案。项目部成立文明施工管理领导小组（组织机构同安全组织机构管理网络），由一名副经理分管定期组织监督检查评比。

具体措施如下。

1. 施工现场

（1）封闭管理施工。入口处迎面砖砌 2.5m 高围墙，出入口设置材料进场、人员入场专用大门，设置门卫值班室制定门卫管理制度，进入现场施工人员必须统一着装，佩戴安全帽和证明其身份的胸卡上岗证。

（2）现场门楼标牌。进口处搭设规范灯箱门楼。门楼上方书写横幅标牌，印制公司统一标识。门楼两边书写竖联。大门两侧砖墙粉白，一边设置镶有不锈钢管边框的"一图五牌"（施工现场总平面布置图、工程概况、安全生产十项措施、文明施工十条标准、消防保卫措施、公司质量方针目标牌），一边是工程透视效果图、墙面美化图。施工现场设置广播室、安全文明宣传橱窗，明显处悬挂大幅安全文明标语牌，各作业场所、通道口、危险区悬挂安全技术操作规程牌及警示标牌。

（3）现场道路。现场路面平整，修筑主干施工道路硬化地坪。便道保持通畅，陡坡处砌筑混凝土台阶踏步，料场必建混凝土地坪。现场无大面积积水，设置施工废水二次沉淀排水设施，不得随意排放造成污染。

（4）材料堆放。现场工具、构件、材料的堆放必须按总平面图规定的位置放置。不同材料分类堆码整齐，挂上产品标识牌。砂石场砌筑块石分隔墙，机械设备分区停置。机电设备有防雨设施并有接地（避雷）装置。易燃易爆物品禁止混放，垃圾、废料实行"袋装化"集中外运指定地点。

（5）现场消防。按照不同作业场所如木工房、配电房、仓库、易燃易爆处合理配置消防器材，购置灭火器、消防砂池、消防水池、消防桶等。根据安全管理消防要求，对施工现场实施防火审批制度，严格遵守政府关于森林防火方面的法规、条例，并按规定设监护人员。

（6）治安保卫。施工现场建立治安保卫制度，协调好周边群众关系，并有专人负责检查落实情况，创造良好的施工和生活环境。

2. 办公区

（1）办公区与施工现场隔离。搭设彩钢板楼房作为办公活动用房。

（2）项目部配置电话、电脑、复印机、传真机、饮水机、空调、会议桌椅、办公桌椅等办公设备。

（3）各办公室墙上悬挂铝合金镜框中用电脑打印的《各级岗位职责》和《有关工作图表》。

（4）会议室墙面设置悬挂规范的项目部组织机构管理网络图、安全文明组织机构管理网络图、质量管理组织机构网络图，设置工程总体效果图、工程总进度计划、公司简介、工程简介、工程承诺等有关宣传内容牌。

3. 生活区

（1）生活区与办公区、施工现场严格分开设置。生活区砌筑 2.5m 高砖体周边围墙，生活区道路须硬化畅通，环境应加以绿化。

（2）住宿。搭设二层活动楼房供职工和施工人员住宿。宿舍须符合卫生通风、照明要求。项目部统一购置高低铁床、蚊帐，不断改善员工住宿环境。建立宿舍管理岗位责任制度，宿舍内床铺及各种生活用品应放置整齐干净。

（3）生活设施。

1）盖建符合卫生要求的厕所（含施工现场），厕所地、墙、槽面贴瓷砖，均为水冲式，并配有专人负责管理。

2）食堂配"三纱"（纱门、纱窗、纱罩），购置锅炉、蒸饭车、冰箱等设施，炊事员有卫生防疫部门颁发的体检合格证，统一穿白色工作服，生熟食应分别存放，食堂卫生应符合要求，并定期对其进行检查。

3）淋浴室设置合理适用，寒冷季节应有暖气、热水并有专人管理。

4）职工学习、文体活动室配有彩电、书刊杂志、棋牌；设置乒乓球室，在生活区修建小型篮球场等文体娱乐设施。

5）备有保健药箱及一般常用药品和急救器材（如担架等）。在流行病发季节及平时定期开展卫生防病的宣传教育。教育职工洁身自爱，养成良好的生活卫生习惯。

（4）设置必要的室外照明、排水设施，消防设施应固定布置在较醒目地点。

（5）生活垃圾及时清理，装入容器集中运送至指定地点，并设专人管理。

4. 加强精神文明建设，爱岗敬业，注重职业道德与岗位技能培训

这是新时期建设精神文明的要求，也是适应市场经济的迫切需要。为此项目部党、政、工、团必须齐抓共管。通过工地黑板报、宣传橱窗、搞现场服务、开展"青年文明号"、各种评比创优、岗位技能培训等活动，不断提高职工的思想道德水平和业务素质，体现人生价值。制定有关规划和具体措施，并作为经常化、制度化的硬任务落实到实处。

开展高雅向上，积极健康的职工文体娱乐活动，搞好计划生育工作。保障职工安全、健康、充满激情和生机。坚决打击黄、赌、毒等丑恶现象，杜绝打架斗殴等不良行为，创造安定良好的施工与生活环境。

5.4.5.6　环境保护措施

环境保护是我国的一项基本国策，搞好环境保护工作关系到国家、集体和个人的切身利益。

认真执行《中华人民共和国环境保护法》、《中华人民共和国环境噪声污染防治法》等有关法律、法规。尊重当地政府环保部门的现场指导，并积极主动与所在地（乡、镇、村）联成环境保护网络。

定期联系，听取意见，接受监督、检查，及时处理合理意见，记录工作详情。

项目部确立一名副经理负责抓环保工作，并在施工前编制《环境保护实施计划》，包括施工弃渣的利用和堆放；施工场地开挖的边坡支护和水土流失防治措施；防止水资源污染措施；生产生活的噪音、粉尘、废水、废气、废油、垃圾等治理措施；完工后的场地清理等。

根据本工程特点，制定针对性的环保措施：

（1）严格按业主征地范围布置生产、生活设施，保持征地范围外的环境原样，若需增加征地范围，需经业主及环保部门同意后，方可在新增施工区施工。

（2）针对施工工艺，积极采取消声、防震措施，使噪音和振动达到环保标准。

（3）做到施工不扰民。按合肥市环保规定，在允许的施工时间外必须夜间施工时，做到先申报取得主管部门（或环保部门）批准，并张贴安民告示，做好周边市民思想工作，取得他们谅解与支持后方可继续夜间施工。

（4）施工现场不得焚烧有毒有害物质，机械使用过的润滑油及其他废油、废物要装在容器中，按有关规定集中处理。

（5）施工现场与生活区的污水需经二次沉淀后，排放到专门设置的临时污水处理设施（化粪池等）中，防止污水直接排入下水管道，污染环境。

（6）生产、生活区等产生的所有生活垃圾、施工弃渣，须袋装后集运至弃渣区堆放，严禁倒入河流、水塘等水域内，造成环境污染。

（7）施工机械车辆施工时要慢行，不准鸣高音喇叭，施工土路要经常洒水，保持路面湿润，避免和减少粉尘污染。

（8）工程完工后，立即拆除施工临时设施和生活设施，做到"工完、料尽、场地清"。

5.4.6 工程进度计划与措施及施工网络图

5.4.6.1 施工进度计划

1. 合同工期

招标文件要求本工程合同工期为 120 个日历天（90d 内工程全线通车）。具体开工时间以业主签发的开工令为准。

2. 编制施工进度计划时工期

本工程计划工期为 120 个日历天（90d 内工程全线通车）。具体开工时间以业主签发的开工令为准。

3. 针对本工程的特点

本工程是一个市政道路工程，工程项目较多，可全方位开展施工，但施工时要合理安排，进行交叉流水作业。

4. 施工方案的制约

在进行施工进度计划制定时，充分考虑主要单元工程的施工方法和施工程序的制约。

5. 关键性线路的选定

本工程关键性线路选定时，将控制性工期制约的工程项目放在关键性线路上，另外选定工程量较大、结构复杂、施工难度大、施工周期长的工程项目组成关键性线路。

6. 技术上的要求

在本工程施工进度计划编制时要充分考虑技术上的可行性，施工工序安排上组织交叉流水作业，充分利用有限的空间和时间。

7. 降低成本的需要

在进行进度计划编制时，尽量做到均衡连续施工，避免人力、物力过分集中造成浪费。

5.4.6.2 施工进度计划网络图

根据上述原则编制工程施工进度计划网络图（略）。

5.4.7　确保工程进度计划及技术组织措施

根据招标文件规定的工期，本工程工期紧、任务重，为了能够保质、保量、按期完成全部合同内容，必须建立各项切实可行的技术组织措施，优化整合各项资源，合理安排流水施工。针对本工程的具体情况，公司拟从以下方面确保工期目标的实现。

（1）建立精干、高效的项目部领导班子，实行项目经理负责制，坚决做到项目经理、技术负责人在工地的时间每月不少于 26d，并抽调经验丰富、年富力强的技术管理骨干组成项目管理集体，做到分工明确、责任到人、管理到位，确实有效保证工程正常施工。对作业层的生产人员进行内部选拔，选拔操作熟练、工作积极、素质较高的工人作为主要施工操作人员，施工期间，加强技术交底，确保工程顺利进行。

（2）配备充足的施工机械，同时加强施工机械的维护保养，提高机械完好率，配备充足的机务人员和维修人员，配备充足的配件和易损件。

（3）优化施工程序，加强现场调度，发挥机械效率，充分利用人、财、物等资源，尽量缩短工期。

（4）做好进度控制，合理划分施工流水段，按照施工总进度计划进行控制，安排好月、旬、日计划，按流水作业施工。

（5）加强计划控制，做好施工准备，严格按计划组织物资供应，确保各种物资运输工作提前进行，尽早到场，做好各种物资的合理调配，以满足连续施工要求。

（6）加强各方面的协调工作，使各个环节密切配合，减少施工干扰，提高施工效率。

（7）做好施工排水与道路养护工作，尽量减少冬、雨季对工程施工的影响。

（8）节假日照常施工，假期实行轮休制。

（9）加强资金管理，合理运作，确保工程资金的需用。

（10）以控制性工期作为主要控制目标，制定工程施工奖罚管理办法，把奖金用在招标文件中指定时间内必须完成的控制性项目上，确保工程计划进度的实施。

（11）抓住关键性线路进行施工。进点开工后，紧紧抓住工程主攻方向，即工程关键性线路，形成以关键性线路为中心，其他工程进度毫不放松的施工格局，以计划指导生产、检查生产、控制施工的全过程。

（12）加强材料管理，按照材料计划进行材料的采购、运输和管理工作，材料进场前要按有关规定进行检验、验收工作，不合格的材料杜绝进入工地，质量合格的材料要按计划要求进入工地，绝不能出现停工待料现象。

（13）加强施工的监督和质检工作，各道工序要有专人把关，加强中间过程的控制，杜绝返工，保证工程进度。

5.4.8　资源配备计划

资源配置主要是根据施工方法和施工进度计划，计算出主要施工项目的施工强度，再根据定额和以往的施工经验，计算出材料供应计划，配置主要工程项目的施工机械、劳动力数量等。

5.4.8.1　主要机械设备计划

根据施工进度计划和施工方案以及具体工程量，编制本工程的主要机械设备计划，详见表 5.25。

表 5.25　　　　　　　　　　　　　　拟投入本工程的主要施工机械表

序号	机械设备种类	型号规格	额定功率	数量	新旧程度（%）	是否自有	用于施工部位	备注
1	装载机	ZL40		4 台	80	自有	土方工程	
2	大型挖掘机			12 台	90	自有	土方工程	
3	振动压路机	18t 以上		6 台	90	自有	路基	
4	静压压路机	18～21t		4 台	80	自有	路基	
5	静压压路机	21～25t		4 台	80	自有	路基	
6	水稳拌和楼	600t/h		1 座	90	自有	路基	
7	水稳摊铺机			2 套	90	自有	路基	
8	沥青拌和楼	400t/h		1 座	90	自有	路面	
9	沥青摊铺机			2 套	90	自有	路面	
10	胶轮压路机	26t 及以上		3 台	90	自有	路面	
11	振动（双钢轮）压路机	11t 及以上		4 台	90	自有	路面	
12	洒水车			2 辆	90	自有	路面	
13	平地机			2 台	80	自有	路基	
14	稀浆封层专用摊铺机			1 辆	90	自有	路面	
15	旋挖机			3 套	80	自有	桥梁工程	
16	自卸汽车	5t		60 辆	60	租赁	土方工程	
17	推土机	120kW		2 台	60	自有	土方工程	
18	推土机	95kW		2 台	60	自有	土方工程	
19	砂浆搅拌机	JS200	5.5kW	2 台	100	自有	砌体	
20	木工设备			3 套	80	自有	桥梁、井工程	
21	钢筋加工设备			3 套	90	自有	桥梁、井工程	
22	混凝土振捣设备			10 套	90	自有	桥梁、箱涵、井	
23	农用自卸车	1.5t		2 辆	60	租赁	运输	
24	发电机		125kW	2 台	85	自有	备用电源	
25	各种水泵			10 台	100	自有	排水	
26	蛙式打夯机		2.2kW	10 台	100	自有	土方工程	
27	张拉设备			2 套	80	自有	桥梁工程	
28	履带起重机 50t			2 台		租赁	桥梁工程	
29	旋挖钻机			1 台		租赁	桥梁工程	
30	架桥机			1 台		租赁	桥梁工程	

5.4.8.2　主要试验检测设备表

主要试验检测设备表见表5.26。

表 5.26　　　　　　　　　　　　主要试验检测设备表

序 号	名称（规格、型号）	数 量	备 注
1	万能试验机	1 台	
2	标养室	1 间	不少于 40m²
3	钢筋位置检测仪 ZBL-R620	1 台	
4	混凝土坍落度检测仪	3 台	
5	标准恒温恒湿养护箱 SKYH-40B	1 台	
6	数显回弹仪 ZB1-S210	2 台	
7	混凝土保护层探测仪 HYB-84	1 台	
8	混凝土炭化深度尺 TS-10	2 把	
9	裂缝显微镜 WEXHAN35X	1 台	
10	数字测温仪 SDW-B	2 台	
11	焊接检测尺 KH45	2 把	
12	干燥箱 HY28	1 台	
13	天平 200g、2kg、5kg、3kg	1 台	
14	电子秤 JCS-1	1 台	
15	案秤 10kg	1 台	
16	环刀带取土器	10 套	
17	灌砂桶	3 台	
18	灰剂量检测设备	1 套	
19	含水率测定仪	1 台	
20	砂子分析筛 0.16～5mm	1 台	
21	石子分析筛 2.5～100mm	1 台	
22	针、片状规准仪	1 台	
23	集料压碎值试验仪 SYZC-40	1 台	
24	电光分析天平称量 200g、1000g、5000g	1 台	
25	击实仪	1 台	
26	路面平整度仪 YLPY-E	1 台	
27	提抽仪	1 台	
28	震动台	1 台	
29	取芯钻机	1 台	
30	混凝土拌和机 0.5m³	1 台	
31	数字万用表 MF500、MF14	1 台	
32	兆欧仪 ZC25B-3	1 台	

5.4.8.3　劳动力计划

根据施工进度计划和施工方案以及工程量编制本工程劳动力计划，详见表 5.27。

表 5.27　　　　　　　　　　　劳动力计划表　　　　　　　　　　单位：人

工种级别	按工程施工阶段投入劳动力情况			
	第 1 月	第 2 月	第 3 月	第 4 月
管理、技术人员	20	20	20	20
土方人员	80	80	40	40
路基人员		40	40	30
路面人员			30	30
排水管、井人员	40	40		
供电排管人员	30	30		
路灯照明人员				30
绿化人员				30
桥涵人员	40	40	40	
交通工程人员			20	20
辅助人员	50	50	50	50
合计	260	300	240	250

注　本计划表是以每班 8h 工作制为基础编制的。

5.4.8.4　施工设备及劳动力进退场计划

施工设备及劳动力进退场计划见表 5.28。

表 5.28　　　　　　　　　　　设备、人力进退场计划

分类	进场计划		退场计划
人员	管理、技术人员	2d 内	竣工后 3d 内
	土方人员	2d 内	竣工后 3d 内
	路基人员	35d 内	竣工后 3d 内
	路面人员	70d 内	竣工后 3d 内
	排水管、井人员	2d 内	竣工后 3d 内
	供电排管人员	2d 内	竣工后 3d 内
	路灯照明人员	90d 内	竣工后 3d 内
	绿化人员	90d 内	竣工后 3d 内
	桥涵人员	2d 内	竣工后 3d 内
	交通工程人员	80d 内	竣工后 3d 内
	辅助人员	根据工作安排，随机调动	竣工后 3d 内

续表

分　类	进　场　计　划		退场计划
设　备	土方设备	2d 内	竣工后 3d 内
	排水设备	2d 内	竣工后 3d 内
	路基设备	35d 内	竣工后 3d 内
	路面设备	70d 内	竣工后 3d 内
	桥涵设备	2d 内	竣工后 3d 内
	其他设备	根据工作安排，随机调动	竣工后 3d 内

5.4.8.5　材料供应计划

本工程所需材料除甲供材外均自行采购。

由于本工程质量要求高，所以应对原材料的产地、厂家进行调查，对质量严格把关，按规范要求，在使用前应分批量抽检，经过业主监理工程师的认可，并有必要的质保资料和复试报告，方可使用。

对于钢材产品，只要是马合公司能生产的产品，质量合格，价格合理，服务及时，将尽量使用马合公司生产的钢材产品。

所有材料场通过汽车运至施工现场，原材料供应按工程质量要求的规格、计划用量、预算价格、货源、进场时间等，详细的材料供应计划，见表 5.29。

表 5.29　　　　　　　　　　　材 料 供 应 计 划 表

序号	材 料 名 称	单位	数量	使 用 计 划	备　注
1	水泥	t	988	根据需要随时进场	
2	水稳 2%～4%	m³	17853	根据需要随时进场	
3	水稳 4%～6%	m³	38724	根据需要随时进场	
4	商品混凝土	m³	13917	根据需要随时进场	
5	碎（砾）石	m³	75121	根据需要随时进场	
6	黄砂（砂砾）	m³	8604	根据需要随时进场	
7	机砖	千块	955	根据需要随时进场	
8	各型排水混凝土管材	m	4366	根据需要随时进场	
9	各型排水塑料管材	m	1545	根据需要随时进场	
10	MPP 管 160×10	m	2424	根据需要随时进场	
11	涂塑钢管 165×4.5	m	20408	根据需要随时进场	
12	无碱玻璃钢管 160×6	m	33991	根据需要随时进场	
13	细粒式沥青混凝土	m³	4088	根据需要随时进场	
14	中粒式沥青混凝土	m³	6041	根据需要随时进场	
15	粗粒式沥青混凝土	m³	7314	根据需要随时进场	
16	钢筋	t	1545	根据需要随时进场	
17	钢绞线	t	116	根据需要随时进场	

5.4.9　工程施工的重点和难点及保证措施

本工程地处新站区，全线现状基本为农田、荒地、现状道路、厂区及村庄，其中有塘、沟、洼地等且有板桥河，场地地势起伏较大，并且安全文明施工要求高，质量要求严，工期要求紧迫，公司针对本工程的具体情况，认为重点、难点主要有以下 9 个方面：①清表及换填工程量大；②沟、塘处理施工保障措施方案，箱涵施工保障措施方案及临时导流方案；③雨季施工时质量、进度、安全文明的保证措施；④桥梁及附属施工方案及措施；⑤如何做好工程协调工作；⑥下穿铁路段施工方案及措施；⑦公司如何做好保障工程进度、质量、安全等措施；⑧如何配合综合管线施工方案；⑨为完成在 90d 内工程全线通车的任务，采取的保障措施等。

5.4.9.1　清表及换填施工控制措施

本工程清表及换填工程量大，在施工过程中，首先进行彻底清表，按照设计要求，对于表层不符合路基要求的土层予以彻底清除，对于低于设计路床底面的部位利用级配碎石进行换填。在级配碎石填筑过程中，严把原材料质量关，对于碎石的粒径、含泥量严格把握，并采用振动压路机进行分层压实，确保换填层的密实度达到设计要求。

由于本工程位于城郊，且附近居民区较为集中，在清表及换填土方的外运过程中，注意对道路的保护工作，避免土方在运输过程中的漏洒现象，做到文明施工。

5.4.9.2　沟塘处理施工保障措施、箱涵施工保障措施及临时导流方案

1. 沟塘处理施工保障措施

本工程地处新站区，道路为东西走向，全线现状基本为农田、荒地、现状道路、厂区及村庄，其中有塘、沟、洼地等且有二十埠河和板桥河，路基处理难度较大，且对于道路的质量影响很大，因此需要切实做好沟塘部位的路基处理。

在道路穿越河塘、暗沟、暗塘处，填塘路基先筑坝、抽水和清淤。先抽水并控干后，采用推土机打堆，然后用挖掘机挖装，自卸汽车运至弃土场，清淤做到彻底，以清至硬质原状土为标准，然后在基底填筑道渣石 40cm 后，再按正常路段进行填筑。

2. 箱涵施工保障措施及临时导流方案

由于箱涵多位于沟渠及低洼地带，在施工时，首先需要对施工部位进行排水并彻底清淤，对于清淤后箱涵底板以下部位仍存在软弱土层的，需要进行换填处理，然后才能浇筑垫层及底板。

对于整体式箱涵尽量采取一次性浇筑，以增强箱涵的整体结构性，在回填土时，严格按照设计要求的填料进行质量控制，做到对称、分层回填，并严格按照设计的压实度，采用合适的压实机具进行压实。

箱涵的分段尽量按照设计图纸施工，如遇特殊地段需要重新分段的，在请示监理和业主后，确定分段方案，并做好箱涵的接缝处理。

对于沟渠部位施工时，需要做好施工区段的导流措施，在施工段外围开挖导流沟，并在施工区间的上下游填筑挡水围堰，在围堰内的基槽开挖截水沟和积水坑，利用水泵将坑内积水进行抽排。

5.4.9.3　雨季施工时质量、进度、安全文明的保证措施

（1）密切注意雨情预报，尽量不在雨天进行土方工程施工。对于已经碾压成型的填筑

面用雨布覆盖，防止雨水进入土层，保持填筑土层干燥。

（2）雨前快速压实表面层的松土，雨后填筑面晒干或处理经检查合格后，方可复工，做好填筑面保护，下雨及雨后不许践踏填筑面，禁止车辆通行。

（3）使填筑面向两侧倾斜，以利于排水。

（4）开挖好的沟槽及时进行下步工序施工，防止雨水对槽底的浸泡，如果出现上述不利情况，雨后在积水抽干后，对松软土层予以彻底清除，然后用低标号混凝土或砂石予以回填，以保证回填质量。

（5）避免在大雨、暴雨或大风过境时摊铺基层。

（6）遇雨天时对刚摊铺好的基层用雨布覆盖，避免直接遭受雨淋或冲刷。

5.4.9.4 桥梁及附属施工方案及措施

1. 桥梁施工措施

桥梁施工的重点主要为桩基、墩台、台背回填以及上部梁板的施工质量控制。

在桩基施工时，首先对钻孔的孔位进行精确放样定位，并严格控制钻孔的孔径、垂直度、孔深等指标，对于钢筋笼、混凝土的质量需要符合设计及相关规范的规定。

墩台是桥梁的主要承重结构之一，且设计为清水混凝土，因此，墩台的内在及外观质量均非常重要。对于墩台的质量控制主要从以下几个方面：①确保支撑排架的可靠性，支撑排架是墩台定位定型的关键，拟采用钢管搭设满堂整体排架，确保排架的稳定；②确保模板质量，墩台模板根据设计墩台尺寸制作定型钢模板，以防漏浆变形；③混凝土采用商品混凝土，并落实振捣责任制，杜绝蜂窝麻面等质量缺陷。

台背回填是桥梁工程容易出现质量缺陷的部位，在回填时应严格控制填料质量，采用透水性材料进行回填。在填筑时，严格分层夯实，以杜绝不均匀沉降，避免出现桥头跳车现象。

上部结构梁板分为预制和现浇两种，对于预制梁板应主要做好预制场地的硬化处理，防止在制作过程中出现梁板变形和断裂现象，为此，对于预制场地应先进行平整，然后对底部土层进行充分压实，再在上面铺筑块石垫层并浇筑混凝土面层。在预制构件达到设计强度的 75% 以上时方可移位、吊装和运输。因本工程工期较紧，可在混凝土中适当掺加早强剂；对于现浇混凝土梁板，主要控制支撑排架的质量，排架采用整体式满堂排架，排架的底部采用混凝土墩上面铺厚松木板进行支撑，以防出现不均匀沉降，满堂排架成型后进行充分预压，根据预压后的高程变化情况，在顶面进行超平处理。

2. 附属设施施工措施

河道整治工程主要对于河道边坡及截面的控制，严格按照设计尺寸进行土方开挖和边坡修整，砌石工程严格控制块石的块径以及砌筑砂浆的配比以及砂浆用量，确保砌体的砂浆饱满。

5.4.9.5 如何做好工程协调工作

本工程全线现状基本为农田、荒地、现状道路、厂区及村庄，且本工程分为两个标段同时施工，因此，在工程实施阶段存在多方协调问题，既有与当地政府、群众、单位之间的外部协调，又存在相邻标段之间的协调问题，因此需要予以重视，方能确保本工程顺利实施。

为此，我们将成立以项目经理为首并由项目副经理专职负责的协调小组，专门从事各项协调工作，为施工创造一个良好的外部环境。

对于相邻标段之间的协调，在现场监理和业主的统一安排之下，尽量与友邻标段对于存在的问题进行协商，诸如施工便道等，在互惠互利的原则下，尽量做到共享。

5.4.9.6　下穿铁路段施工方案及措施

本工程下穿淮南铁路专线，根据设计方案，该段下穿部分采用钢筋混凝土箱涵，箱涵由铁路部门实施，本次只实施浆砌块石挡墙路堑部分。

在施工中，注意对铁路路基的保护，防止因施工原因，造成铁路路基发生沉降变形等现象。施工中采取埋设观测点，对开挖路堑边坡采取支撑防护等措施。

具体衔接桩号应及时与建设单位及铁路部门联系，避免出现超范围施工的情况。

5.4.9.7　如何做好保障工程进度、质量、安全等措施

工程的进度控制、质量控制和安全控制，是施工管理的基本要素。为此，公司具有完整的控制体系，在前面章节均有专章阐述，在此不予赘述。

5.4.9.8　如何配合综合管线施工方案

本工程综合管线主要有电力、煤气、供热、弱电、给水、中水等，在路床土方施工期间，根据工程进度安排以及各种综合管线的埋深、位置情况，提前通知各相关单位，要求根据我方施工进度，尽快实施各综合管线的埋设工作。我方负责管线沟槽土方的开挖、回填等配合工作。并为各相关单位提供有效工作面，以便于综合管线的埋设。

5.4.9.9　为完成在 90d 内工程全线通车要求，采取的保障措施

本工程总工期为 120 个日历天，但招标文件要求在 90d 内具备全线通车条件，因此，工期紧，任务重，需要根据既定工期以及所需完成的工作内容，制定科学合理的施工计划。针对本工程实际情况，拟采取以下措施：

（1）进场后首先实施快车道范围内的各种管线，并随后尽快实施路床土方，使之具备实施基层及面层条件。

（2）进场后随即组织桥梁的各项施工工序，一方面抓紧实施基坑开挖、灌注桩施工以及墩台、现浇梁板的浇筑工序，另一方面抓紧实施预制梁板的预制工作，两方面同时施工，使桥梁工期能够与道路快车道基本同步，以不影响全线通车。

（3）加大人员、机械设备、各种材料的投入，在人员和机械设备配备方面，考虑配备 2 套人员和设备，做到 24h 连续作业，在消耗性材料方面，提前与供货商签订供货协议，商定供货时间与批量，做到随用随到，并在现场腾出料场，考虑充分的备用。在桥梁施工中的周转性材料方面，根据总体进度安排，合理考虑周转次数；如工期不允许周转，可考虑一次性投入，不考虑周转，以确保桥梁按期完工。

（4）在实行项目经理负责制的前提下，公司将委派一名分管副总，直接参与本工程的各项管理，并根据工程需要，在全公司范围内抽调人员、设备、材料参与本工程的建设，倾全公司之力，确保如期完成本工程的进度、质量及安全文明方面的各项任务。

5.4.10　施工总平面图及临时用地表

5.4.10.1　施工总体布置原则

施工总布置遵循因地制宜、经济合理、使用便捷、利于生产、便于管理的原则，分片布置，相对集中，布置在发包方规划的场地内，并严格执行有关安全、消防、卫生、环保等相关规定。

根据招标文件提供的资料及现场踏勘的具体情况，施工现场不具备布置大型综合临时设施的条件，因此主办公及生活设施拟在附近租用民房，在板桥河桥附近设现场办公室及必要的生产性设施及梁板预制场。水泥混凝土使用商品混凝土，现场只考虑布设砂浆搅拌机，用于排水施工。沥青混凝土及水稳混合料利用现有拌和设备，在郊区租赁场地建站，然后运至现场摊铺。其他小型简易临时设施，根据生产需要及现场地形，在满足交通及文明施工的前提下，在施工现场因地制宜地布设。

施工现场平面布置如图 5.24 所示。

5.4.10.2　施工供电系统

1. 施工供电

本工程施工用电尽量就近从系统中接引电，在生产区设配电房一间，生产和生活用电可以直接从配电房接引。但为了防止意外停电，确保施工正常进行，考虑配备柴油发电机作为备用电源，具体配备数量见表 5.25。

2. 照明系统

在拌和场布置一盏 3.5kW 节能探照灯，局部施工点照明采用 1kW 碘钨灯，施工道路夜间施工时按 50m 间距布置路灯。

3. 用电安全

施工过程中应特别重视安全供电和安全用电。动力、照明设施必须严格按照规范规程设计、实施、运行和管理。项目部应安排有丰富实践经验的专业工程师和电工负责施工供电的技术和安全工作，做好供电设施的防雷接地。

5.4.10.3　施工供水系统

本工程生活及生产用水可直接从城市供水管网接引。

5.4.10.4　施工通信

为满足工程施工需要，办公室设固定电话一部，手机 4 部。

5.4.10.5　拌和系统

本工程混凝土现场拌制量很小，但灰土及水泥稳定碎石基层拌和量较大，拌和场布置 JS500 强制式拌和机 1 台、稳定土拌和站 1 套、沥青混凝土拌和站 1 套用来拌制水泥稳定碎石混合料、零星混凝土以及沥青混凝土等。现场只布设 2 台砂浆搅拌机用于砌筑砂浆的拌和。

5.4.10.6　仓库及料场布置

（1）在生产区附近的加工厂位置布置综合仓库，主要存放备用小型设备及机具，材料及劳保设施等。

（2）工地现场于拌和站旁设临时工具房。

（3）水泥库：拌和机附近设水泥库 80m²，用于现浇混凝土及拌和水稳材料时使用。

（4）砂石料堆场：砂石料堆场、拌和系统、水泥库、现场施工周转材料的临时堆放场地等详见图 5.25。

5.4.10.7　平面布置图

施工现场平面布置图如图 5.24 所示，拌和站布置示意图如图 5.25 所示。

图 5.24　施工总平面布置图

图 5.25　拌和站布置示意图

说明：1. 办公及生活设施拟在附近租用民房，在板桥河桥附近设现场办公室、必要的生产性设施及梁板预制场。水泥混凝土使用商品混凝土，现场只考虑布设砂浆搅拌机，用于排水施工。

2. 沥青混凝土、水稳混合料及路床灰土应利用现有拌和设备，在郊区租赁场地建站，然后运至现场摊铺。

3. 其他小型简易临时设施，应根据生产需要及现场地形，在满足交通及文明施工的前提下，在施工现场因地制宜地布设。

5.4.10.8　临时用地计划表

临时用地计划表见表 5.30。

表 5.30　　　　　　　　　　　临时用地计划表

序号	工程项目	占地面积（m²）	备注
一	主要生产设施	3450	
1	拌和站	3000	含砂石料场、水泥库、预制场等
2	试验室	100	
3	工地临时机具仓库等	100	
4	木工房	100	
5	钢筋场	100	

序 号	工 程 项 目	占地面积（m²）	备 注
6	配电房	50	
二	管理及生活福利用房	450	租赁民房
1	办公室、会议室等设施	100	
2	宿舍	300	
3	食堂等其他设备	50	
	合 计	3900	

考 证 训 练 题

单选题

1. 下列（　　）施工方式工期最短。

   A. 依次施工　　　　B. 平行施工　　　　C. 流水施工　　　　D. 三者相等

2. 下列（　　）不是流水施工的优点。

   A. 充分利用工作面　　　　　　　　B. 连续均衡性施工

   C. 各班组一定时期连续均衡施工　　D. 人员分配均匀

3. 下列（　　）字母表示施工段。

   A. n　　　　　　　B. m　　　　　　　C. t　　　　　　　D. b

4. 下列（　　）不是确定流水节拍应考虑的因素。

   A. 最小劳动组合　　　　　　　　　B. 技术间歇

   C. 最小工作面　　　　　　　　　　D. 工作班制要恰当

5. 下列施工中会产生窝工现象的是（　　）。

   A. $m=n$　　　　　B. $m>n$　　　　　C. $m<n$　　　　　D. $m \leqslant n$

6. 在施工段不变的情况下流水步距越大，工期（　　）。

   A. 越长　　　　　　B. 越短　　　　　　C. 不变　　　　　　D. 视情况而定

7. 当施工规模较小，施工工作面有限时，（　　）是适用的、常见的。

   A. 流水施工　　　　B. 依次施工　　　　C. 平行施工　　　　D. 以上三种

8. 流水施工的实质是（　　）。

   A. 分工协作与成批生产　　　　　　B. 连续均衡施工

   C. 组织平行搭接施工　　　　　　　D. 每个施工过程组织独立的施工班组

9. 施工过程的划分与（　　）因素有关。

   A. 施工进度计划的作用　　　　　　B. 施工方案

   C. 劳动力组织及劳动力大小　　　　D. 最小工作面

10. 组织工程流水施工中范围最小的流水施工是（　　）。

   A. 专业流水　　　B. 细部流水　　　C. 项目流水　　　D. 综合流水

11. 当 $t_i > t_{i+1}$ 时，异节拍流水步距的确定为（　　）。

   A. $it+t_j-t_d$　　　　　　　　　　B. t_i

   C. $\sum t_i + \sum t_j - \sum t_d$　　　　D. $m_t - (m-1) t_{i+1} + (t_j - t_d)$

12. 某工程有 A、B、C 三个过程，划 4 个施工段。$T_a=2d$，$T_b=4d$，$T_c=3d$。则依次施工、平行施工、流水施工的工期为（　　）。

   A. 36，9，21　　　　　　　　　　B. 9，36，21

C. 21，9，36 D. 36，21，9

13. 流水施工中，一个施工过程总时间为（　　）。

A. mT_n B. t_i C. T_n D. nT_n

14. 对同一个施工项目按施工段依次施工和按施工过程依次施工的工期（　　）。

A. 相等 B. 不相等 C. 不一定相等 D. 不确定

15. 下面流水步距表示正确的为（　　）。

A. B_i，$i+2$ B. B_1，3 C. B_i+2，$i+3$ D. B_i+1，i

16. 无间歇全等节拍流水施工特征是（　　）。

A. $T_1=T_2=T_n$，$B_{1,2}\neq B_{2,3}\neq t_i$ B. $t_1\neq t_2\neq t_n$，$B_{1,2}=B_{2,3}=t_i$

C. $T_1=T_2=T_n$，$B_{1,2}=B_{2,3}=t_i$ D. $t_1\neq t_2\neq t_n$，$B_{1,2}\neq B_{2,3}\neq t_i$

17. 在流水施工中流水步距的数目等于（　　）。

A. $n-1$ B. $\sum B_{i,i+1}$ C. mt_n D. n

18. 下列（　　）字母表示搭接时间。

A. t_i B. t_j C. t_d D. t_n

19. 能表示所有流水方式的计算工期公式为（　　）。

A. $\sum B_{i,i+1}+T$ B. $(m+n-1)\,t$

C. $\sum B_{i,i+1}+mt_n$ D. $(m+n-1)\,t_i+\sum t_j-\sum t_d$

20. 平行施工完成 M 幢房屋需要总时间（　　）。

A. $M\sum t_i$ B. $\sum t_i$

C. $\sum B_i$，$i+1+T_n$ D. $(m+n-1)\,t_i$

21. 有间歇全等节拍流水步距为（　　）。

A. $t_i+t_j-t_d$ B. t_i

C. $\sum t_i+\sum t_j-\sum t_d$ D. $mt-(m-1)\,t_{i+1}+(t_j-t_d)$

22. 建设工程组织非节奏流水施工时，其特点之一是（　　）。

A. 各专业队能够在施工段上连续作业，但施工段之间可能有空闲时间

B. 相邻施工过程的流水步距等于前一施工过程中第一个施工段的流水节拍

C. 各专业队能够在施工段上连续作业，施工段之间不可能有空闲时间

D. 相邻施工过程的流水步距等于后一施工过程中最后一个施工段的流水节拍

23. 为了有效地控制工程建设进度，必须事先对影响进度的各种因素进行全面分析和预测。其主要目的是为了实现工程建设进度的（　　）。

A. 主动控制 B. 全面控制 C. 事中控制 D. 纠偏控制

24. 建设工程组织流水施工时，相邻专业工作队之间的流水步距不尽相等，但专业工作队数等于施工过程数的流水施工方式是（　　）。

A. 固定节拍流水施工和加快的成倍节拍流水施工

B. 加快的成倍节拍流水施工和非节奏流水施工

C. 固定节拍流水施工和一般的成倍节拍流水施工

D. 一般的成倍节拍流水施工和非节奏流水施工

25. 某分部工程有两个施工过程，各分为 4 个施工段组织流水施工，流水节拍分别为 3d、4d、3d、3d 和 2d、5d、4d、3d，则流水步距和流水施工工期分别为（ ）d。

    A. 3d 和 16d   B. 3d 和 17d   C. 5d 和 18d   D. 5d 和 19d

26. 累加斜减取大值法是确定（ ）。

    A. 全等无间歇流水施工的步距   B. 全等有间歇流水施工的步距

    C. 异节拍流水施工步距   D. 无节奏流水步距

27. 工程网络计划的计算工期应等于其所有结束工作（ ）。

    A. 最早完成时间的最小值   B. 最早完成时间的最大值

    C. 最迟完成时间的最小值   D. 最迟完成时间的最大值

28. 在某工程双代号网络计划中，工作 M 的最早开始时间为第 15d，其持续时间为 7d。该工作有两项紧后工作，它们的最早开始时间分别为第 27d 和第 30d，最迟开始时间分别为第 28d 和第 33d，则工作 M 的总时差和自由时差（ ）。

    A. 均为 5d   B. 分别为 6d 和 5d

    C. 均为 6d   D. 分别为 11d 和 6d

29. 某分部工程双代号时标网络计划如下图所示。请问：其中工作 A 的总时差和自由时差（ ）。

    A. 分别为 1d 和 0d   B. 均为 1d

    C. 分别为 2d 和 0d   D. 均为 0d

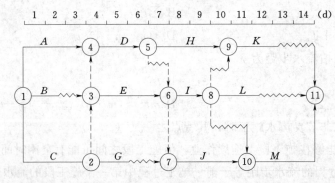

30. 某分部工程双代号时标网络计划如下图所示。其中工作 C 和 I 的最迟完成时间分别为第（ ）d。

A. 4 和 11　　　　B. 4 和 9　　　　C. 3 和 11　　　　D. 3 和 9

31. 某分部工程双代号网络计划如下图所示，其关键线路有（　　）条。

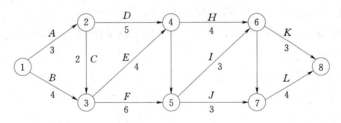

A. 2　　　　　　B. 3　　　　　　C. 4　　　　　　D. 5

32. 在网络计划中，关键工作的总时差值为（　　）。

A. 零　　　　　　B. 最大　　　　　C. 最小　　　　　D. 不定数

33. 在下列所述线路中，（　　）必为关键线路。

A. 双代号网络计划中没有虚箭线的线路

B. 时标网络计划中没有波形线的线路

C. 双代号网络计划中由关键节点组成的线路

D. 双代号网络计划中持续时间最长

34. 某工程双代号网络计划如下图所示，其关键线路有（　　）条。

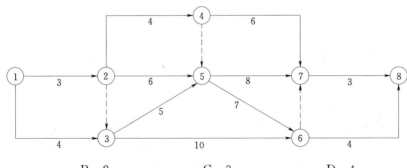

A. 1　　　　　　B. 2　　　　　　C. 3　　　　　　D. 4

35. 标号法是一种快速确定双代号网络计划（　　）的方法。

A. 关键线路和计算工期　　　　　　B. 要求工期

C. 计划工期　　　　　　　　　　　D. 工作持续时间

36. 对关键线路而言，下列说法中（　　）是错误的。

A. 是由关键工作组成的线路　　　　B. 是所有线路中时间最长的

C. 一个网络图只有一条关键线路　　D. 关键线路时间拖延则总工期也拖延

37. 下图中的单代号网络计划，A 为开始工作，则 D 的最早完工时间为（　　）d。

A. 22　　　　　　B. 23　　　　　　C. 24　　　　　　D. 25

38. 网络图中由节点代表一项工作的表达方式称作（　　）。

A. 时标网络图　　　B. 双代号网络图　　C. 单代号网络图　　D. 横道图

39. 单代号网络图中，若 n 项工作同时开始时，应虚设（　　）。

A. 一个原始结点　　　　　　　　　B. 多个原始结点

C. 虚设一个开始工作　　　　　　　D. 虚设两个开始工作

40. 单代号网络中出现若干同时结束工作时，采取的措施是（　　）。

A. 虚设一个虚工作　　　　　　　　B. 虚设一个结束节点

C. 构造两个虚设节点　　　　　　　D. 增加虚工序表示结束节点

41. 某单代号网络图中两项工作的时间参数如下图，则两者的时间间隔 LAG 为（　　）。

| 5 | 1 | 8 |
| 5 |
| B₂ |
| 3 |
| 6 | 0 | 9 |

→

| 8 | 2 | 11 |
| 8 |
| B₃ |
| 3 |
| 10 | 2 | 13 |

A. 0d　　　　　　B. 1d　　　　　　C. 2d　　　　　　D. 3d

42. 某工程单代号搭接网络计划如下图所示，节点中下方数字为该工作的持续时间，其中关键工作是（　　）。

A. 工作 A 和工作 B　　　　　　　B. 工作 C 和工作 D

C. 工作 B 和工作 E　　　　　　　D. 工作 C 和工作 E

43. 搭接网络计划的计算图形与单代号网络计划的计算图形差别为（　　）。

A. 单代号网络计划必须有虚拟的起点节点和虚拟的终点节点

B. 搭接网络计划必须有虚拟的起点节点和虚拟的终点节点

C. 单代号网络计划有虚工作

D. 搭接网络计划有虚工作

44. 单代号搭接网络计划描述前后工作间逻辑关系符号有（　　）个。

A. 2　　　　　　B. 3　　　　　　C. 4　　　　　　D. 5

45. 当计算工期不能满足合同要求时，应首先压缩（　　）的持续时间。

A. 持续时间最长的工作　　　　　　B. 总时差最长的工作

C. 关键工作　　　　　　　　　　　D. 非关键工作

46. 在进行网络计划费用优化时，应首先将（　　）作为压缩持续时间的对象。

A. 直接费用率最低的关键工作　　　B. 直接费用率最低的非关键工作

C. 直接费用率最高的非关键工作　　D. 直接费用率最高的关键工作

47. 不允许中断工作资源优化，资源分配的原则是（　　）。

A. 按时差从大到小分配资源　　　　B. 非关键工作优先分配资源

C. 关键工作优先分配资源　　　　　D. 按工作每日需要资源量的大小分配资源

48. 网络计划的工期优化的目的是缩短（　　　）。

　　A. 计划工期　　　B. 计算工期　　　C. 要求工期　　　D. 合同工期

49. 在工程网络计划工期优化过程中，当出现两条独立的关键线路时，在考虑对质量和安全影响差别不大的基础上，应选择的压缩对象是分别在这两条关键线路上的两项（　　　）的工作组合。

　　A. 直接费用率之和最小　　　　　B. 资源强度之和最小

　　C. 持续时间总和最大　　　　　　D. 间接费用率之和最小

50. 在费用优化时，如果被压缩对象的直接费用率或组合费用率等于工程间接费用率时（　　　）。

　　A. 应压缩关键工作　　　　　　　B. 应压缩非关键工作的持续时间

　　C. 停止缩短关键工作　　　　　　D. 停止缩短非关键工作的持续时间

51. 工程总费用由直接费和间接费两部分组成，随着工期的缩短，会引起（　　　）。

　　A. 直接费和间接费同时增加　　　B. 直接费增加，间接费减少

　　C. 直接费和间接费同时减少　　　D. 直接费减少，间接费增加

52. 建设工程物资供应计划的编制依据之一是（　　　）。

　　A. 物资加工计划　　B. 物资采购计划　　C. 物资储备计划　　D. 物资运输计划

53. 在施工进度计划实施过程中，为缩短工程总工期，可以采用的技术措施有（　　　）。

　　A. 采用先进的施工方法　　　　　B. 改善外部配合条件

　　C. 改善劳动条件　　　　　　　　D. 增加每天的施工时间

54. 某分项工程实物工程量为 $1500m^3$，该分项工程人工产量定额为 $5m^3$/工日，计划每天安排 2 班，每班 10 人完成该分项工程，则其持续时间为（　　　）d。

　　A. 15　　　　　B. 30　　　　　C. 60　　　　　D. 75

55. 单位工程施工进度计划步骤包括：①计算工程量；②计算劳动量和机械分班制；③确定施工顺序；④确定工作项目的持续时间；⑤绘制、检查和调整施工进度计划；⑥划分工作项目，它们正确的顺序是（　　　）。

　　A. ①②③④⑥⑤　　B. ⑥③①②④⑤　　C. ③①②④⑤⑥　　D. ③④①②⑥⑤

56. 在施工阶段编制及调整工程进度计划，确定各项工作之间的关系时，首先必须考虑（　　　）的要求。

　　A. 施工组织　　　B. 施工方法　　　C. 施工机械　　　D. 施工工艺

57. 在施工进度计划实施过程中，为了加速施工速度，可以采取的组织措施是（　　　）。

　　A. 改善施工工艺和施工技术　　　B. 采用更先进的施工机械

　　C. 增加劳动力和施工机械的数量　D. 改善劳动强度

58. 施工平面图是施工方案及（　　　）在空间上的全面安排。

　　A. 施工进度计划　　B. 施工组织设计　　C. 施工准备计划　　D. 时间安排计划

59. 某工作的最早开始时间为第 17d，其持续时间为 5d。该工作有三项紧后工作，它们的最早开始时间分别为第 25d、第 27d 和第 30d，则该工作的自由时差为（　　　）d。

A. 13　　　　　　　B. 8　　　　　　　C. 5　　　　　　　D. 3

60. 施工组织总设计是以（　　）为对象而编制，是指导全局性施工的技术和经验纲要。

    A. 单项工程　　　　　　　　　　　　B. 单位工程

    C. 分部工程　　　　　　　　　　　　D. 整个建设工程项目

61. 单位工程施工组织设计是以单位工程为对象而编制，在施工组织总设计的指导下，由直接组织施工的单位根据（　　）进行编制。

    A. 施工方案　　　B. 施工计划　　　C. 施工图设计　　　D. 施工部署

62. 当采用匀速进展横道图比较工作实际进度与计划进度时，如果表示实际进度的横道线右端点落在检查日期的左侧，该端点与检查日期的距离表示工作（　　）。

    A. 拖欠的任务量　　　　　　　　　　B. 实际少投入的时间

    C. 进度超前的时间　　　　　　　　　D. 实际多投入的时间

63. 当采用匀速进展横道图比较法比较工作实际进度与计划进度时，如果表示工作实际进度的横道线右端点落在检查日期的右侧，则检查日期与该横道线右端点的差距表示（　　）。

    A. 进度超前的时间　　　　　　　　　B. 超额完成的任务量

    C. 进度拖后的时间　　　　　　　　　D. 尚待完成的任务量

64. 横道计划作为控制建设工程进度的方法之一，其局限性是不能（　　）。

    A. 反映出建设工程实施过程中劳动力的需求量

    B. 明确反映出各项工作之间错综复杂的相互关系

    C. 反映出建设工程实施过程中材料的需求量

    D. 直观地反映出建设工程的施工期限

65. 当采用 S 曲线比较法时，如果实际进度点位于计划 S 曲线的右侧，则该点与计划 S 曲线的垂直距离表明实际进度比计划进度（　　）。

    A. 超前的时间　　　　　　　　　　　B. 拖后的时间

    C. 超额完成的任务量　　　　　　　　D. 拖欠的任务量

66. 应用 S 曲线比较法时，通过比较实际进度 S 曲线和计划进度 S 曲线，可以（　　）。

    A. 表明实际进度是否匀速开展

    B. 得到工程项目实际超额或拖欠的任务量

    C. 预测偏差对后续工作及工期的影响

    D. 表明对工作总时差的利用情况

67. 当利用 S 形曲线进行实际进度与计划进度比较时，如果检查日期实际进展点落在计划 S 形曲线的左侧，则该实际进展点与计划 S 形曲线的垂直距离表示工程项目（　　）。

    A. 实际超额完成的任务量　　　　　　B. 实际拖欠的任务量

    C. 实际进度超前的时间　　　　　　　D. 实际进度拖后的时间

68. 当利用 S 形曲线进行实际进度与计划进度比较时，如果检查日期实际进展点落在计划 S 形曲线的右侧，则该实际进展点与计划 S 形曲线的水平距离表示工程项目（　　）。

    A. 实际进度超前的时间　　　　　　　B. 实际进度拖后的时间

    C. 实际超额完成的任务量　　　　　　D. 实际拖欠的任务量

69. 香蕉曲线是由（　　）绘制而成的。

    A. ES 与 LS   B. EF 与 LF   C. ES 与 EF   D. LS 与 LF

70. 不属于常用的进度比较方法的是（　　）。

    A. 横道图比较法   B. 网络比较法

    C. S 形曲线比较法   D. 香蕉曲线比较法

71. "香蕉"曲线是由 ES 和 LS 两条曲线形成的闭合曲线，不能利用"香蕉"曲线实现
    （　　）。

    A. 进度计划的合理安排   B. 实际进度与计划进度的比较

    C. 对后续工程进度预测   D. 分析出进度超前或拖后的原因

72. 在某工程施工过程中，监理工程师检查实际进度时发现工作 M 的总时差由原计划的
    2d 变为 −1d，若其他工作的进度均正常，则说明工作 M 的实际进度（　　）。

    A. 提前 1d，不影响工期   B. 拖后 3d，影响工期 1d

    C. 提前 3d，不影响工期   D. 拖后 3d，影响工期 2d

73. 在工程施工过程中，监理工程师检查实际进度时发现某工作的总时差由原计划的 5d 变
    为 −3d，则说明工作 M 的实际进度（　　）。

    A. 拖后 2d，影响工期 2d   B. 拖后 5d，影响工期 2d

    C. 拖后 8d，影响工期 3d   D. 拖后 7d，影响工期 7d

74. 在某工程网络计划中，已知工作总时差和自由时差分别为 6d 和 4d，监理工程师检查
    实际进度时，发现该工作的持续时间延长了 5d，说明此时工作 M 的实际进度将其紧
    后工作的最早开始时间推迟（　　）。

    A. 5d，但不影响总工期   B. 1d，但不影响总工期

    C. 5d，并使总工期延长 1d   D. 4d，并使总工期延长 1d

75. 在某工程网络计划中，工作 M 的总时差为 2d，监理工程师在该计划执行一段时间后
    检查实际进展情况，发现工作 M 的总时差变为 −3d，说明工作 M 实际进度（　　）。

    A. 拖后 3d   B. 影响工期 3d   C. 拖后 2d   D. 影响工期 5d

76. 在列表比较法中，如果工作尚有总时差大于原有总时差，则说明（　　）。

    A. 该工作实际进度超前，超前的时间为两者之差

    B. 该工作实际进度拖后，拖后的时间为两者之差

    C. 该工作实际进度拖后，拖后的时间为两者之差，且影响总工期

    D. 该工作实际进度拖后，拖后的时间为两者之差，但不影响总工期

77. 在工程网络计划的执行过程中，监理工程师检查实际进度时，只发现工作 M 的总时差
    由原计划的 2d 变为 −1d，说明工作 M 的实际进度（　　）。

    A. 拖后 3d，影响工期 1d   B. 拖后 1d，影响工期 1d

    C. 拖后 3d，影响工期 2d   D. 拖后 2d，影响工期 1d

78. 在下列实际进度与计划进度的比较方法中，只能从工程项目整体角度判定实际进度偏
    差的方法是（　　）。

    A. 匀速进展横道图比较法   B. 前锋线比较法

    C. 非匀速进展横道图比较法   D. S 形曲线比较法

79. 在某工程网络计划中，已知工作 P 的总时差和自由时差分别为 5d 和 2d，监理工程师检查实际进度时，发现该工作的持续时间延长了 4d，说明此时工作 P 的实际进度（   ）。

    A. 既不影响总工期，也不影响其后续工作的正常进行

    B. 不影响总工期，但将其紧后工作的最早开始时间推迟 2d

    C. 将其紧后工作的最早开始时间推迟 2d，并使总工期延长 1d

    D. 将其紧后工作的最早开始时间推迟 4d，并使总工期延长 2d

80. 在建设工程进度监测过程中，监理工程师要想更准确地确定进度偏差，其中的关键环节是（   ）。

    A. 缩短进度报表的间隔时间

    B. 缩短现场会议的间隔时间

    C. 将进度报表与现场会议的内容更加细化

    D. 对所获得的实际进度数据进行加工处理

81. 监理工程师按委托监理合同要求对设计工作进度进行监控时，其主要工作内容有（   ）。

    A. 编制阶段性设计进度计划   B. 定期检查设计工作实际进展情况

    C. 协调设计各专业之间的配合关系   D. 建立健全设计技术经济定额

82. 在工程网络计划执行的过程中，如果某项工作拖延的时间未超过总时差，但已超过自由时差，在确定进度计划的调整方法时，应考虑（   ）。

    A. 工程总工期允许拖延的时间   B. 关键节点允许推迟的时间

    C. 紧后工作持续时间的可缩短值   D. 后续工作允许拖延的时间

83. 当非关键工作 M 正在实施时，检查进度计划发现工作 M 存在的进度偏差不影响总工期，但影响后续承包单位的进度，调整进度计划的最有效方法是缩短（   ）

    A. 后续工作的持续时间   B. 工作 M 的持续时间

    C. 工作 M 的平行工作的持续时间   D. 关键工作的持续时间

84. 在工程网络计划执行过程中，如果发现某项工作的完成时间拖后而导致工期延长时，需要调整的工作对象应是该工作的（   ）。

    A. 平行工作   B. 紧后工作   C. 后续工作   D. 先行工作

85. 在工程网络计划执行过程中，当某项工作实际进度出现的偏差超过其总时差，需要采取措施调整进度计划时，首先应考虑（   ）的限制条件。

    A. 紧后工作最早开始时间   B. 后续工作最早开始时间

    C. 各关键节点最早时间   D. 后续工作和总工期

86. 在工程网络计划执行的过程中，如果某项工作拖延的时间未超过总时差，但已超过自由时差，在确定进度计划的调整方法时，应考虑（   ）。

    A. 工程总工期允许拖延的时间   B. 关键节点允许推迟的时间

    C. 紧后工作持续时间的可缩短值   D. 后续工作允许拖延的时间

87. 当工程网络计划中某项工作的实际进度偏差影响到总工期而需要通过缩短某些工作的持续时间调整进度计划时，这些工作是指（   ）的可被压缩的工作。

    A. 关键线路和超过计划工期的非关键线路上

    B. 关键线路上资源消耗量比较少

C. 关键线路上持续时间比较长

D. 施工工艺及采用技术比较简单

88. 为了有效地控制建设工程施工进度，建立施工进度控制目标体系时应（　　）。

A. 首先确定短期目标，然后再逐步明确总目标

B. 首先按施工阶段确定目标，然后综合考虑确定总目标

C. 将施工进度总目标从不同角度层层分解

D. 将施工进度总目标直接按计划期分解

89. 在施工进度控制目标体系中，用来明确各单位工程的开工和交工动用日期，以确保施工总进度目标实现的子目标是按（　　）分解的。

A. 项目组成　　　B. 计划期　　　　　C. 承包单位　　　　D. 施工阶段

90. 工程项目施工进度计划应在（　　）阶段编制。

A. 施工准备　　　B. 设计　　　　　C. 设计准备　　　　D. 前期决策

91. 监理工程师控制施工进度的工作内容包括（　　）。

A. 确定施工方案　　　　　　　　　B. 确定进度控制方法

C. 编制单位工程施工进度计划　　　D. 编制材料、机具供应计划

92. 在建设工程施工阶段，监理工程师进度控制的工作内容包括（　　）。

A. 确定各专业工程施工方案及工作面交接条件

B. 划分施工段并确定流水施工方式

C. 确定施工顺序及各项资源配置

D. 确定进度报表格式及统计分析方法

93. 在建设工程施工阶段，监理工程师进度控制的工作内容包括（　　）。

A. 审查承包商调整后的施工进度计划

B. 编制施工总进度计划和单位工程施工进度计划

C. 协助承包商确定工程延期时间和实施进度计划

D. 按时提供施工场地并适时下达开工令

94. 对某工程网络计划实施过程进行监测时，发现非关键工作 K 存在的进度偏差不影响总工期，但会影响后续承包单位的进度，调整该工程进度计划的最有效的方法是缩短（　　）。

A. 后续工作的持续时间　　　　　　B. 工作 K 的持续时间

C. 与 K 平行的工作的持续时间　　D. 关键工作的持续时间

95. 确定建设工程施工阶段进度控制目标时，首先应进行的工作是（　　）。

A. 明确各承包单位的分工条件与承包责任

B. 明确划分各施工阶段进度控制分界点

C. 按年、季、月计算建设工程实物工程量

D. 进一步明确各单位工程的开、竣工日期

96. 当采用 S 曲线比较法时，如果实际进度点位于计划 S 曲线的右侧，则该点与计划 S 曲线的垂直距离表明实际进度比计划进度（　　）。

A. 超前的时间　　B. 拖后的时间　　　C. 超额完成的任务量　　D. 拖欠的任务量

97. 承包人应在索赔通知发出后的（　　）d 内，向工程师提出延长工期和（或）补偿经

济损失的索赔报告及相关资料。

    A. 14   B. 7   C. 28   D. 21

98. 下列关于建设工程索赔的说法，正确的是（   ）。

    A. 承包人可以向发包人索赔，发包人不可以向承包人索赔

    B. 索赔按处理方式的不同分为工期索赔和费用索赔

    C. 工程师在收到承包人送交的索赔报告的有关资料后 28d 未予答复或未对承包人作进一步要求，视为该项索赔已经认可

    D. 索赔意向通知发出的 14d 内，承包人必须向工程师提交索赔报告及有关资料

99. 在施工过程中，由于发包人或工程师指令修改设计、修改实施计划、变更施工顺序，造成工期延长和费用损失，承包商可提出索赔。这种索赔属于（   ）引起的索赔。

    A. 地质条件的变化   B. 不可抗力

    C. 工程变更   D. 业主风险

100. 下列关于索赔和反索赔的说法，正确的是（   ）。

    A. 索赔实际上是一种经济惩罚行为

    B. 索赔和反索赔具有同时性

    C. 只有发包人可以针对承包人的索赔提出反索赔

    D. 索赔单指承包人向发包人的索赔

101. 索赔是指合同的施工过程中，合同一方因对方不履行或未能正确履行合同所规定的义务或未能保证承诺的合同条件实现而（   ），向对方提出的补偿要求。

    A. 拖延工期后   B. 遇受损失后   C. 产生分歧后   D. 提起公诉后

102. 在我国工程合同索赔中，既有承包人向发包人索赔，也有发包人向承包人索赔，这说明我国工程合同索赔是（   ）。

    A. 不确定的   B. 单向的   C. 无法确定的   D. 双向的

103. 不属于索赔程序的是（   ）。

    A. 提出索赔要求 B. 报送索赔资料   C. 工程师答复   D. 上级调解

104. 由于发包人的原因，造成工程中断或进度放慢，使工期拖延，承包人对此（   ）。

    A. 不能提出索赔   B. 可以提出工程拖延索赔

    C. 可以提出工程变更索赔   D. 其他索赔

105. 因货币贬值、汇率变化、物价和工资上涨、政策法令变化引起的索赔属于（   ）。

    A. 不可预见的外部障碍或条件索赔   B. 工程变更索赔

    C. 工程变更索赔   D. 其他索赔

106. 以下不能成为承包人向发包人施工项目索赔理由的是（   ）。

    A. 监理工程师对合同文件的歧义解释

    B. 物价上涨，法律法则变化

    C. 由于不可抗力导致施工条件的改变

    D. 承包商做出工程变更

107. 在工程索赔中，各种会计核算资料（   ）。

    A. 不可以作为索赔证据   B. 可以作为索赔证据

    C. 只能作为索赔参考   D. 是索赔的物证

108. 要求发包人补偿费用损失，调整合同价格的索赔是（   ）。

    A. 工期索赔   B. 费用索赔   C. 道义索赔   D. 合同内索赔

109. 当出现索赔事项时，承包人以书面的索赔通知书形式，在索赔事项发生后的（   ）d 以内向工程师正式提出索赔意向通知。

    A. 28   B. 14   C. 21   D. 7

110. 工程师对索赔的答复，承包人或发包人不能接受（   ）。

    A. 即进入仲裁或诉讼程序   B. 即进入调解程序

    C. 只能进入仲裁程序   D. 只能进入诉讼程序

111. 反索赔是对提出索赔一方的（   ）。

    A. 回应   B. 上诉   C. 反驳   D. 承诺

112. 监理工程师控制建设工程进度的组织措施是指（   ）。

    A. 协调合同工期与进度计划之间的关系

    B. 编制进度控制工作细则

    C. 及时办理工程进度款支付手续

    D. 建立工程进度报告制度

113. 监理工程师受建设单位委托对某建设工程设计和施工实施全过程监理时，应（   ）。

    A. 审核设计单位和施工单位提交的进度计划，并编制监理总进度计划

    B. 编制设计进度计划，审核施工进度计划，并编制工程年、季、月实施计划

    C. 编制设计进度计划和施工总进度计划，审核单位工程施工进度计划

    D. 审核设计单位和施工单位提交的进度计划，并编制监理总进度计划及其分解计划

114. 工程项目年度计划中不应包括的内容是（   ）。

    A. 投资计划年度分配表   B. 年度计划项目表

    C. 年度建设资金平衡表   D. 年度竣工投产交付使用计划表

115. 建设工程进度控制是监理工程师的主要任务之一，其最终目的是确保建设项目（   ）。

    A. 在实施过程中应用动态控制原理   B. 按预定的时间动用或提前交付使用

    C. 进度控制计划免受风险因素的干扰   D. 各方参建单位的进度关系得到协调

116. 在工程网络计划中，如果某项工作的最迟开始时间和最迟完成时间分别为 7d 和 9d，则说明该工作实际上最迟应从开工后（   ）。

    A. 第 7d 上班时刻开始，第 9d 下班时刻完成

    B. 第 7d 上班时刻开始，第 10d 下班时刻完成

    C. 第 8d 上班时刻开始，第 9d 下班时刻完成

    D. 第 8d 上班时刻开始，第 10d 下班时刻完成

117. 当已规定了要求工期 T_r 时，网络计划的计划工期 T_p 应（   ）。

    A. $T_p \leqslant T_r$ B. $T_p = T_r$ C. $T_p \geqslant T_r$ D. $T_p < T_r$

118. 专业工作队在一个施工段上的施工作业时间称为（   ）。

    A. 工期   B. 流水步距   C. 自由时差   D. 流水节拍

119. 在列表比较法中，如果工作尚有总时差大于原有总时差，则说明（   ）。

    A. 该工作实际进度超前，超前的时间为两者之差

B. 该工作实际进度拖后，拖后的时间为两者之差

C. 该工作实际进度拖后，拖后的时间为两者之差，且影响总工期

D. 该工作实际进度拖后，拖后的时间为两者之差，但不影响总工期

120. 从整体角度判定工程项目实际进度偏差，并能预测后期工程进度的比较方法（　　）。

    A. S形曲线比较法　　　　　　　　B. 前锋线比较法

    C. 列表比较法　　　　　　　　　　D. 横道图比较法

多选题

1. 在组织建设工程流水施工时，加快的成倍节拍流水施工的特点包括（　　）。

    A. 同一施工过程中各施工段的流水节拍不尽相等

    B. 相邻专业工作队之间的流水步距全部相等

    C. 各施工过程中所有施工段的流水节拍全部相等

    D. 专业工作队数大于施工过程数，从而使流水施工工期缩短

    E. 各专业工作队在施工段上能够连续作业

2. 某分部工程双代号网络计划如下图所示，其中图中错误包括（　　）。

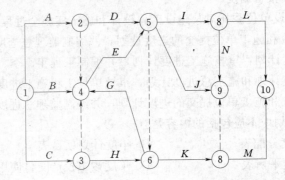

    A. 有多个起点节点　　　　　　　　B. 有多个终点节点

    C. 存在循环回路　　　　　　　　　D. 工作代号重复

    E. 节点编号有误

3. 某工程双代号网络计划如下图所示，图中已标出每项工作的最早开始时间和最迟开始时间，该计划表明（　　）。

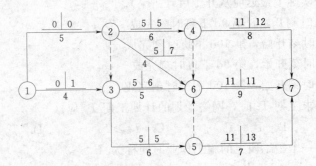

    A. 关键线路有 2 条

    B. 工作①→③与工作③→⑥的总时差相等

C. 工作④→⑦与工作⑤→⑦的自由时差相等

D. 工作②→⑥的总时差与自由时差相等

E. 工作③→⑥的总时差与自由时差不等

4. 下列关于双代号时标网络计划的表述中，正确的有（　　）。

A. 工作箭线左端节点中心所对应的时标值为该工作的最早开始时间

B. 工作箭线中波形线的水平投影长度表示该工作与其紧后工作之间的时距

C. 工作箭线中实线部分的水平投影长度表示该工作的持续时间

D. 工作箭线中不存在波形线时，表明该工作的总时差为零

E. 工作箭线中不存在波形线时，表明该工作与其紧后工作之间的时间间隔为零

5. 在下图所示的双代号时标网络计划中，所提供的正确信息有（　　）。

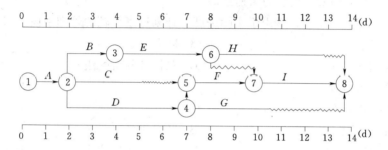

A. 计算工期为 14d

B. 工作 A、D、F 为关键工作

C. 工作 D 的总时差为 3d

D. 工作 B 的总时差为 2d，自由时差为 0d

E. 工作 C 的总时差和自由时差均为 2d

6. 属于施工进度控制的工作内容的有（　　）。

A. 按年、季、月编制工程综合计划

B. 编制施工进度控制工作细则

C. 下达开工令

D. 调整施工进度计划

E. 工程验收

7. 下列情况中，监理工程师有必要编制进度计划的是（　　）。

A. 单位工程施工的进度计划

B. 大型建设项目的施工总进度计划

C. 分期分批发包又没有负责全部工程的总承包单位的施工总进度计划

D. 大型建设工程的工程项目进度计划

E. 采用若干个承包单位平行承包

8. 下列关于单位工程施工组织设计的说法中，正确的有（　　）。

A. 单位工程施工组织设计是以整个建设项目为对象而编制

B. 单位工程施工组织设计由直接施工的单位根据施工图设计进行编制

C. 单位工程施工组织设计是施工单位编制分部分项工程施工组织设计的依据

D. 单位工程施工组织设计是施工单位编制季、月、旬施工计划的依据

9. 某工作计划进度与实际进度如下图所示，从图中可获得的正确信息有（　　）。

A. 第 4d 至第 7d 内计划进度为匀速进展

B. 第 1d 实际进度超前，但在第 2d 停工

C. 前 2d 实际完成工作量大于计划工作量

D. 该工作已提前 1d 完成

E. 第 3d 至第 6d 内实际进度为匀速进展

10. 在工程项目进度控制中，常用于实际进度和计划进度比较的管理手段有（　　）。

　　A. S 形曲线法　　　　　　　　　B. 横道图法

　　C. 计划评审技术法　　　　　　　D. 双代号网络图法

　　E. "香蕉"曲线比较法

11. 常用的进度比较方法有（　　）。

　　A. 横道图比较法　　　　　　　　B. 里程碑法

　　C. S 形曲线比较法　　　　　　　D. 香蕉曲线比较法

　　E. 网络图比较法

12. 某分部工程时标网络计划如下图所示，当设计执行到第 4 周末及第 8 周末时，检查实际进度如图中前锋线所示，该图表明（　　）。

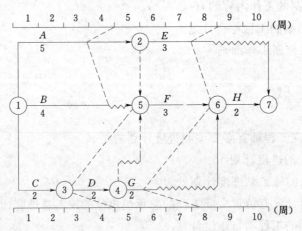

A. 第 4 周末检查时预计工期将延长 1 周

B. 第 4 周末检查时只有工作 D 拖后而影响工期

C. 第 4 周末检查时工作 A 尚有总时差 1 周

D. 第 8 周末检查时工作 G 进度拖后并影响工期

E. 第 8 周末检查时工作 E 实际进度不影响总工期

13. 某分部工程双代号时标网络计划执行到第 3 周末及第 8 周末时，检查实际进度后绘制

的前锋线如下图所示，图中表明（   ）。

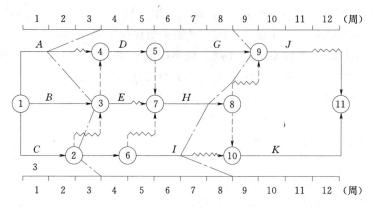

A. 第 3 周末检查时工作 A 的实际进度影响工期

B. 第 3 周末检查时工作②→⑥的自由时差尚有 1 周

C. 第 8 周末检查时工作 H 的实际进度影响工期

D. 第 8 周末检查时工作 I 的实际进度影响工期

E. 第 4 周至第 8 周工作②→⑥和 I 的实际进度正常

14. 某分部工程双代号时标网络计划执行到第 6d 结束时，检查其实际进度如下图前锋线所示，检查结果表明（   ）。

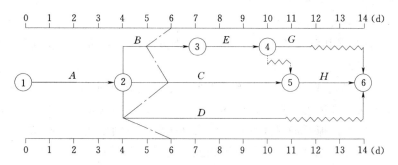

A. 工作 B 的实际进度不影响总工期   B. 工作 C 的实际进度正常

C. 工作 D 的总时差尚有 2d   D. 工作 E 的总时差尚有 1d

E. 工作 G 的总时差尚有 1d

15. 某工程双代号时标网络计划执行到第 4 周末和第 10 周末时，检查其实际进度如下图前锋线所示，检查结果表明（   ）。

A. 第 4 周末检查时工作 B 拖后 1 周，但不影响工期

B. 第 4 周末检查时工作 A 拖后 1 周，影响工期 1 周

C. 第 10 周末检查时工作 I 提前 1 周，可使工期提前 1 周

D. 第 10 周末检查时工作 G 拖后 1 周，但不影响工期

E. 在第 5 周到第 10 周内，工作 F 和工作 I 的实际进度正常

16. 为更好地了解建设工程实际进展情况，由监理工程师提供的进度报表格式的内容一般包括（　　）。

A. 工作的开始时间与完成时间

B. 工作间的逻辑关系

C. 完成工作时各项资源消耗的成本

D. 完成各工作所达到的质量标准

E. 各工作时差的利用

17. 在工程网络计划的实施过程中，如果某项工作出现进度偏差后，需要调整进度计划的情况有（　　）。

A. 进度偏差大于该工作的自由时差

B. 进度偏差大于该工作与其紧后工作的时间间隔

C. 进度偏差大于该工作的总时差与自由时差的差值

D. 进度偏差大于该工作的总时差

E. 进度偏差小于该工作的自由时差

18. 在工程网络计划的执行过程中，当某项工作进度出现偏差后，需要调整原进度计划的情况有（　　）。

A. 项目总工期不允许拖延，但工作进度偏差已超过其总时差

B. 项目总工期允许拖延，但工作进度偏差已超过其自由时差

C. 项目总工期允许拖延的时间有限，但实际拖延的时间已超过此限制

D. 后续工作不允许拖延，但工作进度偏差已超过其总时差

E. 后续工作允许拖延，但工作进度偏差已超过其自由时差

19. 进度计划的调整方法有（　　）。

A. 调整工作顺序，改变某些工作之间的逻辑关系

B. 缩短某些工作的持续时间

C. 减少一部分不重要的工作

D. 调整项目进度计划

E. 索赔工期

20. 为了全面、准确地掌握进度计划的执行情况，监理工程师应当对其进行跟踪检查，其主要工作有（　　）。

A. 定期收集进度报表资料　　　　　　B. 现场实地检查工程进展情况

C. 定期召开现场会议　　　　　　　　D. 向业主提供进度报告

E. 变更进度计划

21. 在建设工程施工阶段，为了有效地控制施工进度，不仅要明确施工进度总目标，还要

将此总目标按（　　　）进行分解，形成从总目标到分目标的目标体系。

A. 投标单位
B. 项目组成
C. 承包单位
D. 工程规模
E. 施工阶段

22. 制定科学、合理的进度目标是实施进度控制的前提和基础。确定施工进度控制目标的主要依据包括（　　　）。

A. 工程设计力量
B. 工程难易程度
C. 工程质量标准
D. 项目投产动用要求
E. 项目外部配合条件

23. 为了使施工进度控制目标更具科学性和合理性，在确定施工进度控制目标时应考虑的因素包括（　　　）。

A. 类似工程项目的实际进度
B. 工程实施的难易程度
C. 工程条件的落实情况
D. 施工图设计文件的详细程度
E. 建设总进度目标对施工工期的要求

24. 监理单位所编制的建设工程施工进度控制工作细则的内容包括（　　　）。

A. 工程进度款支付条件及方式
B. 进度控制工作流程
C. 进度控制的方法和措施
D. 进度控制目标实现的风险分析
E. 施工绩效考核评价标准

25. 在建设工程施工阶段，为了减少或避免工程延期事件的发生，监理工程师应（　　　）。

A. 及时提供工程设计图纸
B. 及时提供施工场地
C. 适时下达工程开工令
D. 妥善处理工程延期事件
E. 及时支付工程进度款

26. 某工程双代号时标网络计划执行到第 3 周末和第 7 周末时，检查其实际进度如下图前锋线所示，检查结果表明（　　　）。

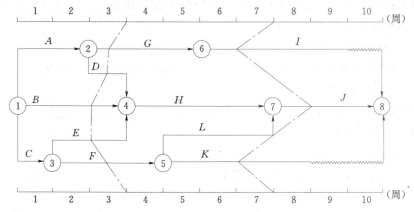

A. 第 3 周末检查时工作 B 拖后 1 周，使总工期延长 1 周
B. 第 3 周末检查时工作 F 拖后 0.5 周，但不影响总工期
C. 第 7 周末检查时工作 I 拖后 1 周，但不影响总工期

D. 第 7 周末检查时工作 K 拖后 1 周，使总工期延长 1 周

E. 第 7 周末检查时工作 J 提前 1 周，总工期预计提前 3 周

27. 监理工程师控制建设工程进度的组织措施包括（   ）。

A. 落实进度控制人员及其职责

B. 审核承包商提交的进度计划

C. 建立进度信息沟通网络

D. 建立进度协调会议制度

E. 协调合同工期与进度计划之间的关系

28. 当监理工程师协助业主将某建设项目的设计和施工任务发包给一个承包商后，需要审核的进度计划有（   ）。

A. 工程项目建设总进度计划   B. 工程设计总进度计划

C. 工程项目年度计划   D. 工程施工总进度计划

E. 单位工程施工进度计划

29. 建设工程施工阶段进度控制的主要任务包括（   ）。

A. 确定建设工程工期总目标

B. 编制工程项目建设总进度计划

C. 编制施工总进度计划并控制其执行

D. 编制详细的出图计划并控制其执行

E. 编制工程年、季、月实施计划并控制其执行

30. 在建设工程施工阶段，当通过压缩网络计划中关键工作的持续时间来压缩工期时，通常采取的技术措施有（   ）。

A. 采用更先进的施工方法   B. 增加劳动力和施工机械的数量

C. 改进施工工艺和施工技术   D. 改善劳动条件

E. 采用更先进的施工机械

31. 在建设工程施工阶段，当通过压缩网络计划中关键工作的持续时间来压缩工期时，通常采取的组织措施有（   ）。

A. 改善劳动条件   B. 增加每天的施工班次

C. 增加劳动力和施工机械的数量 D. 组织搭接作业或平行作业

E. 缩短工艺技术间隙时间

32. 监理单位对某建设项目实施全过程监理时，需要编制的进度计划包括（   ）。

A. 监理总进度计划

B. 设计总进度计划（设计单位编制）

C. 单位工程施工进度计划（施工单位编制）

D. 年、季、月进度计划

E. 设计工作分专业进度计划（设计单位编制）

33. 横道图和网络图是建设工程进度计划的常用表示方法。与横道计划相比，单代号网络计划的特点包括（   ）。

A. 形象直观，能够直接反映出工程总工期

B. 通过计算可以明确各项工作的机动时间

C. 不能明确地反映出工程费用与工期之间的关系

D. 通过计算可以明确工程进度的重点控制对象

E. 明确地反映出各项工作之间的相互关系

34. 横道图和网络图是建设工程进度计划的常用表示方法，将双代号时标网络计划与横道计划相比较，它们的特点是（　　）。

A. 时标网络计划和横道计划均能直观地反映各项工作的进度安排及工程总工期

B. 时标网络计划和横道计划均能明确地反映工程费用与工期之间的关系

C. 横道计划不能像时标网络计划一样，明确地表达各项工作之间的逻辑关系

D. 横道计划与时标网络计划一样，能够直观地表达各项工作的机动时间

E. 横道计划不能像时标网络计划一样，直观地表达工程进度的重点控制对象

35. 非确定型网络计划，是指网络计划中各项工作及其持续时间和各工作之间的相互关系都是不确定的。下列各项中属于非确定型网络计划的有（　　）。

A. 双代号网络计划　　　　　　　B. 单代号网络计划

C. 计划评审技术　　　　　　　　D. 风险评审技术

E. 决策关键线路法

36. 网络计划中某项工作进度拖延的时间在该项工作的总时差以外时，其进度计划的调整方法可分为（　　）三种情况。

A. 项目总工期不允许拖延

B. 项目总工期允许拖延

C. 项目总工期允许拖延的时间有限

D. 项目持续时间允许拖延

E. 项目持续时间不允许拖延

37. 关于分析偏差对后续工作及总工期的影响其具体分析步骤，叙述正确的是（　　）。

A. 分析出现进度偏差的工作是否为关键工作

B. 分析进度偏差是否大于总时差

C. 比较实际进度与计划进度

D. 分析进度偏差是否大于自由时差

E. 确定工程进展速度曲线

38. 在对实施的进度计划分析的基础上，进度计划的调整方法有（　　）。

A. 改变某些工作间的逻辑关系

B. 缩短某些工作的持续时间

C. 分析偏差对后续工作及总工期的影响

D. 确定工程进展速度曲线

E. 编制进度计划书

39. 在网络计划的执行过程中，当发现某工作进度出现偏差后，需要调整原进度计划的情况有（　　）。

A. 项目总工期允许拖延，但工作进度偏差已超过自由时差

B. 后续工作允许拖延，但工作进度偏差已超过自由时差

C. 项目总工期不允许拖延，但工作偏差已超过总时差

D. 后续工作不允许拖延，但工作进度偏差已超过总时差

E. 项目总工期和后续工作允许拖延，但工作进度偏差已超过总时差

40. 某分部工程双代号网络计划如下图所示，图中错误的为（ 　　）。

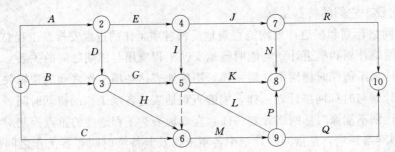

A. 节点编号有误　　B. 工作代号重复　　C. 多个起点节点　　D. 多个终点节点

E. 存在循环回路

41. 能比较工程项目中各项工作实际进度与计划进度的方法有（ 　　）。

A. 匀速进展横道图比较法　　　　　B. S 曲线比较法

C. 非匀速进展横道图比较法　　　　D. 前锋线比较法

E. 香蕉曲线比较法

42. 标号法是一种快速确定双代号网络计划（ 　　）的方法。

A. 关键线路　　　B. 要求工期　　　C. 计算工期　　　D. 工作持续时间

E. 计划工期

43. 施工过程根据工艺性质的不同可分为制备类、运输类和建造类三种施工过程，以下

（ 　　）施工过程一般不占有施工项目空间，也不影响总工期，不列入施工进度计划。

A. 砂浆的制备过程　　　　　　　　B. 地下工程

C. 主体工程　　　　　　　　　　　D. 混凝土制备过程

E. 层面工程

44. 在网络计划的工期优化过程中，为了有效地缩短工期，应选择（ 　　）的关键工作作为压缩对象。

A. 持续时间最长　　　　　　　　　B. 缩短时间对质量影响不大

C. 直接费用最小　　　　　　　　　D. 直接费用率最小

E. 有充足备用资源

45. 工程网络计划的计算工期等于（ 　　）。

A. 单代号网络计划中终点节点所代表的工作的最早完成时间

B. 单代号网络计划中终点节点所代表的工作的最迟完成时间

C. 双代号网络计划中结束工作最早完成时间的最大值

D. 时标网络计划中最后一项关键工作的最早完成时间

E. 双代号网络计划中结束工作最迟完成时间的最大值

46. 网络计划中工作之间的先后关系叫做逻辑关系,它包括 (　　)。

    A. 工艺关系　　　　　　　　　　B. 组织关系

    C. 技术关系　　　　　　　　　　D. 控制关系

    E. 搭接关系

47. 影响建设工程进度的不利因素有很多,其中属于组织管理因素的有 (　　)。

    A. 地下埋藏文物的保护及处理

    B. 临时停水停电

    C. 施工安全措施不当

    D. 计划安排原因导致相关作业脱节

    E. 向有关部门提出各种申请审批手续的延误

48. 建设工程进度控制是指对工程项目建设各阶段的 (　　) 制定进度计划并付诸实施。

    A. 工作内容　　　　　　　　　　B. 持续时间

    C. 工作程序　　　　　　　　　　D. 工作关系

    E. 衔接关系

49. 在某单位工程双代号时标网络计划中 (　　)。

    A. 工作箭线左端节点所对应的时标值为该工作的最早开始时间

    B. 工作箭线右端节点所对应的时标值为该工作的最早完成时间

    C. 终点节点所对应的时标值为该网络计划的计算工期

    D. 波形线表示工作与其紧后工作之间的时间间隔

    E. 各项工作按其最早开始时间绘制

50. 对由于承包商的原因所导致的工期延误,可采取的制约手段包括 (　　)。

    A. 停止付款签证　　　　　　　　B. 误期损害赔偿

    C. 罚没保留金　　　　　　　　　D. 终止对承包单位的雇用

    E. 取消承包人的经营资格执照

参 考 答 案

单选题

1. B	2. D	3. B	4. B	5. C	6. A	7. B	8. B	9. B	10. B
11. D	12. D	13. A	14. D	15. C	16. C	17. A	18. C	19. D	20. A
21. A	22. A	23. A	24. D	25. D	26. D	27. B	28. B	29. A	30. B
31. C	32. C	33. B	34. D	35. A	36. C	37. D	38. C	39. C	40. B
41. A	42. D	43. B	44. C	45. C	46. A	47. C	48. B	49. A	50. A
51. B	52. C	53. A	54. A	55. B	56. C	57. C	58. A	59. D	60. D
61. C	62. A	63. B	64. B	65. D	66. B	67. A	68. B	69. A	70. B
71. D	72. B	73. C	74. B	75. B	76. A	77. A	78. D	79. B	80. D
81. B	82. D	83. B	84. C	85. D	86. D	87. A	88. C	89. A	90. A
91. B	92. D	93. A	94. B	95. D	96. C	97. C	98. C	99. C	100. B
101. B	102. D	103. D	104. C	105. D	106. D	107. B	108. B	109. A	110. A
111. C	112. D	113. D	114. A	115. B	116. C	117. A	118. D	119. A	120. B

多选题

1. BDE	2. BCE	3. ABD	4. AC	5. ABE	6. ABC	7. CE
8. BCD	9. ABD	10. ABE	11. ACD	12. ADE	13. AC	14. ABE
15. BD	16. ABE	17. AD	18. ACD	19. ABD	20. ABC	21. BCE
22. BDE	23. ABCE	24. BCD	25. CD	26. AC	27. ACD	28. BDE
29. CE	30. ACE	31. BC	32. AD	33. BDE	34. ACE	35. CDE
36. ABC	37. ABD	38. AB	39. CD	40. ADE	41. ACD	42. AC
43. AD	44. BDE	45. ACD	46. AB	47. DE	48. AD	49. ACDE
50. ABD						

参 考 文 献

[1] 李世蓉. 流水施工与网络技术计划详解. 北京：中国建筑工业出版社，2006.
[2] 初明祥，冷冬兵. 建筑工程项目管理. 北京：煤炭工业出版社，2004.
[3] 中国建筑监理协会. 建设工程进度控制. 北京：中国建筑工业出版社，2012.
[4] 米永胜. 公路施工组织与概预算. 北京：机械工业出版社，2006.
[5] 钱波，郭宁. 水利水电工程施工组织设计. 北京：中国水利水电出版社，2012.
[6] 赵正印，张迪. 建筑施工组织设计与管理. 郑州：黄河水利出版社，2003.
[7] 马敬坤. 公路施工组织设计. 北京：人民交通出版社，2008.
[8] 吕宣照. 建筑施工组织. 北京：化学工业出版社，2005.
[9] 于立君，孙宝庆. 建筑工程施工组织. 北京：高等教育出版社，2005.
[10] 宋春岩，付庆向，主编，建设工程招投标与合同管理. 北京：北京大学出版社，2008.
[11] 王胜明，魏爱军. 土木工程进度控制. 北京：科学出版社，2007.
[12] 蔡红新. 建筑施工组织与进度控制. 北京：北京理工大学出版社，2009.
[13] 余德池. 建筑施工与项目管理. 西安：陕西科学技术出版社，2002.
[14] 蔡雪峰. 建筑施工组织. 武汉：武汉理工大学出版社，2008.
[15] 聂相田. 建设项目进度控制. 北京：中国水利水电出版社，2002.
[16] 张迪，徐凤永. 建筑施工组织与管理. 北京：中国水利水电出版社，2007.
[17] 任玉峰. 施工组织设计进度管理. 北京：中国建筑工业出版社，1995.
[18] 丛培绎. 施工组织概论. 北京：中国建筑工业出版社，1997.
[19] 欧震修. 建筑工程施工监理手册. 北京：中国建筑工业出版社，2001.
[20] 邬晓光. 工程进度监理. 北京：北京人民交通出版社，2000.
[21] 江景波，赵铁生. 建筑施工组织学. 北京：中国建筑工业出版社，1987.
[22] 曹永先，孟丽. 市政工程施工组织与管理. 北京：化学工业出版社，2010.
[23] 王承玮. 市政工程施工组织设计编制与范例. 北京：中国建筑工业出版社，2010.
[24] 建筑工程施工项目管理丛书编审委员会. 建筑工程项目施工组织与进度控制. 北京：机械工业出版社，2012.
[25] 中国建设监理协会. 建设工程进度控制. 北京：中国建筑工业出版社，2012.
[26] 全国一级建造师执业资格考试用书编写委员会编写. 建筑工程管理与实务. 北京：中国建筑工业出版社，2012.
[27] 马敬坤. 公路工程施工组织设计. 北京：人民交通出版社，2008.
[28] 王旭东. 公路工程施工组织设计. 重庆：重庆大学出版社，2009.